动态网站开发从入门到实践

PHP 8+MySQL 8（微课版）

娄不夜 编著

清华大学出版社
北京

内 容 简 介

本书以动态网站开发实践为目的，较为详细地介绍了 PHP 8 及相关技术，内容包括 PHP 入门、HTML 基础、CSS 基础、数据与变量、运算符与流程控制、PHP 函数、字符串处理、正则表达式、使用数组、面向对象编程、MySQL 数据库基础、PHP 访问 MySQL 数据库、表单与会话、文件处理及管理员子系统总括。

本书立足基本理论和方法，注重实践与应用环节。对概念、原理和方法的描述力求准确、严谨，对例子和实例力求代码规范、面向实际应用。

本书可作为普通高等院校计算机、软件工程等相关专业的教材，也可作为动态网站开发者学习和使用 PHP 技术的参考书。

图书在版编目（CIP）数据

动态网站开发从入门到实践：PHP 8＋MySQL 8：微课版 / 娄不夜编著. -- 北京：清华大学出版社，2025.2.
ISBN 978-7-302-67964-6

Ⅰ. TP312.8；TP311.132.3

中国国家版本馆 CIP 数据核字第 2025WG1778 号

责任编辑： 汪汉友　薛　阳
封面设计： 常雪影
责任校对： 郝美丽
责任印制： 杨　艳

出版发行： 清华大学出版社
　　　　网　　　址：https://www.tup.com.cn，https://www.wqxuetang.com
　　　　地　　　址：北京清华大学学研大厦 A 座　　　　　　邮　　编：100084
　　　　社 总 机：010-83470000　　　　　　　　　　　　邮　　购：010-62786544
　　　　投稿与读者服务：010-62776969，c-service@tup.tsinghua.edu.cn
　　　　质量反馈：010-62772015，zhiliang@tup.tsinghua.edu.cn
　　　　课件下载：https://www.tup.com.cn，010-83470236
印 装 者： 三河市铭诚印务有限公司
经　　销： 全国新华书店
开　　本： 203mm×260mm　　　**印　　张：** 22.25　　　**字　　数：** 627 千字
版　　次： 2025 年 2 月第 1 版　　　　　　　　　　　**印　　次：** 2025 年 2 月第 1 次印刷
定　　价： 69.00 元

产品编号：098369-01

PHP 于 1995 年推出了第一个版本,并逐渐成为动态网站及 Web 应用的一种主要开发语言,它以简单性、开放性、低成本、安全性和适应性等受到 Web 程序员的青睐。

2021 年 11 月 25 日,PHP 8.1.0 正式发布。随着 PHP 版本的推陈出新,一些新特性被引入,有些特性被完善;但同时,一些特性被废弃,有些特性经过改进已不再向后兼容。本书采用的主要软件版本是 PHP 8.1.5、MySQL 8.0.28,书中介绍的所有程序代码都在此环境下运行通过。

本书以动态网站开发实践为目的,较为详细地介绍了 PHP 8 及相关技术,包括 HTML、CSS、MySQL 等。全书立足基本理论和方法,注重实践与应用环节。对概念、原理和方法的描述力求准确、严谨,对例子代码力求精简、规范。除第 16 章外,本书各章的最后都配有精选习题,便于读者复习、巩固、练习与提高。

本书引入了一个较为完整的动态网站——教务选课系统。系统分为管理员子系统和学生教师子系统两部分。本书正文的各章实战节及第 16 章以模块化和面向对象方法为指导思想,介绍了管理员子系统的开发。学生教师子系统被设计成实验题,以附录形式放置在全书最后,供读者练习。

为了便于学习,本书使用了一些符号和特殊处理,在此进行说明。

(1) 代码左边的行号是为了引用和讲述方便而增加的,不是代码的组成部分。

(2) 在语言成分的语法格式描述中。

- 符号"< >"表示该项由程序员按规则指定或定义。
- 符号"[]"表示该项为可选项。
- 符号"[] *"表示该项可不重复或重复多次。
- 符号"|"表示可以从两项或多项连接起来的选项中选中一项。为标明第一项的开始处及最后一项的结尾处,可用符号"{}"将这些选项括起来。

需要注意的是,这些符号在有些语言成分中具有特定的作用,例如,"<>"在 HTML 中表示标签的开始和结束;" *"在 SQL SELECT 语句中表示所有列;"[]"在 PHP 中表示访问数组元素;"{}"在 PHP 中表示块语句的开始和结束,在 CSS 规则中表示声明块的开始和结束等。读者在阅读时需要根据上下文判断每种符号的具体含义。

　　为了便于学习,本书提供相关的教学资源,包括教学课件、视频、所有例子和实战的源代码以及习题和实验题的参考答案。欢迎读者从清华大学出版社网站下载和使用。

　　由于作者水平有限,书中难免有疏漏和不足之处,敬请广大读者批评指正。

作　者

2024 年 11 月

学习资源

目录
CONTENTS

第 1 章　PHP 入门

本章主题:

- PHP 及其版本演变。
- 万维网基础(URL、HTTP、HTML)。
- PHP 标签与 PHP 代码块。
- 输出 HTML。
- 代码注释。
- PHP 工作原理。
- PHP 运行环境与开发工具。

PHP 是一种动态网页技术,可用于开发动态网站。本章首先介绍 PHP 及其版本演变、万维网的一些基础知识;然后介绍 PHP 标签、PHP 代码块、输出 HTML 等 PHP 的基本语法及使用;最后介绍 PHP 的运行环境和开发工具及其安装,并介绍 Apache NetBeans IDE 的操作和使用。

1.1　PHP 及其版本演变

这里简单介绍什么是 PHP,以及 PHP 主要版本的发展和演变。

1.1.1　什么是 PHP

PHP 原始为 Personal Home Page 的编写,已经正式更名为 PHP: Hypertext Preprocessor(超文本预处理器)。PHP 是一种应用广泛的开源通用脚本语言,主要作为服务器端脚本语言开发动态网站和 Web 应用。PHP 用于开发动态网站和 Web 应用所需的各项功能,例如收集表单数据、生成动态网页、发送 Cookie、接收 Cookie、会话管理、访问数据库、上传文件、下载文件等。

PHP 主要有以下 3 种应用领域。

(1)服务器端脚本。这是 PHP 最传统也是最主要的应用领域。此时需要 3 种软件配合使用: PHP 解析器、Web 服务器和 Web 浏览器。

(2)命令行脚本。可以编写一段 PHP 脚本,不需要任何服务器或者浏览器支持,执行时只需要 PHP 解析器。

(3)编写桌面应用程序。可以基于 PHP 的一些高级特性,利用 PHP-GTK 开发具有图形界面的桌面应用程序。PHP-GTK 是 PHP 的一个扩展,在通常发布的 PHP 包中并不包含。

使用 PHP 开发应用软件,既可以采用面向过程或面向对象的方式,也可以采用面向过程和面向对象混合的方式。自 PHP 5 引入完全的对象模型后,经过不断改进,PHP 的面向对象特性已日臻完善。

使用 PHP,可以自由地选择操作系统和 Web 服务器。PHP 能在 Linux、UNIX、Microsoft Windows、macOS、RISC OS 等主流的操作系统上使用。此外,PHP 也支持 Apache、Microsoft Internet Information Server(IIS)、Personal Web Server(PWS)、Netscape 等大多数的 Web 服务器。

1.1.2　版本演变

PHP 最初由丹麦人 Rasmus Lerdorf 于 1994 年创建。1995 年,他公开了相关源代码并发布了第一个版本，一开始称为 PHP Tools(Personal Home Page Tools)，后来又称为 PHP/FI(Personal Home Page/Forms Interpreter)。该版本已经包含今天 PHP 的一些基本功能：有着 Perl 样式的变量，能自动解析表单变量，并可以嵌入 HTML。语法本身与 Perl 很相似，但还很有限、很简单，且稍显粗糙。

1997 年发布了 PHP/FI 2.0 正式版。该版本具备了更多的编程语言特征，提供了内置的数据库访问、Cookie、用户自定义函数等功能。

1997 年，Andi Gutmans 和 Zeev Suraski 加入了 PHP 的开发，重新编写了语法分析程序，形成了 PHP 3.0 的基础。1998 年 6 月，PHP 3.0 正式发布。PHP 3.0 对 PHP 重新进行了定义和命名，采用了递归定义，即把 PHP 变为 PHP：Hypertext Preprocessor。

PHP 3.0 被认为是类似于当今 PHP 语法结构的第一个版本。它的一个最强大的功能是可扩展性。除了给最终用户提供数据库、协议和 API 的基础结构，它的可扩展性还吸引了大量的开发人员加入并提交新的模块。后来证实，这是 PHP 3.0 取得巨大成功的关键。

据 PHP 手册称，1998 年末，有大约 100 000 个网站报告它们使用了 PHP。在 PHP 3.0 的顶峰期间，Internet 上 10% 的 Web 服务器上都进行了安装。

PHP 4.0 于 2000 年 5 月发布。自 PHP 3.0 发布不久，Andi Gutmans 和 Zeev Suraski 又开始对 PHP 解释器的核心代码进行重新编写，并把它命名为 Zend Engine(Zeev 和 Andi 的缩写)。Zend 引擎的使用增强了复杂程序运行性能和 PHP 自身代码的模块性。除了更高的性能以外，PHP 4.0 还引入了其他一些关键功能，如支持更多的 Web 服务器、HTTP 会话、输出缓冲、更安全的处理用户输入的方法、一些新的语言结构等。

PHP 5.0 于 2004 年 7 月发布。它的核心是 Zend 引擎 2 代。PHP 5.0 除了在性能上有增强之外，还引入了许多新的特性，如完善了对面向对象编程的支持、PDO(PHP Data Objects)扩展、支持名称空间、可变参数和参数拆包、求幂运算符等。PHP 5 主版本的持续时间较长，期间发布过若干次版本和修订版，直至 2015 年 4 月发布 PHP 5.6.8。

PHP 7.0 于 2015 年 12 月发布。之后，每年年底都会发布一个次版本，直至 2019 年 11 月发布 PHP 7.4。PHP 7 引入了 Zend 引擎 3 代，使性能进一步提升。此外，PHP 7.0 引入了许多新的特性，包括 void 返回类型、类常量的可见性、抽象方法重写、Null 联合运算符、太空船运算符、匿名类、Unicode 码点转义语法等。

PHP 7 还引入并完善了类型声明。即在定义函数(包括类中方法)形参时，可以声明其类型，也可以对函数(方法)返回值的类型进行声明。另外，也支持对类的属性进行类型声明。这意味着在传递参数值、返回值和设置属性值时，可以在类型上对数据进行约束，从而能够提高代码的健壮性和可读性。

PHP 8.0 于 2020 年 11 月发布。2021 年 11 月发布 PHP 8.1。PHP 8 带来了许多新特性，包括名称参数、注解、构造器属性提升、联合类型、交集类型、NullSafe 运算符(?->)、枚举类型、never 返回类型、明确的八进制整数表示法、在执行时绑定参数(MySQLi)等。

随着 PHP 版本的推陈出新，一些新特性被引入，有些特性被完善；一些特性被废弃，有些特性经过改进已不再向后兼容。所以，有些在旧版本上正常运行的 PHP 应用，在新版本上就可能导致运行出错。

PHP 新版本对应用代码质量的要求越来越高，或者说对有问题代码的容忍度越来越低。有些在旧版本中没有任何问题的代码在新版本中可能会产生错误；有些在旧版本中只是产生 Notice 错误的代码在新版本中可能会产生 Warning 错误，甚至是 Fatal 错误。另外，很多原先产生 Fatal 错误的情形，现在已被抛出例外对象的方式替代，这便于采用面向对象的方法捕捉和处理错误。

1.2　Web 基础

万维网(World Wide Web,WWW)简称 Web,是目前因特网(Internet)上最主要的信息服务形式。万维网由许多互相链接的 HTML 文档等信息资源组成,这些信息资源又由遍布在互联网上的称为 Web 服务器的计算机管理,用户则可以通过客户端浏览器进行访问浏览。万维网的基本结构如图 1-1 所示。

图 1-1　Web 基本结构

万维网技术最早由欧洲核子研究中心的蒂姆·伯纳斯-李(Tim Berners-Lee)于 1990 年提出,其最初的目的是解决各个研究项目组和科研人员之间的信息交流和信息共享问题,避免因信息交流不畅和丢失而造成一些研究工作的重复。万维网技术的核心包括统一资源定位符(URL)、超文本传送协议(HTTP)和超文本标记语言(HTML)。

1.2.1　URL

统一资源定位符(Uniform Resource Locator,URL),俗称网页地址或网址,是定位因特网上资源的标准地址。URL 的语法格式为

<协议类型>://<服务器名>[:<端口号>]/<路径>[?<查询串>]

其中参数说明如下。

(1)协议类型:指定传输信息所采用的网络协议。可以是最基本的 http,有时也会用到 https、ftp、mailto 等。

(2)服务器名:指定资源所在的 Web 服务器的域名,通常以.com、net、org、gov、cn 等后缀结尾。有时也可用 IP(Internet Protocal)地址来指定 Web 服务器。

(3)端口号:端口又指协议端口,是特定应用或进程作为通信端点的软件结构。端口号是一个无符号整数,范围为 $0\sim65\,535$。对于 Web 服务器提供的 HTTP 通信服务,默认端口号是 80,此时在 URL 中经常省略端口号。

(4)路径:用于指定资源,通常包括资源在 Web 服务器中的位置信息及名称。路径一般是大小写敏感的。

(5)查询串:是一个经过编码的、由一组名称/值对(用"&"分隔)组成的字符串,表示在 HTTP 请求中发送的数据,也称为请求参数,如 id=100&p=2。

1.2.2　HTTP

超文本传送协议(HyperText Transfer Protocal,HTTP)是一种建立在 TCP 之上的属于应用层的网络协议,是万维网上数据通信的基础,适用于分布式、协作式的超媒体信息系统。

1. 请求-响应过程

HTTP 是一种无连接、无状态的协议。无连接并不是指不需要连接,而是指每次连接仅限于一次请求-响应过程。下一次的请求-响应过程需要重新进行连接。无状态是指协议没有记忆约定,前后两次请求-响应过程是相互独立的,协议本身并不会依据上一次请求-响应的状态来处理下一次的请求-

响应。

基于 HTTP 的请求-响应过程分为以下 4 个步骤。

(1) 建立连接。通过域名(或 IP 地址),客户端连接到服务器。

(2) 发送请求。建立连接后,客户端把请求信息发送到服务器的端口上,完成请求动作。

(3) 发送响应。服务器处理请求,然后向客户端发送响应信息。

(4) 关闭连接。当响应发送完毕,服务器关闭连接。客户端也可以在完整接收响应之前,终止数据传输,关闭连接。

2. 请求信息

客户端向服务器发送的请求信息有较为固定的内容组成和格式,由请求行、请求头和请求体等组成。图 1-2 是请求信息的一个示例。

请求行:	POST /hello/hello.html HTTP/1.1
请求头:	Host: localhost
	Accept-Language: zh-cn,zh
	Content-Type: application/x-www-form-urlencoded
	Content-Length: 30
	......
空行:	
请求体:	username=zhang&password=123456

图 1-2　请求信息示例

首先是请求行,它包含方法、请求 URI 和协议版本号 3 项内容,相互之间用空格分隔。格式如下:

```
<方法><请求 URI><协议版本号>
```

其中参数说明如下。

(1) 方法用于指定本次请求的性质,即本次请求要对指定的资源做何种操作,如查询、添加、删除、更新等。目前,大多数浏览器仅支持 GET 和 POST 两种方法。一般来说,查询操作应该用 GET 方法,其他操作则可用 POST 方法。通常,采用 GET 方法的请求也称为 GET 请求,采用 POST 方法的请求也称为 POST 请求。

(2) 请求 URI(Uniform Resource Identifier,统一资源标识符)通常是 URL 中端口号后面的内容,即不包括其中的协议类型、服务器名和端口号,用于标识资源。这时,有关服务器的信息应该在请求头 Host 域中指定。

请求行的后面是请求头。请求头包含一些域,每个域占一行,由域名和域值组成,两者之间用冒号分隔。有些域可能有多个值。请求头用于指定本次请求及客户端浏览器的一些附加信息。

请求头的后面是一个空行(仅包含回车换行符),该空行表示请求头的结束。

请求信息的最后是可选的请求体。请求体的内容依据请求方法的不同而不同。对 POST 请求,请求体一般仅包含一些请求参数。对 GET 请求,请求体往往是空的,此时请求参数包含在请求行的请求 URI 中。

3. 响应信息

与请求信息一样,服务器向客户端发送的响应信息也有固定的内容组成和格式。响应信息由状态行、响应头和响应体等组成,图 1-3 是响应信息的一个示例。

状态行：　　　HTTP/1.1 200 OK

响应头：　　　Date: Thu, 11 Aug 2022 16:06:16 GMT

　　　　　　　Server: Apache/2.4.53 (Win64) OpenSSL/1.1.1n PHP/8.1.5

　　　　　　　Content-Type: text/html; charset=UTF-8

　　　　　　　Content-Length: 232

　　　　　　　…

空行：

响应体：　　　<html> … </html>

图 1-3　响应信息示例

响应信息的第一行是状态行,它包含协议版本号、状态码及相应的状态描述信息,相互之间用空格分隔。格式如下：

<协议版本号><状态码><状态描述>

其中,状态码由 3 位数字组成,第一位数字是对响应状态的一个分类,具体如下。

（1）1xx：消息,请求已被接收,继续处理。

（2）2xx：成功,请求已成功被服务器接收、理解、接受并处理。

（3）3xx：重定向等,客户端需要后续操作才能完成这一请求。

（4）4xx：客户错误,请求含有词法错误或者无法被执行。

（5）5xx：服务器错误,服务器在处理某个请求时发生错误。

状态行后面是响应头。与请求头类似,响应头也由一些域组成,用于指定本次响应以及服务器的一些附加信息。

响应头的后面是一个空行(仅包含回车换行符),该空行表示响应头的结束。

响应信息的最后是响应体,是响应内容本身,如客户请求的 HTML 文档内容。

1.2.3　HTML

超文本标记语言(HyperText Markup Language,HTML)是一种构建 Web 页的主要标记语言。

HTML 文档是一种文本文件,由要显示的内容数据和 HTML 标签组成。HTML 标签用于指定文档的结构,每种结构成分(如标题、段落等)一般会有相应的呈现格式。每个 HTML 标签由“<”、标签名称、属性和“>”构成。一般情况下,标签是成对出现的,即以起始标签开始、以结束标签结尾,两者之间的内容是标签的作用范围。

HTML 允许在 Web 页中嵌入图像、对象,以及用于接收请求数据的表单。HTML 允许在页面中嵌入客户端脚本代码(如 JavaScript),能够影响页面的行为。HTML 支持 CSS 技术,以便定义页面内容的外观和布局。

Web 浏览器的基本作用如下。

（1）接收用户在地址栏输入的 URL。

（2）向 Web 服务器发送 HTTP 请求。

（3）接收 HTTP 响应,然后读取响应体中的 HTML 文档、解析 HTML 标签,产生人们习惯阅读和浏览的 Web 页面。

1.3 在 Web 页中嵌入 PHP 代码

PHP 代码可以嵌入 HTML 文档。包含 PHP 代码的 HTML 文档被称为 PHP 页面文件或 PHP 文件。PHP 页面文件的扩展名是.php。

当客户端用户请求 PHP 页面文件时,Web 服务器不会把 PHP 页面文件直接送往客户端,而是先将 PHP 页面文件委托给 PHP 解释器处理。PHP 解释器会对 PHP 页面文件中的 PHP 代码进行解释执行,产生不含任何 PHP 代码、完全由 HTML 代码组成的页面内容。最终由 Web 服务器采用 HTTP 将处理结果送往客户端。

1.3.1 PHP 标签

PHP 代码以代码块的形式嵌入 HTML 文档中。一个 PHP 代码块以"<?php"开始、以"?>"结束。在此,"<?php"和"?>"分别称为 PHP 代码块的开始标签和结束标签。两个标签的各字符之间不能插入空格,开始标签与后面的 PHP 代码之间至少保留一个空白符号。

一个 PHP 代码块可以包含多条 PHP 语句,每条语句以";"结尾。处于结束标签之前的最后一条 PHP 语句可以省略";"。

【例 1-1】 PHP 标签。代码如下:

```
1.  <html>
2.  <head>
3.      <title>PHP 标签 1</title>
4.  </head>
5.  <body>
6.      <?php
7.      echo '<p>Hello World</p>';
8.          ?>
9.  </body>
10. </html>
```

这个例子包含一个 PHP 代码块,其中仅包含一条 PHP 语句,即 echo 语句。该语句可以输出指定的字符串。

PHP 解释器在处理一个 PHP 页面文件时,对 PHP 标签外的内容(HTML 标签)只是简单地按原样输出,对 PHP 标签内的 PHP 语句则进行解释和执行。其效果是,PHP 标签外的内容和 PHP 代码执行产生的内容按顺序组成一个完整的 HTML 页面。如果一切正常,上面的 PHP 页面经过 PHP 解释器处理后将产生如下 HTML 页面代码:

```
<html>
<head>
    <title>PHP 标签 1</title>
</head>
<body>
    <p>Hello World</p>
</body>
</html>
```

最终,这个由 PHP 解释器处理产生的 HTML 页面代码将由 Web 服务器送往客户端,由浏览器解析并呈现。

对只包含一条 echo 语句的 PHP 代码块<?php echo <expr> ?>,可以采用简写形式:

```
<?=<expr>?>
```

上面例子的 PHP 代码块也可以写成以下简写形式：

```
<?='<p>Hello World</p>'?>
```

这种形式 PHP 标签的作用是计算并输出表达式的值。形式上，它用"＝"代替 php，并省略了 echo。

提示：还有一种简短风格的 PHP 标签，它以"＜?"作为代码块的开始标签，以"?＞"作为代码块的结束标签。默认情况下，这种风格的标签是不可用的。可以通过某种途径进行设置。例如，通过设置 PHP 配置文件 php.ini 中的 short_open_tag 项可以改变简短风格的可用性。为保持代码的兼容性，不建议采用简短风格的 PHP 标签。

1.3.2　嵌入 PHP 代码块

PHP 页面文件是嵌入了 PHP 代码块的 HTML 文档。可以根据需要，在 HTML 文档的任何位置嵌入任意数量的 PHP 代码块，只要 PHP 的代码块的输出能和原先的静态内容一起组成合法的 HTML 代码即可。

PHP 代码块的作用如下。

（1）处理产生所需的数据，包括页面要呈现的内容。

（2）输出 HTML 元素的内容或部分内容。

（3）输出 HTML 元素的属性或属性值。

（4）输出一个或多个完整的 HTML 元素。

【例 1-2】　一个 PHP 页面包含多个 PHP 代码块。代码如下：

```
 1. <html>
 2. <head>
 3.     <title>PHP 标签 2</title>
 4. </head>
 5. <body>
 6.     <?php
 7.     $date=date("Y 年 m 月 d 日");
 8.     ?>
 9.     <p>今天是<?php echo $date; ?>!</p>
10. </body>
11. </html>
```

该例共包含两个 PHP 代码块。在第 1 个 PHP 代码块中，通过 date()函数返回一个表示当前日期的字符串，并赋给变量 $date。第 2 个代码块通过 echo 语句输出当前日期，并将其作为段落元素 p 内容的一部分。可见，前面代码块中声明的变量能够被记住，可以在后面的代码块中使用。

一个代码块可以包含多条 PHP 语句；反之，有些 PHP 复合语句（如分支语句、循环语句等）也可以分散在多个代码块内完成。

【例 1-3】　一个 PHP 语句横跨多个 PHP 代码块。代码如下：

```
 1.  <?php
 2.      $n=15;
 3.      if ($n%2==0) {
 4.  ?>
```

```
5.         这是一个偶数。
6.    <?php } else { ?>
7.         这是一个奇数。
8.    <?php } ?>
```

在该例中,共有 3 个代码块。if 语句从第 1 个代码块开始,直到第 3 个代码块结束。

两个代码块之间的内容是静态的、可直接输出的非 PHP 代码。当然,也可以在 PHP 代码块内用 echo 等语句输出这些静态的内容。但是,如果这些静态的内容是大段的,那么将它们处理成非 PHP 代码通常比用 echo 等语句输出会更有效率。

并非所有 PHP 标签外的非 PHP 代码都一定会被输出。在该例中,由于 if 条件不成立,所以第 1 个静态文本块“这是一个偶数。”不会被输出。

第 1 个代码块中最后一个“}”是不可少的,否则 PHP 解释器会认为该 if 语句就此结束。第 2 个代码块中最后一个“}”也是不可少的,否则 PHP 解释器会认为该 else 子句就此结束。

如果一个 PHP 页面的最后内容是一个 PHP 代码块或者这个页面由纯 PHP 代码组成(只有一个 PHP 代码块,没有非 PHP 代码),那么页面中最后一个 PHP 结束标签(?>)是可以省略的,此时最后一条 PHP 语句末尾的“;”不能省略。这种做法值得提倡,好处是 PHP 解释器将忽略文件末尾的空格、回车换行符等空白符号,而不是将这些空白符号作为非 PHP 代码输出。

1.4 输出 HTML

PHP 代码块中的代码在 Web 服务器端解释和执行,在执行过程中可以动态产生并输出一些数据或 HTML 元素。在 PHP 中,一般用 print 或 echo 语句输出数据或 HTML 元素。

1. print 语句
print 语句的语法格式有两种。
格式 1:

```
int print <$expr>
```

格式 2:

```
int print(<$expr>)
```

print 语句用于输出一个字符串。如果参数不是字符串,而是其他类型的数据,PHP 系统会自动将其转换为字符串然后输出。print 语句总是返回整数 1。

2. echo 语句
echo 语句的语法格式有两种。
格式 1:

```
void echo <$expr>[,<$expr>]*
```

格式 2:

```
void echo(<$expr>)
```

echo 语句可以输出 1 个或多个字符串,但采用函数形式时只能输出一个字符串。若输出多个字符串,各字符串按顺序一个挨着一个连续输出,不会插入空白符号。

与 print 语句一样,如果参数不是字符串,PHP 系统会自动将其转换为字符串然后输出。

1.5　代码注释

PHP 注释出现在 PHP 代码块内,用于对 PHP 代码进行说明,以提高代码的可读性。对于代码的编写者和软件的维护者,代码注释都是非常重要的。需要注意的是,注释不允许嵌套,即对注释本身不能再注释。

下面介绍各种 PHP 注释,最后介绍 HTML 注释。

1. PHP 单行注释

单行注释从"//"开始,在行尾或当前 PHP 代码块的尾部结束。通常用于对当前行代码做简单说明,例如:

```php
<?php
    echo "<h2>example1</h2>";          // output: <h2>example1</h2>
?>
<p>
    <?php echo 'example2';             // output: example2 ?>
</p>
```

代码中包含两个单行注释,第 1 个注释止于行尾,第 2 个注释止于所在的代码块的尾部。

2. Shell 风格单行注释

该种单行注释与 UNIX 中的 Shell 语法一致,即用"#"表示注释的开始。除此之外,它与用"//"进行单行注释没有其他区别。上面例子也可以采用 Shell 风格的单行注释。例如:

```php
<?php
    echo "<h2>example1</h2>";          #output: <h2>example1</h2>
?>
<p>
    <?php echo 'example2';             #output: example2 ?>
</p>
```

3. PHP 多行注释

多行注释以"/*"开始,并以"*/"结束。通常用于较长的说明,放置在被说明代码的前面。例如:

```php
<?php
/*
 * This is a detailed explanation of something that
 * should require several paragraphs of information.
 */
…                          //被注释代码
?>
```

其中,内部注释行前面的"*"可以使注释范围更加醒目,去掉也无妨。

4. PHP 文档注释

PHP 文档注释以"/**"开始并以"*/"结束,一般用来注释类、函数(或方法)等程序模块,并放置在这些被说明模块的前面。文档注释往往会包含一些固定格式的元素,这些元素以"@"开头。例如,@author 标明开发该模块的作者,@version 标明该模块的版本和日期,@param 标明函数(或方法)的参数,@return 说明函数(或方法)的返回值等。举例如下:

```
/**
 * 检测 $year 表示的年份是否为闰年。
 * @param int $year 定义被检测的年份。
 * @return bool 若 $year 为闰年,则返回 true,否则返回 false。
 */
function isLeap(int $year): bool {
    return $year%400===0||$year%4===0&&$year%100!==0;
}
```

5. HTML 注释

PHP 注释用来说明 PHP 代码,并不会送往客户端。HTML 注释用于说明 HTML 代码,会被送往客户端浏览器。如果用户在客户端浏览器查看 HTML 源文件,则可以看到这些 HTML 注释。HTML 注释以"<!--"开始并以"-->"结束,可以持续多行。例如:

```
<!--这里是注释 -->
```

其中,开始标签"<!--"和结束标签"-->"中各字符之间一般不应该有空格。

1.6 PHP 工作原理

一个基于 PHP 技术创建的 Web 应用可被称为 PHP 应用。PHP 应用一般由 HTML 文档、CSS 文件、JavaScript 文件等静态资源和 PHP 文件等动态资源组成。

与 HTML 文档等 Web 静态资源在客户端由浏览器解析、呈现或运行不同,PHP 文件在服务器端由 PHP 解释器解析、处理和运行,并动态产生 HTML 代码。

PHP 文件与静态资源的上述差异,也反映在其请求与响应过程中。图 1-4 是引入 PHP 文件和 PHP 解释器后的 Web 结构示意图。

图 1-4 PHP 页面的请求与响应

其请求-响应的基本过程如下:客户通过浏览器向 Web 服务器发送一个 HTTP 请求。Web 服务器接受客户请求并判断请求的是 Web 静态资源还是 PHP 动态资源。如果客户请求的是一个 Web 静态资源,Web 服务器可以直接从硬盘读取该资源并产生 HTTP 响应发往客户端。如果客户请求的是一个 PHP 动态资源,Web 服务器将读取该资源并将其委托给 PHP 解释器处理。PHP 解释器通过预编译、解释、运行等过程处理 PHP 页面或 PHP 文件,产生 HTML 文档(HTML 代码)作为响应内容。最后由 Web 服务器向客户端发送 HTTP 响应。

1.7 运行环境与开发环境

本节介绍 PHP 动态网站(PHP 应用)的运行环境和开发环境的搭建。运行环境包括 Apache Web 服务器、PHP 系统和 MySQL 数据库。开发环境选用的是 Apache NetBeans IDE。所用的操作系统是 Windows 10。

1.7.1　搭建运行环境

下面依次介绍 Apache 服务器、PHP 系统和 MySQL 服务器的安装和配置。

1. Apache HTTP Server

Apache HTTP Server 是 Apache 软件基金会（Apache Software Foundation，ASF）的一个项目，该项目致力于为包括 UNIX 和 Windows 在内的现代操作系统开发和维护开源、安全、高效、可扩展，并与当前 HTTP 标准同步的 Web 服务器。

可以从 Apache Haus 社区的网站 https://www.apachehaus.com/ 下载面向 Windows 环境的已编译的 Apache 服务器软件包。

本书采用 2.4.53 版，下载的软件包是压缩文件 httpd-2.4.53-o111n-x64-vs17.zip。

可以按下面的步骤安装和测试 Apache。

（1）首先应确认计算机已安装 Microsoft Visual C++ Redistributable 运行库，它是 Windows 操作系统应用程序的基础类型库组件。

（2）将下载的 ZIP 文件中的 Apache24 文件夹解压缩到任何驱动器上的根目录，如 C:\。这样就会在根目录下新建一个名为 Apache24 的目录，如 C:\Apache24。这个目录就是安装目录，也被称为服务器根目录。

（3）测试安装。

① 打开命令提示符窗口，用 cd 命令改变当前目录为 Apache 服务器根目录下的 bin 子目录，然后输入下面启动 Apache 服务器的命令：

```
C:\Apache24\bin>httpd.exe
```

如果没有错误发生，光标将位于下一行并闪烁。

② 此发行版是为 localhost 预先配置的。现在，可以打开 Web 浏览器并输入以下 URL 测试安装：

```
http://localhost/
```

如果一切正常，浏览器上会显示 Apache Haus 的测试页面。

③ 在命令提示符窗口按 Ctrl+C 组合键可以停止 Apache 服务器。

（4）将 Apache 作为服务安装。

在大多数情况下，可能希望将 Apache 作为 Windows 服务运行。

① 以管理员身份打开命令提示符窗口，然后输入下面的命令将 Apache 安装为服务：

```
C:\Apache24\bin>httpd -k install
```

系统响应如下：

```
Installing the 'Apache2.4' service
The 'Apache2.4' service is successfully installed.
Testing httpd.conf...
Errors reported here must be corrected before the service can be started.
```

② 输入以下命令启动 Apache 服务：

```
C:\Apache24\bin>httpd -k start
```

作为服务启动后，命令结束，新的命令提示符出现。之后可以关闭命令提示符窗口。

提示：可以使用其他命令行选项，进行停止服务、卸载服务等操作。

```
httpd -k stop           //停止 Apache 服务
httpd -k restart        //重启 Apache 服务
httpd -k uninstall      //卸载 Apache 服务
httpd -t                //对配置文件运行语法检查
httpd -v                //显示版本号
httpd -h                //显示命令行选项列表
```

（5）使用"服务"窗口管理 Apache 服务。

① 在 Windows"开始"菜单中选中"Windows 管理工具"|"服务"选项，打开"服务"窗口。

② 在窗口的"服务（本地）"列表中找到"Apache2.4 服务"并选中，然后就可以利用列表区左侧的命令"启动""停止"或"重启动"该服务。

③ 右击"Apache2.4 服务"，通过右键快捷菜单打开"属性"对话框。在其中可以设置服务的启动类型，如"手动""自动"。如果是"自动"，那么每次打开计算机时，都会自动启动该服务。

2. PHP

可以从 PHP 官网 https://windows.php.net/download/下载面向 Windows 环境的已编译的 PHP 软件包。

本书采用线程安全的 8.1.5 版，下载的软件包文件是 php-8.1.5-Win32-vs16-x64.zip。

可以按下面的步骤安装和配置 PHP。

（1）将下载的 ZIP 文件解压缩到某个目录下即可，如解压缩到 C:\PHP8 下。

（2）配置 php.ini。

① php.ini 是 PHP 的配置文件，这个文件初始并不存在。在安装目录（C:\PHP8）下将原有的文件 php.ini-development 复制一份并命名为 php.ini。

提示：php.ini-production 是为生产环境提供的默认配置，而 php.ini-development 是为开发环境提供的默认配置。作为以学习为目的的安装，建议采用后者提供的配置，它能够报告所有 PHP 错误和警告。

② 进行必要的设置。在大多数情况下，只需找到所需的配置项（指令），去除它们的前导注释符（;）即可。打开配置文件 php.ini，找到下面的配置项，去除前导注释符或进行相应的设置：

```
extension_dir="C:/PHP8/ext"
extension=fileinfo
extension=mbstring
extension=mysqli
extension=pdo_mysql
```

提示：应该使用上述语法，即 extension＝＜扩展模块名＞，启用所需的扩展。这样系统会自动从默认的扩展模块文件目录（即 C:/PHP8/ext）中装载相应的扩展模块文件。如果扩展模块文件不在默认的目录下，那么就需要指定该扩展安装的绝对路径及扩展模块文件名。

（3）配置 httpd.conf。httpd.conf 是 Apache 的配置文件，位于 Apache 安装目录的 conf 子目录下。先确保 Apache 未运行，然后打开 httpd.conf 配置文件，进行必要的设置。

① 在文件底部添加以下命令将 PHP 设置为 Apache 模块：

```
#PHP8 module
PHPIniDir "C:/PHP8"
LoadModule php_module "C:/PHP8/php8apache2_4.dll"
AddType application/x-httpd-php .php
```

② 有选择地更改配置项 DirectoryIndex 设置,使得当用户访问某目录时优先加载 index.php 而不是 index.html:

```
<IfModule dir_module>
    DirectoryIndex index.php index.html
</IfModule>
```

③ 验证配置文件的正确性。更改完成后保存 httpd.conf 配置文件,然后在命令提示符窗口中输入以下命令:

```
C:\Apache24\bin>httpd -t
```

如果一切正常(显示 Syntax OK),可以重新启动 Apache 服务。

(4)测试一个 PHP 文件。请先确认 Apache 服务已经启动。

① 在目录 C:\Apache24\htdocs 下创建一个名为 index.php 的新文件,并输入以下 PHP 代码:

```
<?php
    phpinfo();
?>
```

C:\Apache24\htdocs 是 Apache 服务器默认的文档根目录。创建的每个 PHP 网站或应用都对应其中的一个子目录。

② 打开浏览器,输入网址 http://localhost/。这样,浏览器将呈现一个"PHP 版本"页面,显示各种 PHP 和 Apache 配置设置。

(5)设置 Apache 文档根目录和 PHP 包含文件路径。

① 设置 Apache 服务器的文档根目录。打开 Apache 的配置文件 httpd.conf,然后找到下面两行指令,指定的目录(如 D:/htdocs)设置为文档根目录。

```
DocumentRoot "D:/htdocs"
<Directory "D:/htdocs">
```

② 设置 PHP 包含文件路径。打开 PHP 的配置文件 php.ini,然后找到 include_path 配置项并做如下设置:

```
include_path="D:\htdocs"
```

该设置为一些 PHP 语句、函数在定位文件时指定了一个默认的起始位置。5.4 节会对此进行具体介绍。

3. MySQL

可以从 MySQL 官网 https://dev.mysql.com/downloads/installer/下载面向 Windows 环境的已编译的 MySQL 软件包。

本书采用 8.0.28 版,下载的软件包是压缩文件 mysql-8.0.28-winx64.zip。

可以按下面的步骤安装和配置 MySQL。

(1)将下载的 ZIP 文件解压缩到 C 盘的根目录下,或是其他的某个位置。然后可以将新产生的目录重新命名为合适的名字,如 C:\MySQL8。该目录即为系统的安装目录。

(2)创建一个存储数据库数据的文件夹,如 C:\MySQL8Data。使用系统安装目录之外的目录存储数据更为安全。

(3)在系统安装目录 C:\MySQL8 下创建一个名为 my.ini 的配置文件,输入以下配置项指定系统安装目录和数据目录：

```
[mysqld]
#installation path
basedir=C:/MySQL8
#data directory
datadir=C:/MySQL8Data
```

注意：路径要使用"/"，而不是"\"。

（4）在命令提示符窗口中输入下面的命令，以初始化数据文件夹并创建默认根用户 root（无密码）：

```
C:\MySQL8\bin>mysqld.exe--initialize-insecure--user=mysql
```

（5）测试安装配置。

① 在命令提示符窗口中输入下面的命令，启动 MySQL 服务器：

```
C:\MySQL8\bin>mysqld.exe --console
```

如果一切正常，系统最后显示类似如下信息，光标位于下一行并闪烁：

```
C:\MySQL8\bin\mysqld.exe: ready for connections. Version: '8.0.28' socket: '' port: 3306
    MySQL Community Server -GPL.
```

② 打开另一个命令提示符窗口，输入下面的命令，建立与 MySQL 服务器的连接：

```
C:\MySQL8\bin>mysql.exe -u root
```

如果没有错误，将进入 MySQL 命令提示符状态：

```
mysql>
```

后，用户就可以发出 SQL 命令。例如，输入"show databases;"显示数据库列表；输入"exit;"（或 quit;）退出与 MySQL 服务器的连接。

③ 在退出与 MySQL 服务器的连接后，可以输入下面的命令，以停止 MySQL 服务器：

```
C:\MySQL8\bin>mysqladmin.exe -u root shutdown
```

提示：也可以在启动 MySQL 服务器的命令提示符窗口，按 Ctrl＋C 组合键停止 MySQL 服务器。

（6）将 MySQL 作为服务安装。在大多数情况下，可能希望将 MySQL 作为 Windows 服务运行。

① 以管理员身份打开命令提示符窗口，然后输入下面的命令，将 MySQL 安装为服务：

```
C:\MySQL8\bin>mysqld.exe --install
```

② 输入下面的命令：

```
C:\MySQL8\bin>net start mysql
```

作为服务启动后，命令结束，新的命令提示符出现。之后可以关闭命令提示符窗口。

提示：可以使用下面的命令停止服务或卸载服务：

```
net stop mysql              // 停止 MySQL 服务
mysqld.exe --remove         // 卸载 MySQL 服务
```

（7）使用"服务"窗口管理 MySQL 服务。

① 在 Windows"开始"菜单中选中"Windows 管理工具"|"服务"选项，打开"服务"窗口。

② 在窗口的"服务（本地）"列表中选中"MySQL 服务"，然后利用列表区左侧的命令"启动""停止"

或"重启动"该服务。

③ 右击 MySQL 服务,通过右键快捷菜单打开"属性"对话框。在其中可以设置服务的启动类型,如"手动""自动"。如果是"自动",那么每次打开计算机时,都会自动启动该服务。

1.7.2　搭建开发环境

Apache NetBeans IDE 是一种集成开发环境,支持基于 Java、PHP、HTML/JavaScript、C/C++ 等的各种软件的开发。在安装该软件之前,需要安装相应版本的 JDK。

1. JDK

可以从 Oracle 官网 https://www.oracle.com/java/technologies/downloads/下载面向 Windows 环境的、已编译的 JDK 软件包。

本书采用 17.0.4 版,下载的软件包是压缩文件 jdk-17_windows-x64_bin.zip。

可以按下面的步骤安装和配置 JDK。

(1) 将文件解压到 C:\下,产生一个新文件夹(jdk-17.0.4),将其改名为 jdk17。

(2) 添加系统环境变量:JAVA_HOME=C:\jdk17。

2. Apache NetBeans IDE

可以从 Apache 官网 https://netbeans.apache.org/download/下载面向 Windows 环境的 Apache NetBeans 的 EXE 安装文件。

本书采用 15 版本,下载的安装文件是 Apache-NetBeans-15-bin-windows-x64.exe。

可以按下面的步骤安装和配置 Apache NetBeans。

(1) 双击.exe 文件启动安装。

(2) 选择默认安装,单击 Next 按钮。

(3) 接受许可协议中的条款,单击 Next 按钮。

(4) 确认安装目录:

```
Install the Apache NetBeans IDE to : C:\Program Files\NetBeans-15
JDK for the Apache NetBeans IDE:C:/jdk17
```

后单击 Next 按钮。

(5) 取消选中"是否自动检测?",单击 Install 按钮开始安装。

(6) 系统自动完成安装,最后单击 Finish 按钮结束安装。

安装后,系统会在 Windows"开始"菜单中自动添加相应的菜单项,在桌面上自动添加相应的快捷图标。通过它们可以方便地启动该软件。

1.8　使用 Apache NetBeans IDE

在开发 PHP 动态网站之前,先熟悉一下 NetBeans IDE 的界面组成,以及一些基本操作。

1.8.1　界面组成

在 NetBeans IDE 界面中,除菜单栏和工具栏外,主要由一些位置和大小可变的窗格组成,如图 1-5 所示。其中,编辑器窗格通常位于界面的中间,用于显示和编辑程序代码。每个在编辑器窗格中打开的文档都有一个标签,通过这些标签可以在不同文档间快速切换。其他窗格可以包含一个或多个不同用途的窗口,每个窗口在窗格中也都有一个标签。

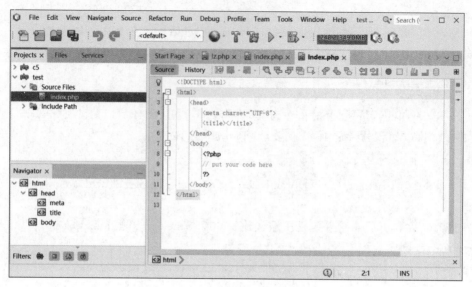

图 1-5　NetBeans IDE 界面

下面是几个常用的窗口。

（1）Projects 窗口。该窗口是项目源的主入口点，是显示项目重要内容的逻辑视图。项目可以是 Java 应用程序、EJB 模块、Web 应用程序等。在这里，主要是 PHP 应用。

（2）File 窗口。该窗口显示基于目录的项目视图，其中包括"项目"窗口中未显示的任何文件和文件夹。

（3）Navigator 窗口。该窗口提供了当前选定文件的简洁视图，并且可以简化文件不同部分之间的导航。在 Navigator 窗口中双击某个元素，编辑器窗格中的光标就会移至该元素。

对于各种窗口，用户可以根据需要打开或关闭。要打开一个窗口，可以从 Window 菜单中选择相应的菜单项或子菜单项。要关闭一个窗口，只需单击该窗口标签右端的"关闭窗口"按钮 ✕。某些窗口会在执行相关任务时自动打开。

单击窗格标签栏右侧的 — 按钮可以最小化该窗格，此时该窗格内的各窗口只显示标签。单击最小化窗格中的 ❐ 按钮可以复原窗格。

通过鼠标拖放窗口标签，可以移动窗口。窗口可以在同一窗格内移动，也可以在不同窗格间移动。

要在编辑器窗格中打开一个文档，通常可以在 Projects 窗口中用鼠标双击该文档，或者右击该文档并选中 Open 选项。要关闭一个文件，只需单击该文档标签右端的"关闭文件"按钮 ✕。同时按住 Shift 键并单击 ✕ 按钮会关闭所有文档；同时按住 Alt 键并单击 ✕ 按钮会关闭除当前文档外的所有其他文档。

单击编辑器窗格标签栏右侧的 ❐ 按钮可以最大化编辑器窗格，此时其他窗格一般会自动最小化。单击最大化编辑器窗格中的 ❐ 按钮可以复原编辑器窗格，此时其他窗格也会自动复原。

按 Ctrl＋Shift＋Enter 组合键也可以最大化当前文档编辑区，此时整个界面（除菜单栏外）都被当前文档编辑区占据。再次按 Ctrl＋Shift＋Enter 组合键可以复原整个界面。

1.8.2　基本操作

这里介绍在 NetBeans IDE 中开发 PHP 动态网站（PHP 应用）的一些基本操作。

1. 创建 PHP 应用

创建 PHP 应用的具体步骤如下（在 Projects 窗口中进行）。

（1）选中 File|New Project 菜单选项，打开相应的对话框。

（2）选择项目类型（Choice Project）：PHP|PHP Application。

（3）指定项目名称和位置（Name and Location）。例如：

① 项目名称（Project Name）：test。

② 源文件夹（Sources Folder）：D:\htdocs\test。

注意：test 是存放项目文件的源文件夹，一般应与项目名称同名。这个文件夹应该位于 Apache 服务器的文档根目录下。

③ PHP 版本（PHP Version）：PHP 8.1。

④ 默认编码（Default Encoding）：UTF-8。

取消选中 Put NetBeans metadata into a separate directory 复选框。

（4）设置运行配置（Run Configuration）。通常采用默认设置。

① 运行为（Run As）：Local Web Site（running on local web server）。

② 项目网址（Project URL）：http://localhost/test/。

注意：如果 Apache 服务器的端口号不是默认的 80，那么项目网址也需要做相应的调整。

（5）单击"完成"按钮，完成应用项目的新建。

新建项目后，Projects 窗口中会出现相应的项目结点。新建 PHP 应用项目会自动包含一个名为 index.php 的 PHP Web 页，位于项目内的源文件（Source Files）结点下。

2. 新建文件

要为 PHP 应用添加文件，可按以下步骤操作（在 Projects 窗口中进行）。

（1）单击选择项目结点。

（2）选中 File|New File 菜单选项，打开相应的对话框。

（3）选择文件类型，如 PHP|PHP File、PHP|PHP Web Page 等。

（4）指定文件名，一般不需要指定扩展名。

（5）单击"完成"按钮。

新创建的文件一般位于项目内的 Source Files 结点下。

3. 打开和关闭 PHP 应用

要打开 PHP 应用，选中 File|Open Project 菜单选项，然后在打开的对话框中定位并选择 PHP 项目文件夹，最后单击 Open Project 命令按钮打开该 PHP 应用。

PHP 项目文件夹应该位于 Apache 服务器的文档根目录下。在前面安装和配置 PHP 时，已经将 Apache 服务器的文档根目录设置为 D:\htdocs。

要关闭 PHP 应用，可以在 Projects 窗口中右击项目结点，从弹出的快捷菜单中选中 Close 选项。关闭项目后，项目文件夹并没有从硬盘上删除，需要时可以再次打开。

4. 访问页面

在访问页面（PHP Web 页、PHP 文件）之前，首先要确保 Apache 服务器已经启动。如果页面涉及数据库操作，还要事先启动 MySQL 服务器。

要访问一个页面，可以选择下面的操作方法。

方法 1：在 Projects 窗口中，右击要运行的页面文件结点，从弹出的快捷菜单中选中 Run 选项。

方法 2：如果要访问的页面文件正好显示在编辑器窗格内，可以右击编辑区，从弹出的快捷菜单中选中 Run File 选项。

当访问 PHP 应用项目的页面时，NetBeans IDE 将完成以下工作。

（1）对项目中文件的任何修改，自动进行保存。

（2）通过浏览器向 Apache 服务器发出请求，请求指定的页面。如果浏览器还没有打开，那么会先自动打开浏览器。

习题 1

一、选择题

1. 不属于万维网核心技术的是（　　）。

    A. URL   B. HTTP   C. 网卡   D. HTML

2. Web 服务器的默认端口号是（　　）。

    A. 80   B. 8000   C. 8080   D. 3306

3. 在 HTTP 响应中，不包含在状态行内的信息是（　　）。

    A. 协议版本号   B. 状态码   C. 状态描述   D. 服务器名

4. 在服务器端解析、执行的代码是（　　）。

    A. HTML   B. PHP   C. JavaScript   D. CSS

5. 下面正确的 PHP 语句是（　　）。

    A. print 2,5;   B. print(2,5)   C. echo 2,5;   D. echo(2,5);

二、编程题

写出下面 PHP 代码的呈现结果。

（1）

```php
<?php
    $name="LiMing"
?>
<?php
    $greeting="Hello";
    echo $greeting, $name;
?>
```

（2）

```php
<?php
    $color="red";
?>
<p style="color:<?php echo($color) ?>">这是一个段落</p>
```

（3）

```php
<?php
    $n=10;
    if ($n>=0) {
?>
YES
<?php
    } else {
        echo "NO";
    }
?>
```

第 2 章　HTML 基础

本章主题：

- 概念与基本元素。
- HTML 列表。
- HTML 表格。
- HTML 表单。

HTML 是编写网页的语言。HTML 文档由 HTML 元素组成，也称为静态网页。当客户发出请求时，HTML 文档的内容由 Web 服务器直接送往客户端，并由浏览器解析呈现。

HTML 主要用于表示网页内容的结构，如标题、段落、列表、表格等，其中每一种结构成分由相应的 HTML 元素表示，且通常会有符合这种结构成分特点的默认呈现格式。HTML 页面及元素的呈现格式主要由 CSS 定义，将在第 3 章中介绍。

本章首先介绍 HTML 的一些基本概念和基本元素，然后介绍 HTML 列表、表格和表单等元素的使用。

2.1　概念与基本元素

本节首先介绍 HTML 中的一些基本概念，然后介绍一些基本 HTML 元素的使用。

2.1.1　HTML 文档

这里介绍 HTML 文档的基本结构，以及有关 HTML 标签和元素的概念。

1. 标签与元素

HTML 文档又称网页，是一种文本文件，由要显示的内容和 HTML 标签组成。HTML 标签用于指定文档内容的结构。每个标签由"<"、标签名称和">"构成，如<p>。一般情况下，标签是成对出现的，即以开始标签起始，以结束标签结尾，两者之间的内容是标签的作用范围。与开始标签相比，结束标签的名称前多了一个"/"，如</p>。

通常情况下，把从一个开始标签起始到其相应的结束标签终止的所有代码称为一个 HTML 元素，而把开始标签与结束标签之间的内容称为该元素的内容。有些元素没有内容，称为空元素。空元素不需要结束标签，通常在开始标签中关闭该元素，即在开始标签的尾部添加"/"，例如
。

大多数 HTML 元素可拥有属性，用于提供有关 HTML 元素的更多信息。属性总是在 HTML 元素的开始标签中指定，以名称-值对的形式出现，如 name＝"user"，属性值可以用""或""括起来。

2. 基本结构

一个 HTML 文档总体上可分为头部和主体两部分，其一般格式如下：

```
<!DOCTYPE html>
<html>
<head>
```

```
    <title>主页</title>
    <meta charset="UTF-8">
    <meta name="viewport" content="width=device-width, initial-scale=1.0">
</head>
<body>
    <p>文档的内容</p>
</body>
</html>
```

其中参数说明如下。

（1）!DOCTYPE 声明必须是 HTML 文档的第一行,位于<html>标签之前。该声明本身并不是 HTML 元素,只是明确告诉 Web 浏览器这是一个 HTML 文档。对于有些浏览器来说,该声明是必不可少的。

（2）<html>与</html>标签限定了文档的开始点和结束点,在它们之间是文档的头部和主体。

（3）head 元素用于定义文档的头部,它是所有头部元素的容器。文档的头部描述了文档的各种属性和信息,如上述 title 元素定义文档的标题,第 1 个 meta 元素指定文档所采用的字符集,第 2 个 meta 元素指定视口的宽度以及显示网页时的初始缩放比例。除了标题会显示在浏览器窗口的标题栏上(或作为标签页的标签),文档头部定义的其他内容都不会显示在浏览器窗口中。

（4）body 元素用于定义文档的主体。所有需要在浏览器窗口中显示的信息都应该定义在该元素内。

2.1.2　HTML 元素

本节介绍 HTML 元素的分类以及元素之间的关系。

1. 元素分类

HTML 元素大致可分为块级元素和行内级元素两类。

（1）块级元素。默认情况下,每个块级元素总是独自在一行内呈现。也就是说,每当处理一个块级元素时,浏览器都会在新的一行进行呈现,而紧跟在块级元素后面的任何元素也会另起一行,在下一行进行呈现。

常见的块级元素包括 h1、h2、h3、h4、h5、h6、p、div、hr、ul、ol、dl、li、table、form 等。

（2）行内级元素。默认情况下,若干行内级元素可以呈现于同一行。每当处理一个行内级元素时,如果它前面的元素是块级元素,那么它自然会在新的一行进行呈现,否则它会紧跟在前面的行内级元素后面,在同一行中进行呈现。

常见的行内级元素包括 a、img、span、label、input、textarea、select、br、code、sub、sup 等。

一般情况下,块级元素可以包含行内级元素,但行内级元素不能包含块级元素。

HTML 元素又可分为替换元素和非替换元素两类。

替换元素是指其元素内容来自外部而没有包含在文档中的一些元素,如 img、input、textarea、select 等。替换元素往往是空元素,其内容由浏览器根据元素的标签和属性直接呈现,而不是由 CSS 模型负责呈现。

HTML 的大多数元素是非替换元素,其内容包含在文档中,由 CSS 模型负责呈现。

2. 元素之间的关系

HTML 文档中元素之间存在包含和被包含的关系,大多数 HTML 元素都可以嵌入其他的 HTML 元素。

（1）父元素与子元素。包含另一个元素的元素是被包含元素的父元素,而被包含的元素是包含元素的子元素。如在上述 HTML 文档基本结构示例代码中,HTML 元素是 head 和 body 元素的父元素,而 head 和 body 元素都是 HTML 元素的子元素。一个元素可以拥有多个子元素,但只能有一个父元素。

（2）后代元素与兄弟元素。包含在其他元素中的元素也可以包含别的元素。一个元素把其所包含的所有元素称为其后代元素,而子元素是指与其关系最近的后代元素。例如,在上述 HTML 文档基本结构示例代码中,body 和 p 元素都是 HTML 元素的后代元素,但是两者中只有 body 元素才是 HTML 元素的子元素。具有相同父元素的几个元素互为兄弟元素,如 head 和 body 元素是兄弟元素,因为它们的父元素都是 HTML 元素。

3. 全局属性

全局属性是指所有 HTML 元素都适用的属性,也称为通用属性。下面是 HTML 元素常用的全局属性。

（1）id：用于为文档中的 HTML 元素指定独一无二的身份标识。

（2）class：用于为 HTML 元素指定的一个或多个类名(引用样式表中的类)。

（3）style：用于为 HTML 元素指定 CSS 内联样式。

（4）title：用于为 HTML 元素指定标题信息。浏览器通常会将该信息以即时提示的方式显示出来。

2.1.3　若干基本元素

这里介绍一些基本且常用的 HTML 元素。

1. 标题

HTML 元素 h1、h2、h3、h4、h5 和 h6 用于定义文档的各级标题,共 6 级。其中,h1 元素定义一级标题,字体最大;h6 元素定义六级标题,字体最小。

【例 2-1】　HTML 标题元素的用法和效果,如表 2-1 所示。

表 2-1　标题元素

HTML 元素	浏览器呈现
<h1>一级标题</h1> <h2>二级标题</h2> <h3>三级标题</h3>	**一级标题** **二级标题** **三级标题**

标题元素是一种块级元素。默认情况下,标题粗体显示,左对齐,各级标题的上下都有相应的外间距。

2. 段落

HTML 元素 p 用于定义文档的段落。段落元素是一种块级元素。默认情况下,每个段落的上下都有相应的外间距,但上下两个段落之间的外间距会被重叠。

3. 换行

文本文件中的回车换行符(\r、\n 或\r\n)在浏览器中只是呈现为空格。为实现换行的效果,可以使用 br 元素。br 元素使得任何紧跟在其后的内容另起一行呈现。

【例 2-2】 HTML 段落元素和换行元素的用法和效果,如表 2-2 所示。

表 2-2 p 和 br 元素

HTML 元素	浏览器呈现
`<p>`这是一个段落,` `但被强制换行了。`</p>` `<p>`这是另一个段落。`</p>`	这是一个段落, 但被强制换行了。 这是另一个段落。

br 元素是一种行内级元素。br 元素也是一种空元素,不需要结束标签,应在开始标签关闭该元素。

4. 水平线

HTML 元素 hr 可以呈现一条水平线,可用于分隔文档中不同部分的内容。

hr 元素可以用 width 属性指定其宽度,用 align 属性指定其水平对齐方式。另外,可以用 size 属性指定水平线的粗细。

提示:也可以使用 div 元素通过 CSS 设置来呈现一条水平线,且宽度、粗细、颜色、对齐方式等更容易控制。

hr 元素是一种块级元素。hr 元素也是一种空元素,不需要结束标签,应在开始标签中关闭该元素。

5. span 与 div

HTML 元素 span 是行内级元素,它没有特定的含义,通常用作文本的容器。通过设置该元素的 style 和 class 属性值,可以指定该元素的内容文本的呈现格式。

HTML 元素 div 是块级元素,它没有特定的含义,主要用作组合其他 HTML 元素的容器。通过设置该元素的 style 和 class 属性值,可以指定该元素块框的呈现格式。

【例 2-3】 span、div 和 hr 元素的用法和效果,如表 2-3 所示。其中,外层的块框通过 style 属性指定:宽度为 200px,边框为 1px、黑色的实线。

表 2-3 span、div 和 hr 元素

HTML 元素	浏览器呈现

`<div style="width: 200px; border: 1px solid`
`    black">`
`<span>`文字 1`</span><span>`文字 2`</span>`
`    <hr/>`
`<span style="font-size: 14px">`文字 3`</span>`
`    </div>`
	文字1文字2
	
	文字3

6. 图像

img 是非常有用的 HTML 元素,用于在网页中嵌入一幅图像,其 src 属性指定图像文件的 URL。如果图像文件与 HTML 文档处在同一个网站,一般采用相对地址。

img 元素是一种替换行内级元素。img 元素也是一种空元素,不需要结束标签,应在开始标签中关闭该元素。

【例 2-4】 HTML 图像元素的用法和效果,如表 2-4 所示。这里,图像文件位于页面文件所在目录的 image 子目录中,元素的 alt 属性指定当图像文件无法读取时可显示的替代文本,元素的 title 属性指

定当鼠标指向图像时会显示的提示信息。style 属性指定 CSS 样式,设置图像的呈现大小。

表 2-4　HTML 图像元素

HTML 元素	浏览器呈现

`<img src="image/php_logo.png" alt="PHP 徽标"`
`    title="logo"`
`    style="width: 150px; height: 100px"/>`

7. 超链接

超链接是万维网的基本特征,一个 Web 页面通常会包含一些超链接。访问者通过单击超链接文字或图像,可以从一个页面跳转到另一个页面。这些页面可以处在同一个网站,也可以属于不同的网站。

HTML 元素 a 用于创建超链接,其 href 属性指定目标页面的 URL。如果目标页面与当前页面处在同一个网站,一般采用相对地址。

a 元素是一种行内级元素。开始标签和结束标签之间的元素内容会被呈现出来,当访问者单击它时,浏览器将自动请求 href 属性指定的目标页面。a 元素的内容可以是普通文本,称为文本超链接;也可以是 img 元素指定的图像,称为图像超链接。

【例 2-5】 HTML 超链接元素的用法和效果,如表 2-5 所示。默认情况下,超链接文字呈现时包含下画线,可以通过 CSS 样式重新进行设置。

表 2-5　HTML a 元素

HTML 元素	浏览器呈现
`<a href="http://www.w3school.com.cn/">Visit` `    W3School</a>`	<u>Visit W3School</u>

8. 注释

可以在 HTML 文档中插入所需的注释,使 HTML 代码更易被人理解,提高文档的可读性。HTML 注释以"<!--"(4 个字符之间不要有空格)开始,以"-->"(3 个字符之间不要有空格)结束,可以横跨多行。例如:

```
<!--这是注释 -->
```

浏览器会忽略 HTML 注释,不会解析或呈现它们。

2.2　列表

HTML 列表包括无序列表、有序列表和定义列表。这里,各种列表元素都是块级元素,而且各种列表中的列表项元素也是块级元素。

2.2.1　无序列表

无序列表是一种项目列表,其中每个列表项前会显示一个项目符号(默认为实心圆点)。无序列表始于<ul>标签,其中每个列表项始于<li>标签。

【例 2-6】 无序列表的用法和效果,如表 2-6 所示。

表 2-6　无序列表（ul 和 li 元素）

HTML 元素	浏览器显示

`<ul>`
`<li>图像 </li>`
`<li>超链接 </li>`
`</ul>`
	• 图像
	• 超链接

项目符号可以由 CSS 属性 list-style-type 设置，如 disc（默认值，圆点）、circle（小圆圈）、square（小正方形）、none（无）。

列表项内部可以使用段落、换行、图像、超链接等元素，也可以包含其他列表。

2.2.2　有序列表

有序列表是一种编号列表，其中每个列表项前会使用数字或字母进行标记（默认为阿拉伯数字）。有序列表始于`<ol>`标签，其中每个列表项始于`<li>`标签。

【例 2-7】　有序列表的用法和效果，如表 2-7 所示。

表 2-7　有序列表（ol 和 li 元素）

HTML 元素	浏览器显示

`<ol>`
`<li>图像 </li>`
`<li>超链接 </li>`
`</ol>`
	1. 图像
	2. 超链接

列表项前的编号也可以由 CSS 属性 list-style-type 设置，如 decimal（默认值，数字）、lower-alpha（小写字母）、upper-alpha（大写字母）、lower-roman（小写罗马数字）、upper-roman（大写罗马数字）、none（无）。

列表项内部可以使用段落、换行、图像、超链接等元素，也可以包含其他列表。

2.2.3　定义列表

定义列表中的每个列表项是其自身与其定义的组合。定义列表以`<dl>`标签开始，其中每个列表项以`<dt>`标签开始，而每个列表项的定义以`<dd>`标签开始。

【例 2-8】　定义列表的用法和效果，如表 2-8 所示。其中用到了 HTML 实体 <（表示符号<）和 >（表示符号>）。

表 2-8　定义列表（dl、dt 和 dd 元素）

HTML 元素	浏览器显示

`<dl>`
`<dt>元素 &lt;img&gt; </dt>`
`<dd>创建图像,src 指定图像。</dd>`
`<dt>元素 &lt;a&gt;</dt>`
`<dd>创建超链接,href 指定目标页面。</dd>`
`</dl>`
	元素 \<img>
	　　创建图像，src指定图像。
	元素 \<a>
	　　创建超链接，href指定目标页面。

列表项内部可以使用段落、换行、图像、超链接等元素，也可以包含其他列表。

提示：如果需要在网页中显示一些特殊字符，如 HTML 的"＞""＜"等语法字符、无法从键盘上输入的字符等,那么可以使用 HTML 实体来表示这些字符。HTML 实体以"&"开头,中间是实体名称或实体编号,最后以";"结尾。例如,实体"©"表示版权符号"©"。

2.3　表格

HTML 表格由 table 元素及其子元素定义。常用的子元素包括 tr、th、td 等。其中,tr 元素定义表格行,th 元素定义表头单元格,td 元素定义数据单元格。

复杂一些的 HTML 表格还可能包括 caption、col、colgroup、thead、tfoot 以及 tbody 等子元素。

table 元素是一种块级元素。与其他块级元素不同的是,表格的默认宽度不是其容器元素的宽度,而是由表格内容本身决定的。

本节介绍 HTML 表格的定义,也会涉及一些表格格式的设置。

2.3.1　简单的表格

表格由 table 元素来定义。表格中的行由 tr 元素定义,行中的单元格由 td 或 th 元素定义。每个单元格内可以呈现文本、图像、超链接等内容,甚至可以包含另外的表格。通常,td 元素用来定义数据单元格,th 元素用来定义表头单元格。默认情况下,td 定义的单元格,其内容水平左对齐、垂直居中对齐;th 定义的单元格,其内容水平居中、垂直居中,文字粗体显示。

【例 2-9】　一个简单表格的定义。table 元素的 border 属性指定表格边框线的粗细(以像素为单位)。默认情况下,如果指定 border 属性值为非零,那么除了显示指定粗细的表格边框线,也会显示表格内各单元格的边框线,如表 2-9 所示。

表 2-9　定义简单的表格

HTML 元素	浏览器呈现

``html
<table border="1">
    <tr>
        <th>姓名</th><th>性别</th><th>部门</th>
    </tr>
    <tr>
        <td>周小兰</td><td>女</td><td>会计学院</td>
    </tr>
    <tr>
        <td>胡之军</td><td>男</td><td>信息学院</td>
    </tr>
</table>
``
	<table><tr><th>姓名</th><th>性别</th><th>部门</th></tr><tr><td>周小兰</td><td>女</td><td>会计学院</td></tr><tr><td>胡之军</td><td>男</td><td>信息学院</td></tr></table>

一般情况下,在 HTML 元素中,用于表示大小、长度、粗细等的属性,其值都以像素为单位(不需要写出)。

2.3.2　跨行与跨列

colspan 和 rowspan 是 td 和 th 元素的属性。colspan 属性用于指定单元格横跨的列数,rowspan 属性用于指定单元格占据的行数。

【例 2-10】　colspan 和 rowspan 属性的用法和效果,如表 2-10 所示。

表 2-10　跨行（rowspan）和跨列（colspan）

HTML 元素	浏览器呈现

``html
<table border="1">
    <tr>
        <th>Column 1</th>
        <th>Column 2</th>
        <th>Column 3</th>
    </tr>
    <tr>
        <td rowspan="2">Row 1 Cell 1</td>
        <td>Row 1 Cell 2</td>
        <td>Row 1 Cell 3</td>
    </tr>
    <tr>
        <td>Row 2 Cell 2</td>
        <td>Row 2 Cell 3</td>
    </tr>
    <tr>
        <td>Row 3 Cell 1</td>
        <td colspan="2">Row 3 Cell 2</td>
    </tr>
</table>
``
	<table border="1"><tr><th>Column 1</th><th>Column 2</th><th>Column 3</th></tr><tr><td rowspan="2">Row 1 Cell 1</td><td>Row 1 Cell 2</td><td>Row 1 Cell 3</td></tr><tr><td>Row 2 Cell 2</td><td>Row 2 Cell 3</td></tr><tr><td>Row 3 Cell 1</td><td colspan="2">Row 3 Cell 2</td></tr></table>

2.3.3　标题、表头、表体和表脚

caption 元素定义表格标题，标题置于元素的开始标签和结束标签之间。caption 元素内可以包含除 table 元素之外的任何元素。通常，标题会在表格上方居中呈现。

提示：可以设置 CSS 属性"caption-side：bottom"，让标题呈现于表格下方。

除了标题，一个表格可以被划分为三种结构成分：表头、表体和表脚。表头可以用 thead 元素定义，属于表头的 tr 元素应该放置在 thead 元素内。表体可以用 tbody 元素定义，属于表体的 tr 元素应该放置在 tbody 元素内，一个表格可以包含多个 tbody 元素。表脚可以用 tfoot 元素定义，属于表脚的 tr 元素应该放置在 tfoot 元素内。

作为 table 元素的子元素，它们在 table 元素内出现的先后次序并无强制性的规定。在 HTML 5 之前，tfoot 元素必须出现在 tbody 元素之前，现在已无此要求。一般来说，可以按表格各结构成分呈现出来的先后次序依次定义它们，即

caption→thead→tbody→tfoot

在定义表格时，把表格划分为表头、表体、表脚等结构成分，应该说是一种好的习惯。一些浏览器在处理 table 元素时，如果没有发现 tbody 元素，都会自动插入 tbody 元素。

【例 2-11】　定义表格的标题、表头、表体和表脚，如表 2-11 所示。

2.3.4　边框与单元格间距

利用 table 元素的 border、frame 和 rules 等属性，可以控制是否显示表格及其单元格的边框线，以及表格边框线的粗细。为了更加灵活地选择边框的样式、粗细、颜色，可以利用 CSS 的 border 属性对表格及其单元格的边框分别进行设置。

表 2-11　定义表格的标题、表头、表体和表脚

HTML 元素	浏览器描述

```
<table border="1">
    <caption>This is the title of table</caption>
    <thead>
        <tr>
            <th>head1</th>
            <th>head2</th>
            <th>head3</th>
        </tr>
    </thead>
    <tbody>
        <tr>
            <td>Row1 Cell 1</td>
            <td>Row1 Cell 2</td>
            <td>Row1 Cell 3</td>
        </tr>
        <tr>
            <td>Row2 Cell 1</td>
            <td>Row2 Cell 2</td>
            <td>Row2 Cell 3</td>
        </tr>
    </tbody>
    <tfoot>
        <tr>
            <td colspan="3">
                This is the foot of the table
            </td>
        </tr>
    </tfoot>
</table>
```

This is the title of table

head1	head2	head3
Row1 Cell 1	Row1 Cell 2	Row1 Cell 3
Row2 Cell 1	Row2 Cell 2	Row2 Cell 3
This is the foot of the table		

　　cellspacing 是 table 元素的属性,用于指定单元格与单元格的边框线之间以及单元格与表格的边框之间的间距,即单元格的外间距。cellpadding 也是 table 元素的属性,用于指定单元格的内容与单元格边框之间的间距,即单元格的内间距。

　　CSS 属性 border-collapse 用于控制相邻单元格的边框线以及单元格边框线与相邻的表格边框线是否重叠。默认情况下,或该属性设置为 separate 时,相邻边框线不重叠,即使它们之间的间距为 0。如果将该属性设置为 collapse,那么相邻单元格的边框线以及单元格边框线与相邻的表格边框线就会重叠成一条线,此时单元格外间距就变得无意义了。

　　【例 2-12】　使用 CSS 样式控制表格及其行(或单元格)的边框线的显示,如表 2-12 所示。其中,将单元格的内间距设置为 10px,将表格上、下边框设置为 1px 的实线,将表头行的下边框设置为 2px 的实线。

　　注意:只有当 CSS 属性 border-collapse 被设置为 collapse 时,才可以通过 CSS 属性 border 有效设

置表格行 tr 的边框。

表 2-12　设置表格及表格行的边框线

HTML 元素	浏览器呈现

``html
<table cellpadding="10"
    style="border-collapse: collapse;
    border-top: 1px solid black;
    border-bottom: 1px solid black">
    <thead style="border-bottom: 2px solid black">
        <tr>
            <th>姓名</th><th>性别</th><th>部门</th>
        </tr>
    </thead>
    <tbody>
        <tr>
            <td>周小兰</td><td>女</td><td>会计学院</td>
        </tr>
        <tr>
            <td>胡之军</td><td>男</td><td>信息学院</td>
        </tr>
    </tbody>
</table>
``
	姓名　性别　部门
	
	周小兰　女　会计学院
	
	胡之军　男　信息学院

2.3.5　为列指定 CSS 样式

table 元素还可以包含 col 和 colgroup 元素。

col 元素用于为表格中的一列或多列定义 CSS 样式。该元素的 span 属性指定列数，style 和 class 属性指定 CSS 样式。

col 元素是仅包含属性的空元素，它本身并不定义表格列内容，只是为列定义 CSS 样式。该元素只能出现在 table 或 colgroup 元素中。

colgroup 元素具有与 col 元素相似的功能和用法，即也可以为表格中的一列或多列定义 CSS 样式。除此之外，colgroup 可以作为 col 元素的父元素，这样就可以通过 colgroup 元素为其中的各 col 元素指定的所有列定义共同的 CSS 样式。

注意：仅有以下 CSS 样式属性可以通过 col 和 colgroup 元素应用于表格列。

border：为列指定边框，仅在表格的 border-collapse 属性设置为 collapse 时有效。

background：为列中各单元格设置背景颜色，仅在单元格及其所在行有透明背景时有效。

width、min-width：指定列的宽度和最小宽度。

visibility：默认值为 visible。当该属性被设置为 collapse 时，该列不被呈现。

作为 table 元素的子元素，它们一般放置在 caption 元素之后、thead 元素之前。

【例 2-13】　col 元素的用法和效果，如表 2-13 所示。其中，第 1 列的背景颜色设置为浅灰色，第 3 列设置了右边框。

表 2-13　利用 col 元素设置表格列的格式

HTML 元素	浏览器呈现
| ```html
<table cellpadding="10"
    style="border-collapse: collapse;
    border-bottom: 1px solid black">
    <col style="background-color: lightgray" />
    <col />
    <col style="border-right: 1px solid black" />
    <thead>
        <tr style="color: white; background-color: darkgray">
            <th>姓名</th><th>性别</th><th>部门</th>
        </tr>
    </thead>
    <tbody>
        <tr>
            <td>周小兰</td><td>女</td><td>会计学院</td>
        </tr>
        <tr>
            <td>胡之军</td><td>男</td><td>信息学院</td>
        </tr>
    </tbody>
</table>
``` | <table><thead><tr><th>姓名</th><th>性别</th><th>部门</th></tr></thead><tbody><tr><td>周小兰</td><td>女</td><td>会计学院</td></tr><tr><td>胡之军</td><td>男</td><td>信息学院</td></tr></tbody></table> |

2.4　表单

HTML 表单用于收集用户输入的数据，并将这些数据送往 Web 服务器供指定程序处理。表单由 form 元素定义，该元素内通常会包含若干表单控件元素，不同类型的表单控件元素会以不同的方式接收用户的输入。

2.4.1　表单元素 form

HTML 表单由 form 元素定义。其一般格式如下：

```html
<form>
    <表单控件元素>…
</form>
```

form 元素通常需要指定某些属性。form 元素的属性如下。

（1）action：用于指定由哪个后台资源处理用户通过表单提交的数据，值为 URL。默认值是访问当前页面的 URL。

（2）method：用于指定请求方法，决定以什么方式向服务器传递用户数据。可取 GET 或 POST，默认值是 GET。

（3）target：用于指定呈现后台程序处理结果的窗口或框架，如_blank、_self、_parent 等，默认值是_self（当前窗口）。

（4）enctype：用于指定浏览器应如何编码要发送的数据。可能的值包括：

```
application/x-www-form-urlencoded(默认值)
mutlipart/form-data(上传文件时使用)
```
```

2.4.2　input 元素

input 是最主要的表单控件元素，其 type 属性指定控件的具体类型。下面介绍 input 元素的一些属性。

（1）type：设置控件类型。

text：单行文本域。

password：密码域。

hidden：隐藏域。

checkbox：复选框（检测框）。

radio：单选按钮。

file：文件域。

submit：提交按钮。

reset：重置按钮。

button：自定义按钮。

image：图像提交按钮。

（2）name：用于指定控件的名称。当提交表单时，表单各控件的值以请求参数形式送往 Web 服务器，参数的名称就是 name 属性的值。一组单选按钮的 name 属性值应该取相同值，这样用户只能在其中选择一个单选按钮。

（3）value：用于指定控件的初始值。

（4）maxlength：用于指定用户能在控件中输入的最大字符数。适用于文本域和密码域。

（5）size：用于指定以字符为单位的控件宽度。适用于文本域和密码域。

（6）src：如果 type 属性指定为 image，那么该属性用于指定图像的 URL。

（7）checked：用于指定控件处于选中状态，适用于复选框和单选按钮。

（8）formaction：用于设置覆盖 form 元素的 action 属性，指定处理表单数据的服务器端资源的 URL，适用于提交按钮（submit）和图像提交按钮（image）。

input 元素是一种替换行内级元素，也是一种空元素，不需要结束标签，应在开始标签中关闭该元素。

【例 2-14】　文本域、密码域和隐藏域的定义及效果，如表 2-14 所示。这是一个简单的登录表单，考虑密码的安全性，采用 POST 请求方法。当用户单击"登录"按钮时，将有 4 个参数随请求送往服务器端。

表 2-14　文本域与密码域

HTML 代码	浏览器呈现

`<form method="POST">`
　　`<p>用户名: <input type="text" name="user" value="" />`
　　`<p>密码: <input type="password" name="pw" value="" />`
　　`<input type="hidden" name="age" value="20" />`
　　`<p><input type="submit" name="login" value="登录" /></p>`
`</form>`
	用户名: ▭
	
	密码: ▭
	
	登录

隐藏域在客户端浏览器不会被呈现，但当提交表单时其值会被送回服务器。

2.4.3　为控件元素指定标签

可以用 label 元素为控件元素指定标签，使该标签与控件元素建立关联。当用户单击标签时，相关联的控件将会获得焦点,从而可以提高用户的可操作性。

label元素的for属性值应该设置为相关联的控件元素的id属性值。

【例2-15】 标签的使用,如表2-15所示。这里分别为一个文本域和两个单选按钮定义了标签。当用户单击某个标签时,相当于单击了对应的控件。

表2-15 使用 label 元素

HTML 元素	浏览器呈现

``html
<p>
    <label for="i1">用户名:</label>
    <input id="i1" type="text" name="user" value="" />
<p>
    <span>性别:</span>
    <input id="a" type="radio" name="gender" value="m" />
    <label for="a">男</label>
    <input id="b" type="radio" name="gender" value="f" />
    <label for="b">女</label>
</p>
``
	用户名:[_____]
	
	性别: ○ 男 ○ 女

2.4.4 textarea 元素

textarea元素定义文本区,允许用户输入多行文本。文本区控件没有value属性,其初值写在开始标签和结束标签之间,即元素的内容作为初值。textarea元素是一种替换行内级元素。下面是textarea元素常用的一些属性。

（1）name:用于指定文本区控件的名称。

（2）maxlength:用于指定用户能在文本区输入的最大字符数。

（3）rows:用于设置以行为单位的文本区的高度。

（4）cols:用于设置以列为单位的文本区的宽度。

（5）readonly:用于指定文本区是只读的,如 readonly="readonly"。

（6）disabled:用于指定文本区是禁用的,如 disabled="disabled"。

只读控件和禁用控件的值都是不能修改的,但它们有明显的区别:只读控件是可聚焦的(能获得光标),而禁用控件不能聚焦;只读控件的值会被提交,而禁用控件的值不会被提交。

【例2-16】 文本区的定义,如表2-16所示。这里,文本区与其标签"说明"在同一行。为了让标签与文本区的顶端对齐,该标签元素通过style属性设置了相应的CSS样式属性,即"vertical-align:top"。

表2-16 使用 textarea 元素

HTML 元素	浏览器呈现

``html
<p>
    <label for="i1">名称:</label>
    <input id="i1" type="text" name="pid" value="" />
<p>
    <label for="i2" style="vertical-align: top">说
明:</label>
    <textarea id="i2" name="specifier" rows="5"
        cols="25">
    </textarea>
</p>
``
	名称:[_____]
	
	说明:[_____]

2.4.5 选择列表

选择列表允许用户从一组预定义的选项中进行选择。HTML 选择列表是一种表单控件元素,由 select 元素定义,放置在 form 元素内。选择列表中的每个选项由 option 元素定义,放置在 select 元素内。

除了全局属性,select 元素还经常使用以下属性。

（1）name：用于指定选择列表的名称。

（2）size：用于指定选择列表中可见选项的数目。默认情况下,size 属性值为 1,此时选择列表呈现为下拉菜单。若将 size 设置为 >1,则选择列表呈现为列表框。

（3）multiple：用于指定可选择多个选项,如 multiple="multiple"。在多选情况下,选择列表一般呈现为列表框。

（4）disabled：用于指定选择列表是禁用的,如 disabled="disabled"。

每个 option 元素定义一个选项。选项的标签（显示文本）通常作为元素的内容出现在元素的开始标签和结束标签之间。option 元素还经常使用以下属性。

（1）value：用于指定选项的值。

（2）selected：用于指定选项是预选择的,如 selected="selected"。如果没有任何选项设置为预选择的,那么对于单选的选择列表,第一个选项默认是预选择的;对于多选的选择列表,没有选项是预选择的。

（3）disabled：用于指定选项是禁用的。

【例 2-17】 选择列表的定义,如表 2-17 所示。这里定义了一个多选的选择列表,也就是通常所说的列表框。

表 2-17 定义选择列表

HTML 元素	浏览器呈现

`<label for="i1" style="vertical-align: top; font-size: 13px">`
`    你喜欢的水果：`
`</label>`
`<select id="i1" name="fruits" size="3" multiple="multiple">`
`    <option value="1">苹果</option>`
`    <option value="2">哈密瓜</option>`
`    <option value="3">西瓜</option>`
`    <option value="4">猕猴桃</option>`
`    <option value="5">西瓜</option>`
`</select>`
	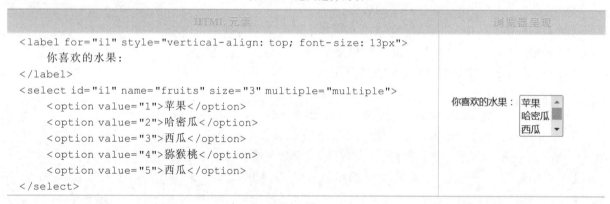

用户在做多选时,通常可以借助 Ctrl 键和 Shift 键。例如,已经选中了一个选项,此时按住 Ctrl 键再单击另一个选项,那么这两个选项就会被同时选中。如果是按住 Shift 键再单击另一个选项,那么这两个选项以及它们之间的所有选项都会被同时选中。

习题 2

一、选择题

（1）HTML 文档的基本结构是( )。

    A. `<html><title>…</title><body>…</body></html>`

    B. `<html><title>…</title><div>…</div></html>`

C. <html><head>…</head><body>…</body></html>

D. <html><head>…</head> … </html>

（2）下面 HTML 元素中属于空元素的是（　　）。

A. span　　　　　　　B. a　　　　　　　C. p　　　　　　　D. input

（3）下面 HTML 元素中属于行内级元素的是（　　）。

A. br　　　　　　　B. ol　　　　　　　C. div　　　　　　　D. hr

（4）下面 HTML 元素中属于替换元素的是（　　）。

A. label　　　　　　B. textarea　　　　　C. form　　　　　　D. table

（5）默认宽度不是其容器宽度的块级元素的是（　　）。

A. div　　　　　　　B. ul　　　　　　　C. table　　　　　　D. form

（6）在 img 元素中，用于指定图像文件 URL 的属性是（　　）。

A. url　　　　　　　B. src　　　　　　　C. href　　　　　　D. target

（7）用于定义选择列表选项的元素是（　　）。

A. li　　　　　　　B. dd　　　　　　　C. select　　　　　　D. option

（8）一个单选按钮组由若干单选按钮组成，每个单选按钮由 input 元素定义，且其 type 属性值都为"radio"。除此之外，属性值必须相同的属性是（　　）。

A. id　　　　　　　B. name　　　　　　C. value　　　　　　D. checked

二、程序题

根据要求写 HTML 文档，要求如下。

（1）定义一个登录表单，其呈现效果如图 2-1 所示。

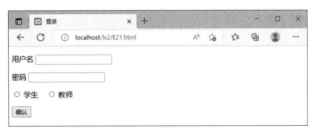

图 2-1　习题 2(1)示意图

（2）定义一个某学生的成绩单，其呈现效果如图 2-2 所示。

图 2-2　习题 2(2)示意图

第 3 章　CSS 基础

本章主题：
- CSS 规则与样式表。
- CSS 选择器。
- 定义和使用 CSS。
- 框模型与定位模式。
- 常用 CSS 属性和属性值。

HTML 主要用于表示页面文档的结构，而 CSS 则主要用于设置文档内容的呈现格式以及实现页面布局等。本章首先介绍 CSS 规则与样式表的一些概念及语法，然后介绍 CSS 选择器、CSS 的具体使用，最后介绍 CSS 框模型与定位模式，以及常用的 CSS 属性和属性值。

3.1　CSS 规则

CSS(Cascading Style Sheets，层叠样式表)是一种用于指定网页内容呈现格式的计算机语言。使用 CSS 技术的优点如下。

(1) 网页的文档内容与其呈现格式的定义的分离，可以提高网页代码的可读性。

(2) 对网站所有或部分网页的呈现格式进行统一的定义，可以确保网站具有一致的呈现风格。

(3) 一些 CSS 样式通常会被一个或多个网页反复使用，因此可以减少页面的代码数量，提高下载速度。

(4) 对网站所有或部分网页的呈现格式进行集中定义，便于修改和维护，可以降低网站的开发和维护工作量。

在 CSS 中，最基本的概念是样式表。一个 CSS 样式表由若干规则(也称样式)组成，每个规则由选择器和声明块两部分组成。选择器指定规则可作用的对象，即哪些 HTML 元素会应用该规则，声明块指明规则的具体内容。规则的一般格式如下：

```
<选择器>{ <属性名>:<属性值>[;<属性名>:<属性值>]* }
```

声明块起始于"{"、终止于"}"，内含若干声明，每个声明是某个 CSS 属性的名称-值对。属性名与属性值之间用":"分隔，各属性名称-值对之间用";"分隔。这里，各语法符号({、}、:、;)前后都可以有不定数量的空白符号。

为了表示某个声明的重要性，可以在声明后紧跟!important，称为!important 声明。例如下面的规则定义如下：

```
p { font-size: 12px; color: red!important }
```

其中，p 是选择器，表明该规则作用于段落元素。声明块中包含两个声明，其中，第 2 个声明是一个 !important 声明。

在定义 CSS 样式表时，可以使用注释。CSS 注释以"/ *"开始，以" * /"结束。注释可以是单行的，也可以是多行的，可以出现在 CSS 代码的任何地方。

3.2　CSS 选择器

在 CSS 中,选择器大致可分为基本选择器、层次选择器、伪类选择器和伪元素选择器 4 种,下面依次介绍。

3.2.1　基本选择器

基本选择器由元素选择器或通用选择器紧跟零个或多个次序无关的类选择器、属性选择器、ID 选择器和伪类选择器组成,各选择器之间不含空格。如果是通用选择器紧跟其他选择器的形式,通用选择器可省略。

1. 元素选择器

元素选择器用 HTML 元素的名称作为选择器,又称类型选择器,用于匹配所有由选择器指定的特定类型元素。元素选择器的格式如下:

<元素名>

例如,规则

```
h3 {color:blue; font-family:黑体}
```

用于指定所有三级标题文字用蓝色、黑体显示。

2. 通用选择器

通用选择器用"＊"作为选择器,它匹配所有元素。通用选择器可看作元素选择器的一个特例。
例如,规则

```
* {margin:0; padding:0}
```

用于指定所有元素的外边距为 0,内边距为 0。

3. 类选择器

类选择器由"."紧跟一个自定义的类名来表示,用于匹配所有 class 属性值包含指定类名的元素。类选择器的格式如下:

.<类名>

例如,下面规则:

```
.c1 {font-size:12px; letter-spacing:2px}               //规则 1
p.c2 {width:90%; background-color:blue}                //规则 2
```

规则 1 用于指定所有 class 属性值包含 c1 的元素,呈现时的字体大小为 12px、字间距为 2px。

规则 2 用于指定所有 class 属性值包含 c2 的 p 元素,呈现时的段落宽度为容器宽度的 90%、背景颜色为蓝色。

【例 3-1】　使用类选择器。一个元素的 class 属性可以包含多个类名,各类名之间用空格分隔,次序无关紧要。根据定义的 CSS 规则,说明下面 HTML 文档中各段落的呈现格式:

```
1.  <!DOCTYPE html>
2.  <html>
3.  <head>
```

```
4.        <title>3-1-class</title>
5.        <meta charset="UTF-8">
6.        <meta name="viewport" content="width=device-width, initial-scale=1.0">
7.        <style>
8.            .error {color: red; }
9.            .warning {font-style:italic; }
10.            .error.warning {background:silver; }
11.        </style>
12.    </head>
13.    <body>
14.        <p class="error">This is an error.</p>
15.        <p class="warning">This is a warning.</p>
16.        <p class="error warning">This is a warning and error.</p>
17.    </body>
18.    </html>
```

其中,样式表中定义了 3 条规则,若一个元素的 class 属性值既包含类名 error 又包含类名 warning,那么元素以银灰色作为背景。

文档呈现的效果为,第 1 个段落文本以红色显示,第 2 个段落文本以斜体显示,第 3 个段落文本以红色、斜体显示,背景颜色为银灰色。

4. ID 选择器

ID 选择器由"#"紧跟一个自定义的 id 值组成,用于匹配页面中 id 属性值为指定 id 值的 HTML 元素。ID 选择器格式如下:

```
#<id值>
```

例如,规则:

```
#e {font-weight: bold}                              //规则 1
span#e {color: red}                                 //规则 2
```

规则 1 用于指定 id 属性值为 e 的元素的内容将以粗体显示。

规则 2 用于指定 id 属性值为 e 的 span 元素的内容将以红色显示。

5. 属性选择器

属性选择器用"[]"表示,用于匹配所有包含某属性或某属性具有某值的元素。属性选择器的格式有两种。

格式 1:

```
[<属性名>]
```

格式 2:

```
[<属性名>=<属性值>]
```

例如,规则:

```
[href] {color: blue}                                //规则 1
input[type="password"] {background-color: gray}     //规则 2
```

规则 1 用于指定网页中所有包含 href 属性的元素内容以蓝色显示。

规则 2 用于指定所有包含 type 属性且其值为"password"的元素(口令域)将以灰色背景显示。

又如下面两条规则：

```
span[title].cc {color: blue}                    //规则1
span.cc[title] {color: blue}                    //规则2
```

有相同的效果,用于指定所有带有 title 属性且 class 属性值包含 cc 的 span 元素内容以蓝色显示。

6. 分组选择器

当某些规则具有相同的声明时,可以把这些规则的选择器用“,”分隔,形成分组选择器,而声明只需写一次即可。

例如,下面的规则：

```
h1 {color: green}
h2 {color: green}
h3 {color: green}
```

等价于

```
h1, h2, h3 {color: green}
```

分组选择器用于匹配组中任何一个选择器匹配的元素。如上述规则将应用于所有一级标题、二级标题和三级标题。

3.2.2　层次选择器

层次选择器由层次符将若干基本选择器连接起来形成,层次符前后可以有空白符号。层次符包括空白符号、“＞”和“＋”分别表示后代、子代和相邻兄弟。

层次选择器的匹配过程如下：首先从页面中找出与最左边基本选择器相匹配的元素;然后基于这个匹配结果,根据其后的层次符的含义,确定一个元素集合;接着在这个元素集合中找出与下一个基本选择器相匹配的元素;这个匹配过程依次进行,直至最后一个基本选择器,最后一个基本选择器匹配的元素就是层次选择器匹配的对象。

1. 后代选择器

后代选择器通过空白符号将两个基本选择器连接起来形成,用于匹配包含在某些元素(与基本选择器1相匹配)中的某些后代元素(与基本选择器2相匹配)。后代选择器的格式如下：

<基本选择器 1><基本选择器 2>

例如,下面规则：

```
div#sidebar {background: blue;}                 //规则1
div#sidebar a[href] {color: white;}             //规则2
```

规则1用于指定 id 属性值为 sidebar 的 div 元素采用蓝色背景。

规则2用于指定上述 div 元素中所有包含 href 属性的 a 元素以白色作为前景颜色。

2. 子代选择器

子代选择器通过“＞”将两个基本选择器连接起来形成,用于匹配包含在某些元素(与基本选择器1相匹配)中的某些子元素(与基本选择器2相匹配)。子代选择器的格式如下：

<基本选择器 1>><基本选择器 2>

例如,下面规则：

```
div#main >.title {font-weight: bold}          //规则 1
body >* p {color: red;}                        //规则 2
```

规则 1 用于指定 id 属性值为 main 的 div 元素的所有 class 属性值包含 title 的子元素用粗体显示。

规则 2 用于指定 body 元素中所有非子代的后代 p 元素以红色显示。

3. 相邻兄弟选择器

相邻兄弟选择器通过"＋"将两个基本选择器连接起来形成,用于匹配某些元素(与基本选择器 1 相匹配)后面的某些相邻兄弟元素(与基本选择器 2 相匹配)。相邻兄弟选择器的格式如下:

```
<基本选择器 1>+<基本选择器 2>
```

如果与基本选择器 1 相匹配的元素后面没有相邻兄弟元素,或相邻兄弟元素与基本选择器 2 不匹配,那么相邻兄弟选择器不匹配任何元素。

例如,下面规则:

```
ul >li +li {color: blue}
```

用于指定在所有无序列表中,除第 1 个列表项,其他各列表项均以蓝色显示。

3.2.3 伪类选择器

一般选择器基于元素名、id 属性、class 属性或其他普通属性匹配元素。与此不同,伪类选择器基于元素的其他一些特征来匹配元素。伪类选择器用":"紧跟一个伪类名来表示,其格式如下:

```
:<伪类名>
```

与属性选择器等一样,伪类选择器属于基本选择器的范畴,也可以出现在层次选择器的任何部分。

下面介绍一组常用的伪类选择器,它们根据动态状态来匹配元素,这些状态因用户与页面交互形成,并不是页面文档本身的一部分。

1. :link 和 :visited

通常情况下,浏览器会用不同的样式呈现未被访问过的超链接和已被访问过的超链接。用户也可以通过伪类选择器:link 和:visited 对这两种状态的样式进行重新定义。

:link:匹配未被访问过的超链接元素。

:visited:匹配已被访问过的超链接元素。

由于这两个伪类选择器仅适用于超链接元素 a,所以选择器:link 和 a:link 以及选择器:visited 和 a:visited 总是匹配相同的对象。

2. :hover、:active 和 :focus

通过这些伪类选择器为元素的不同状态定义不同的样式,可以提高用户与页面交互的友好程度。

:hover:匹配用户鼠标悬停在其上的元素。鼠标在页面上移动时,掠过的元素可以用特定的样式呈现。

:active:匹配用户当前激活的元素。所谓激活通常是指用户鼠标单击元素的瞬间状态,即从鼠标键按下开始到鼠标键释放为止。

:focus:匹配当前获得焦点的元素。能获得焦点的元素主要是指表单控件元素。

例如,下面规则:

```
input[type="text"]:focus, input[type="password"]:focus {background-color:whitesmoke}
```

用于指定文本域和密码域控件聚焦时会以白雾色作为背景颜色。

又如,下面规则:

```
a:link {color: steelblue; text-decoration: none}
a:visited {color: steelblue; text-decoration: none}
a:hover {color: red; text-decoration: underline}
a:active {font-size: smaller; text-decoration: underline}
```

用于指定未被访问过和已被访问过的超链接都以钢青色显示且没有下画线;光标悬停时的超链接将以红色显示且有下画线;激活时的超链接将以小号字显示且有下画线。

注意:上面针对超链接不同状态的规则定义,顺序是不能改变的。因为有些状态是重叠的,例如,当光标悬停在某超链接元素上时,该元素首先是一个未被访问或已被访问的超链接。又如,当单击一个超链接元素时,光标也悬停在该超链接元素之上。如果改变上述定义的顺序,有些效果就出不来了。

3.2.4 伪元素选择器

伪元素选择器并非直接对应 HTML 文档中定义的元素,它为开发者提供了一种途径,可以对文档元素的部分内容指定样式,或者在某元素前后添加内容并设置样式。

与伪类选择器不同,伪元素选择器只能出现在选择器的末尾,如对于层次选择器,伪元素选择器只能出现在最后一个基本选择器的末尾。

1. :first-line

伪元素选择器:first-line 匹配文本块的首行。首先,它匹配的对象只能是包含文本的块级元素。其次,它只应用于首行内容,如果因浏览器窗口缩放导致首行内容变化,那么选择器匹配的对象内容也随之变化。如果文本块的首行没有文本,则无法匹配。

例如,下面规则:

```
:first-line {font-weight: bold}                          //规则1
p:first-line {color: red}                                //规则2
```

中,规则 1 用于指定所有块级元素的首行文字以粗体显示。规则 2 用于指定所有 p 元素的首行文字以红色显示。

2. :first-letter

伪元素选择器:first-letter 匹配文本块的首行首字符。如果文本块首行的行首不是字符,则无法匹配。

例如,下面规则:

```
p:first-letter {font-size: 2em}
```

用于指定所有段落的首行首字符以当前字号的 2 倍呈现。

3. :before 和 :after

伪元素选择器:before 可以在元素的内容之前插入内容。伪元素选择器:after 可以在元素的内容之后插入内容。在为这两个伪元素选择器指定声明时,一般都应通过 content 属性指定要插入的内容,另外,还可以用其他属性为插入内容指定样式。

例如,下面规则:

```
a:before {content: "Click here to "; font-style: italic}   //规则1
a:after {content: "!"}                                       //规则2
```

中规则1用于指定所有a元素的内容(超链接文字)前面都加上文字"Click here to "，并以斜体显示。规则2用于指定所有a元素的内容(超链接文字)后面都加上文字"!"。

3.3　使用 CSS

前面介绍了 CSS 规则的基本语法，及如何指定选择器等，本节将介绍 CSS 样式表的几种存在方式，以及样式表及其规则是如何应用于 HTML 文档及其元素的。

3.3.1　定义和使用样式表

样式表分为内部样式表和外部样式表两种。除此之外，还经常使用内联样式。

1. 内联样式

内联样式是指在 HTML 元素的 style 属性中指定的若干声明，即一个或多个 CSS 属性的名称/值对。

内联样式是脱离规则和样式表而直接在页面元素中指定的声明。内联样式仅作用于所在的元素。

内联样式用法简单，其应用效果也很容易观察，但没有将其与要应用的 HTML 元素分离，会使其失去 CSS 技术本身的一些优势。通常，内联样式可用于那些需要特殊呈现格式的 HTML 元素，为这些元素声明特定的 CSS 属性。

2. 内部样式表

内部样式表定义于页面内，其规则可应用于页面内的 HTML 元素。内部样式表在 HTML 的 style 元素内定义，而 style 元素一般放置在页面的 head 元素内。下面的代码演示了定义内部样式表的一般格式：

```
<head>
    <style>
        <!--
            p { font-size:12px; color:steelblue }
            .cone { font-family:楷体_gb2312; text-align:center }
        -->
    </style>
</head>
```

其中，把整个样式表包含在 HTML 注释内，可以避免不支持 CSS 的浏览器把样式表内容直接显示出来。而对于支持 CSS 的浏览器，则会对其进行分析，并将其中的规则应用于页面中的相关元素。由于 CSS 已成为一种标准，一般的浏览器都应该支持 CSS，所以通常也可以省略其中的 HTML 注释标签。

3. 链接外部样式表

内联样式和内部样式表都不能很好地体现 CSS 技术的优势。一个定义好的规则，不能仅能用于一个元素或一个页面，而是应该能用于所有需要它的页面和元素。

可以将一个样式表定义保存在一个单独的文件中，称为样式表文件。样式表文件是一种文本文件，其扩展名应该为.css。

在 HTML 文档中可以用 link 元素链接一个样式表文件。link 元素用于在当前 HTML 文档与样式表文件(或其他外部文档)之间建立链接，使得文档中的元素可以使用被链接的样式表中的规则。与定义内部样式表一样，link 元素一般也应该写在文档的 head 元素内。下面的代码演示了链接外部样式表的方法：

```
<head>
    <link rel="stylesheet" type="text/css" href="css/cssone.css"/>
</head>
```

其中,rel属性指定当前HTML文档与被链接的外部文件之间的关系,在链接样式表文件时,通常取值为"stylesheet";type属性指定被链接外部文件的MIME类型,对于样式表文件,其值总是"text/css";href属性用于指定外部样式表文件的地址。在上面的代码中,被链接的样式表文件cssone.css应该存放在当前HTML文档所在目录的css子目录中。

一个外部样式表文件可以被多个HTML文档链接;反之,一个HTML文档也可以链接多个外部样式表文件。一个HTML文档除了可以链接外部样式表,还可以同时用style元素定义内部样式表。但需要注意,这些样式表的链入或定义的先后次序会影响其中的规则的优先级。

提示:可以将rel属性指定为"alternate stylesheet",并通过title属性指定一个标题。这样,被链接的外部样式表就成为一个可替换的样式表。页面的读者可以通过指定的标题来选择要应用于页面的样式表。Firefox、Opera等浏览器支持这种交互功能。

4. 导入外部样式表

导入外部样式表是指用CSS的@import语句在一个样式表中链接另一个样式表。也就是说,一个样式表除了能定义自己的规则外,还可以包含另一个样式表的规则,但@import语句必须出现在其他规则定义之前。下面的代码演示了导入外部样式表的方法:

```
<head>
    <style>
        @import "css/cssone.css";
        @import "css/csstwo.css";
        p { font-size:12px; color:steelblue }
    </style>
</head>
```

该代码定义了一个内部样式表。内部样式表在定义自己的规则之前,先导入url地址分别为"css/cssone.css"和"css/csstwo.css"的两个外部样式表。它把这两个外部样式文件的内容作为自己的内容。

除了可用于内部样式表,@import语句也可用于外部样式表,即在一个外部样式表中导入另外的外部样式表。

提示:link是一个HTML元素,用于在HTML页面中链接一个外部样式表或其他类型的外部文档。@import是一个CSS语句,用于在一个样式表中导入另外的外部样式表。

3.3.2 层叠处理

一个页面的呈现可能会用到若干样式表,而每个样式表又会包含很多规则和声明。这样就很可能会导致以下冲突现象:有多个声明可应用于同一个元素,而这些声明具有相同的属性名但有不同的值。这时,通常需要CSS从中选取优先级最高的声明应用于该元素,这个过程称为层叠处理。

CSS规则及声明的优先级依次取决于以下因素。

1. !important 声明

在定义规则时,可以在声明后紧跟!important以表示该声明的重要性,称为!important声明。在层叠处理中,!important声明总是比普通声明具有更高的优先级。

2. 样式表的来源

前面,从作者(即页面开发者)的角度介绍了样式表的定义和使用。除此之外,页面在呈现时还会用到以下两种样式表。

（1）用户代理（浏览器）的默认样式表。HTML 元素的作用主要是表示文档的结构，但默认情况下，各种文档结构成分的呈现也会有相应的格式，如每个段落前后会有一个外间距等。实际上，这种默认格式产生于用户代理的默认样式表。

（2）用户样式表。除了浏览器的默认样式表和作者定义的样式表，用户（即页面浏览者）也可以定义自己的样式表。用户样式表的定义过程通常依赖于浏览器的类型，这里不做具体介绍。

来源不同的样式表具有不同的权重。总体上，作者样式表的权重比用户样式表的权重大，用户样式表的权重比用户代理的默认样式表的权重大。在层叠处理中，权重大的样式表中的规则和声明具有更高的优先级。

作为一种平衡，来自用户样式表的!important 声明比来自作者样式表的!important 声明具有要高的优先级。

综合声明的重要性和样式表的来源两方面因素，层叠处理采用以下从高到低的优先级次序。

- 用户样式表中的!important 声明。
- 作者样式表中的!important 声明。
- 作者样式表中的规则和声明。
- 用户样式表中的规则和声明。
- 用户代理（浏览器）默认样式表中的规则和声明。

3. 选择器的特指性

规则的选择器用于指定相关声明可应用的元素。有些选择器匹配的元素是比较具体的，特指性比较强，如 ID 选择器通常仅能匹配页面中的一个元素，因为一个页面中各元素的 id 属性值应该是唯一的。有些选择器匹配的元素是比较宽泛的，特指性比较弱，如元素选择器往往能匹配多个元素，因为一个页面通常会包含很多同类型的元素。

一个选择器通常由元素选择器、ID 选择器、类选择器、属性选择器等子选择器组成。选择器的特指性用一个 4 位整数 a-b-c-d（无限进制，即不需要进位）表示，由组成它的各子选择器确定。其计算方法如下。

（1）若声明定义于元素的 style 属性（内联样式，没有选择器），则 a＝1，b＝0，c＝0，d＝0；否则 a＝0。

（2）将 b 设置为 ID 子选择器出现的次数。

（3）将 c 设置为类子选择器、属性子选择器和伪类子选择器出现的次数。

（4）将 d 设置为元素子选择器和伪元素子选择器出现的次数。

在层叠处理中，如果两个声明的重要性和来源都相同，那么就要考虑它们的选择器的特指性。特指性越大（强），则优先级越高；特指性越小（弱），则优先级越低。

下面是选择器特指性的几个例子：

```
style=""                     /* 特指性：1-0-0-0 */
#i2 {}                       /* 特指性：0-1-0-0 */
ul ol li.red {}              /* 特指性：0-0-1-3 */
h1+ *[type="text"]{}         /* 特指性：0-0-1-1 */
li:first-line {}             /* 特指性：0-0-0-2 */
*{}                          /* 特指性：0-0-0-0 */
```

通用子选择器"＊"在计算选择器特指性时不起作用。

4. 声明的距离

在层叠处理中，如果两个声明的重要性、来源和其选择器的特指性都相同，那就看它定义的位置与所应用的元素的位置之间的距离,距离越近,优先级越高。这也就是所谓的就近原则。

【例 3-2】　层叠处理举例。有以下 HTML 和 CSS 代码,其中能应用于 p 元素的声明包括 3 个针对 color 属性的声明、两个针对 background-color 属性的声明、两个针对 font-style 属性的声明。根据层叠处理的原理,说明文档中的段落分别应用了哪个声明。

```
1. <!DOCTYPE html>
2. <html>
3. <head>
4.     <title>3-2-cascading</title>
5.     <meta charset="UTF-8">
6.     <meta name="viewport" content="width=device-width, initial-scale=1.0">
7.     <style>
8.         .c1 {color: blue; background-color: steelblue;}
9.         .c2 {background-color: lightgray; font-style: italic}
10.        p {color: red !important; font-style: normal}
11.    </style>
12. </head>
13. <body>
14.     <p class="c1 c2" style="color: green; ">北京</p>
15. </body>
16. </html>
```

在该例中,考虑声明的重要性,前景颜色 color 采用第 10 行规则中的声明,即呈现为红色。考虑选择器的特指性,字体样式 font-style 采用第 9 行规则中的声明,即呈现为斜体。考虑就近原则,背景颜色 background-color 采用第 9 行规则中的声明,即呈现为浅灰色。

3.4　框模型与定位模式

在 CSS 中,无论是 HTML 行内级元素还是块级元素,都被呈现为框(box)。下面介绍框模型及框的定位模式。

3.4.1　框模型

首先介绍一下元素的框模型,如图 3-1 所示。

元素框的最内部分是实际的内容,直接包围内容的是内边距,内边距的边缘是边框,边框以外是外边距。内边距指定元素内容与边框的距离,外边距指定元素框与相邻元素框之间的距离。

内边距、边框和外边距都可以细分为上、右、下、左 4 个方向分别设置。

这样,一个元素框就包含 4 个边界和 4 个框。

(1)内容边界(也称内边界)和内容框。内容区的大小可以用 width 和 height 属性设置,或者取决于实际要呈现的内容。4 条内容边界围成内容框。

(2)内边距边界和内边距框。内边距边界环绕着元素框的内边距。如果内边距的宽度为 0,那么内边距边界就和内容边界相同。4 条内边距边界围成内边距框。

(3)边框边界和边框框。边框边界环绕着元素框的边框。如果边框的宽度为 0,那么边框边界就和内边距边界相同。4 条边框边界围成边框框。

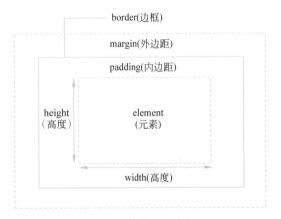

图 3-1　框模型示意图

（4）外边距边界（也称外边界）和外边距框。外边距边界环绕着元素框的外边距。如果外边距的宽度为 0，那么外边距边界就和边框边界相同。4 条外边距边界围成外边距框。

元素背景应用于由内容和内边距、边框组成的区域。边框通常会有自己的颜色。外边距是透明的。

3.4.2　相关术语

1. 行内级框和行内框

CSS 的 display 属性值指定为'inline'、'inline-block'或'inline-table'的元素生成行内级框（inline-level box）。行内级框不需要从新的一行开始呈现，若干行内级框可以呈现在同一行。

默认情况下，HTML 行内级元素生成行内级框。

行内级框又可分为行内框和原子行内级框。非替换行内级元素框以及 display 属性值指定为'inline'的元素框为行内框。替换行内级元素框以及 display 属性值指定为'inline-block'或'inline-table'的元素框为原子行内级框。

行内框和原子行内级框的区别如下。

（1）当浏览器等宽度不足时，行内框的内容会被分断而在两行内呈现。原子行内级框则不会，它总是被当作一个整体处理。

（2）行内框内容区大小不能设置，而原子行内级框的内容区大小是可以设置的。

（3）对于行内框，在垂直方向改变内边距、外边距和边框粗细不会影响自身及上下相邻元素框的布局位置；而对于原子行内级框则会正常地产生相应的效果。

2. 块级框、块框和块容器框

CSS 的 display 属性值指定为'block'、'list-item'或'table'的元素生成块级框。一个块级框总是独占一行呈现。

默认情况下，HTML 块级元素生成块级框。

可以作为块容器框的块级框也称为块框。块级框作为其父元素子成员，需要描述它与其父元素以及与其兄弟元素之间的关系。块容器框作为框的容器，需要描述它与其后代元素之间的关系。块框是兼具这两种功能的框。

除了表格框和替换元素块级框，其他块级框都属于块框。

块容器框不一定是块级框。除了块框，块容器框还包括非替换的行内级块框、非替换的表格单元格。

3. 包含块

元素框的位置和大小一般是相对于一个特定矩形区域计算的，这个矩形区域被称为该元素的包含块。元素包含块的确定规则如下。

（1）HTML 文档根元素的包含块被称为初始包含块，即浏览器视口。

（2）如果元素的 position 属性值是'static'或'relative'，则包含块为其最近的祖先块容器框的内容区。

（3）如果元素的 position 属性值是'absolute'，则包含块由其最近的 position 属性值是'absolute'、'relative'或'fixed'的祖先元素框确定，是该祖先元素框的内边距边界形成的矩形区。如果不存在这样的祖先元素，包含块就是初始包含块。

（4）如果元素的 position 属性值是'fixed'，则包含块为初始包含块。

3.4.3　框的定位模式

在 CSS 中，元素框有以下 3 种基本的定位模式。

1. 普通流

各元素框在各级包含块中从上到下、从左至右依次排列。position 属性值为'static'或'relative'的元素框在普通流中布局定位。

2. 浮动

float 属性值为'left'或'right'的非绝对定位框为浮动框。无论是行内级框还是块级框，变成浮动框后，其默认大小将由其内容决定，但可以设置。浮动框脱离了普通流，但普通流中的框不会覆盖它，可以在其周边布局定位。

浮动框分为左浮动框和右浮动框，它们会在其包含块内向左或向右浮动。

（1）浮动框会尽量往高处放。

浮动框的上外边界不能高于其包含块的上内边界。

浮动框的上外边界不能高于源文档中在该元素之前的元素生成的块框或者浮动框的上外边界。

浮动框的上外边界不能高于源文档中在该元素之前的元素所在的行框的顶端。

（2）浮动框会尽量往左/右浮动。

左浮动框的左外边界不能越过其包含块的左内边界。

左浮动框的左外边界不能越过之前已经生成的左浮动框的右外边界，或者其上外边界不能高于之前已经生成的左浮动框的下外边界。

右浮动框具有上述类似的规则。

（3）更高的位置要比更左/右的位置优先。

3. 绝对定位

position 属性值为'absolute'和'fixed'的元素框属于绝对定位。绝对定位的元素框相对于其包含块定位。元素原先在普通流中所占的空间会关闭，就好像该元素原来不存在一样。

3.5　CSS 属性和属性值

本节介绍一些常用的 CSS 属性及其基本用法。

3.5.1　字体和文本

字体属性用于控制文本字符的显示格式，如使用的字体、大小、粗细等。这里介绍的字体属性包括 font-family、font-size、font-weight 和 font-style 等。

文本属性用于控制文本的字符间距、对齐、装饰、空白处理等。这里介绍的文本属性包括 text-align、vertical-align、letter-spacing、line-height、text-decoration 和 white-space 等。

（1）font-family。该属性用于设置字符字体。可以指定多种字体，按优先顺序排列，以逗号分隔。如果在前面指定的字体不存在相应的字体库，浏览器会考虑使用在后面指定的字体。指定的字体可以是某种具体的字体名，也可以是某种通用的字体系列名。例如：

```
font-family: 宋体;
font-family: Arial, Sans-serif;
```

该属性适用于所有元素，具有继承性。

（2）font-size。该属性用于设置字体大小，其取值可以是长度或百分数，但不可以是负值。长度是整数、浮点数和长度单位组成的值，百分数是基于父元素字体的大小来计算的。例如：

```
font-size: 14px;
```

该属性适用于所有元素，具有继承性。

（3）font-weight。该属性用于设置字体粗细。理论上，字体粗细分为 9 级，100 为最细，900 为最粗。实际上，浏览器不一定完全支持这 9 级，但会保证某级字体不会比它前一级的字体细。

也可以用标识符 normal 和 bold 作为值。默认值为 normal，相当于 400。bold 表示粗体，相当于 700。

例如：

```
font-weight: bold;
```

该属性适用于所有元素，具有继承性。

（4）font-style。该属性用于设置字体风格。其取值如下。

normal：正常字体。

italic：斜体。

oblique：倾斜。

例如：

```
font-style: italic;
```

该属性适用于所有元素，具有继承性。

（5）text-align。该属性设置块内文字的水平对齐方式，其取值如下。

left：左对齐。

right：右对齐。

center：居中对齐。

justify：两端对齐。

例如：

```
text-align: center;
```

该属性适用于块容器框，具有继承性。

（6）vertical-align。该属性设置行内级元素在行框内和表格单元格内容在单元格内的垂直对齐方式。其取值可以是长度或百分数，可以是正值，也可以是负值。长度是整数、浮点数和长度单位组成的值，百分数是基于元素本身行高（line-height）来计算的。属性值指定元素基于默认位置上升（正值）或下降（负值）的距离。例如：

```
vertical-align: 10px;              /* 上升 10px */
```

该属性适用于行内级元素、表格单元格。该属性不具有继承性，但当应用于 tr、tbody 等元素时，将影响其包含的所有单元格。

（7）letter-spacing。该属性设置文本字符（包括汉字）之间的间距。属性的默认值为 normal，表示由浏览器根据最佳状态设置字符间距。属性值可以取长度，即由整数、浮点数和长度单位组成的值，可以是正值，也可以是负值。例如：

```
letter-spacing: 3px;
```

该属性适用于所有元素，具有继承性。

（8）line-height。对于块容器框，该属性值指定框内各行框的最小高度，也决定了相邻行之间的间距；对于行内框，该属性值指定该元素框的高度，也是计算其所在行框高度的基础。

属性的默认值为 normal，表示由浏览器根据元素的字体大小设置一个合理值。属性值可以取长度或百分数。百分数是基于该元素本身字体的大小来计算的。属性值也可以取数值，此时行高为该数值乘以元素字体的大小。例如：

```
line-height: 20px;          /* 行高为 20px */
line-height: 1.2;           /* 行高为字体大小的 1.2 倍 */
```

该属性适用于所有元素，具有继承性。

（9）text-decoration。该属性控制是否为元素的内容文本添加装饰（用元素的前景颜色）。其取值如下。

none：无修饰。

underline：下画线。

overline：上画线。

line-through：贯穿线。

blink：闪烁。

这些属性值可以同时设置，各属性值用空格分隔。例如：

```
text-decoration: line-through;
text-decoration: underline overline;           /* 既有下画线,又有上画线 */
```

该属性适用于所有元素，不具有继承性。通常，一个元素的该属性值会应用或传播至所有在正常流的后代元素，但不包括浮动、绝对定位和原子行内级后代元素。

（10）white-space。该属性控制浏览器对元素内容中空白符号（空格、Tab 制表符和换行符）的处理。其取值及特性如表 3-1 所示，默认值为 normal。

表 3-1　white-space 属性的取值及特性

值	换 行 符	空 白 符	自 动 换 行
normal	忽略	合并	允许
pre	保留	保留	不允许
nowrap	忽略	合并	不允许
pre-wrap	保留	保留	允许
pre-line	保留	合并	允许

该属性适用于所有元素，具有继承性。

3.5.2　颜色和背景

颜色和背景属性用于设置元素的前景颜色、背景颜色和背景图像等。这里介绍的颜色和背景属性包括 color、background-color、background-image 和 background-attachment 等。

（1）color。该属性用于设置文本显示的前景颜色。指定颜色的常用方式如下。

颜色名：直接使用标准颜色名或浏览器支持的颜色名称。

♯RRGGBB：各用两位十六进制数表示颜色中的红、绿、蓝含量。

rgb(rrr, ggg, bbb)：使用十进制数表示颜色中的红、绿、蓝含量，其中，rrr、ggg 和 bbb 都是 0～255 的十进制数。

rgb(rrr%, ggg%, bbb%)：使用百分比表示颜色中的红、绿、蓝含量。

例如：

```
color: rgb(100%, 0%, 0%);              /* 红色 */
```

该属性适用于所有元素，具有继承性。

（2）background-color。该属性设置元素的背景颜色。默认值为 transparent，表示没有背景色（透明的），可以看到下层的内容。指定背景色的方式与指定前景色（color 属性）的一样，可以是任何合法的颜色值。例如：

```
background-color: gray;
```

该属性适用于所有元素，不具有继承性。

（3）background-image。该属性用于设置元素的背景图像。例如：

```
background-image: url(bg.gif);
```

该属性适用于所有元素，不具有继承性。

（4）background-attachment。该属性设置背景图像相对于浏览器视口是固定（fixed）的还是滚动（scroll）的。默认值是 scroll，此时背景图像会随元素在视口内滚动，即相对于元素是固定的。例如：

```
background-attachment: fixed;
```

该属性适用于所有元素，不具有继承性。

3.5.3　尺寸、边距和边框

元素内容框的尺寸由 width、height、max-width、max-height、min-width 和 min-height 等属性控制。元素内边距的尺寸由 padding 系列属性控制，外边距的尺寸由 margin 系列属性控制，边框通过 border 属性设置。

（1）width、height。这两个属性分别设置元素内容框的宽度和高度。默认值为 auto，表示宽度和高度由元素内容固有的宽度和高度决定。可以用长度或百分数为属性设值，不能为负值。百分数是基于包含块内容框的宽度和高度来计算的，此时包含块应该有明确的宽度和高度（不能是 auto）。例如：

```
width: 90%;
```

width 属性适用于除行内框、表格行和行组外的任何其他元素，不具有继承性。

height 属性适用于除行内框、表格列和列组外的任何其他元素，不具有继承性。

（2）max-width、max-height。这两个属性分别设置元素内容框的最大宽度和最大高度，默认值为 none。例如：

```
max-width: 800px;
```

max-width 属性适用于除行内框、表格行和行组外的任何其他元素，不具有继承性。

max-height 属性适用于除行内框、表格列和列组外的任何其他元素，不具有继承性。

（3）min-width、min-height。这两个属性分别设置元素内容框的最小宽度和最小高度，默认值为 0。

例如：

```
min-height: 500px;
```

min-width 属性适用于除行内框、表格行和行组外的任何其他元素，不具有继承性。

min-height 属性适用于除行内框、表格列和列组外的任何其他元素，不具有继承性。

（4）padding。该属性设置元素的内边距，默认值为 0。padding 属性值接受长度或百分数，但不允许使用负值。百分数是基于其包含块的 width 值来计算的。例如：

```
padding: 10px;                    /* 上、右、下、左的内边距均为 10px */
padding: 10px 5px;                /* 上、下为 10px,左、右为 5px */
padding: 20px 5px 10px 15px;      /* 上为 20px,右为 5px,下为 10px,左为 15px */
```

该属性适用于除表格行、行组、表格列、列组、表头和表脚外的任何其他元素，不具有继承性。

使用 padding-top、padding-right、padding-bottom 和 padding-left 属性，可以分别设置上、右、下、左的内边距。

（5）margin。该属性设置元素的外边距，默认值为 0。margin 属性值可以是长度或百分数，甚至允许是负值。百分数是基于其包含块的 width 值来计算的。例如：

```
margin: 10px;                     /* 上、右、下、左的外边距均为 10px */
margin: 10px auto;                /* 上、下为 10px,左、右自动设置为对称 */
margin: 10px auto 0 auto;         /* 上为 10px,右为 0,左、右自动设置为对称 */
```

该属性适用于除表格单元格、表格行、行组、表格列、列组、表头和表脚外的任何其他元素，不具有继承性。

使用 margin-top、margin-right、margin-bottom、margin-left 属性，可以分别设置上、右、下、左的外边距。

（6）border。该属性用于为元素的 4 条边框设置相同的宽度、样式以及颜色。边框样式可以取以下值：none、hidden、dotted、dashed、solid、double、groove、ridge、inset、outset。例如：

```
border: 5px solid red;
```

该属性适用于所有元素，不具有继承性。

使用 border-top、border-right、border-bottom 和 border-left 属性，可以分别为某条边框设置宽度、样式和颜色。

使用 border-width 属性可以为每条边框设置宽度（1～4 个值）。例如：

```
border-width: 5px;                /* 4 条边框宽度均为 5px */
border-width: 15px 5px;           /* 上、下边框 15px,左、右边框 5px */
border-width: 15px 5px 15px 5px;  /* 上、下边框 15px,左、右边框 5px */
```

使用 border-top-width、border-bottom-width、border-left-width 和 border-right-width 属性，可以分别设置某条边框的宽度。

使用 border-style 属性可以为每条边设置样式（1～4 个值）。例如：

```
border-style: outset;                          /* 4 条边框相同的样式 */
border-style: solid dotted dashed double;      /* 每条边框具有不同的样式 */
```

使用 border-top-style、border-bottom-style、border-left-style 和 border-right-style 属性，可以分别

设置某条边框的样式。

使用 border-color 属性可以为每条边框设置颜色(1～4 个值)。例如：

```
border-color: blue;
border-color: blue red;
```

使用 border-top-color、border-bottom-color、border-left-color 和 border-right-color 属性,可以分别设置某条边框的颜色。

3.5.4　定位与浮动

本节介绍与元素框定位相关的属性,包括 position、top、left、bottom、right、float、clear 等。另外还会介绍 z-index 属性,它可以将元素定位在 z 轴的不同位置。

(1) position。该属性设置元素框的定位方式,下面介绍其可能的取值及相应的含义。

static：默认值。在普通流中进行布局。top、right、bottom 和 left 属性不可用。

relative：相对定位。相对于元素框在普通流中的正常位置产生一定的偏移。偏移量可由 top、left 或 right、bottom 属性指定。

相对定位框并没有脱离普通流,后续元素框在定位时也不会考虑它产生的偏移。

absolute：绝对定位。元素框在其包含块内进行定位。定位位置由 top、left 或 right、bottom 属性指定。

绝对定位框脱离了普通流,普通流中的元素框在定位时将忽略该元素。

fixed：固定定位。在初始包含块(即浏览器视口)内对元素框进行定位。定位位置由 top、left 或 right、bottom 属性指定。当使用滚动条移动视口中的内容时,固定定位框不移动。

固定定位框脱离了普通流,普通流中的元素框在定位时将忽略该元素。

position 属性适用于所有元素,不具有继承性。

(2) top、left、bottom、right。这些属性适用于相对定位、绝对定位和固定定位的元素,用于设置相对定位元素框相对于正常位置的偏移量,或者绝对定位、固定定位元素框在包含块、浏览器视口内的位置。

(3) float。该属性指定元素框是否浮动至左侧、右侧或不浮动。其取值如下。

left：左浮动框。

right：右浮动框。

none：不浮动(默认值)。

该属性既可应用于行内级元素,也可应用于块级元素。无论是行内级元素还是块级元素,浮动后都将变成浮动框。该属性不具有继承性。

(4) clear。该属性设置元素框的左右哪端不能有之前形成的浮动框。其取值如下。

left：元素框的上边框边界不能高于之前产生的任何左浮动框的下外边界。

right：元素框的上边框边界不能高于之前产生的任何右浮动框的下外边界。

both：元素框的上边框边界不能高于之前产生的任何左/右浮动框的下外边界。

none：默认值,元素框的左右两端都允许有之前形成的浮动框。

该属性适用于块级元素,不具有继承性。

(5) z-index。z 轴定义为垂直延伸到显示区的轴,该属性设置元素框在 z 轴上的位置。当两个元素框出现重叠时,它们在 z 轴上的位置就决定了谁覆盖谁。

该属性取整数,可以是正值,也可以是负值。默认情况下,初始包含块的 z-index 属性值为 0,其他元素与其父元素框取相同的值。如果将该属性值设置为正整数,那么值越大,元素框离用户就更近。如果将该属性值设置为负整数,那么值越小,元素框离用户就越远。

该属性适用于相对定位、绝对定位和固定定位的元素,不具有继承性。

3.5.5　其他属性

本节介绍的 CSS 属性包括 display、visibility、overflow、opacity 和 cursor 等。

(1) display。默认情况下,HTML 块级元素被呈现为块级框,行内级元素被呈现为行内级框。利用该属性可以重新设置 HTML 元素生成的框的类型。其常见的取值如下。

inline:呈现为行内框。

block:呈现为块框。

inline-block:呈现为行内级块框。它是原子行内级框,也是块容器框。

list-item:呈现为一个主块框和一个符号框。

table:呈现为块级表格框。

inline-table:呈现为行内级表格框。

none:元素(包括子元素)不被呈现,不产生相应的框。

该属性适用于所有元素,不具有继承性。

(2) visibility。该属性指定元素框的可见性,其取值如下。

visible:默认值。元素框是可见的。

hidden:元素框是不可见的(完全透明),但仍影响布局。

collapse:对表格行、行组、列、列组,产生折叠效果;对其他元素,与值 hidden 相同。

该属性适用于所有元素,不具有继承性。

(3) overflow。该属性指定块容器框的内容溢出边框时的处理方式,其取值如下。

visible:默认值。溢出内容可见,越出边框。

hidden:溢出内容隐藏。

scroll:显示滚动条,当溢出时,可利用滚动条查看。

auto:滚动条根据需要显示。当溢出时,显示滚动条。

该属性适用于块容器框,不具有继承性。

(4) opacity。该属性设置元素的不透明度,取值为 0.0~1.0,0 表示完全透明,1 表示完全不透明,默认值为 1。

该属性适用于所有元素,不具有继承性。

(5) cursor。该属性用于设置当鼠标指向元素时指针的类型。其取值如下。

auto:默认值。由浏览器设置指针。

pointer:呈现为指示超链接的指针(通常为手形)。

crosshair:呈现为十字线。

text:呈现为指示文本的指针(通常为 I 型)。

wait:呈现为指示程序正忙的指针(通常是一块表或一个沙漏)。

help:呈现为帮助指针(通常是一个问号或一个气球)。

该属性适用于所有元素,具有继承性。

3.6 实战：浮动框与行内级块框

本书实战以教务选课系统的开发为背景，正文部分各章的实战节及第 16 章介绍了管理员子系统的开发，学生教师子系统的开发则作为实验题留给读者练习。

首先新建名为 xk 的 PHP 应用项目，删除自动创建的 index.php 文件，然后在源文件结点下新建名为 css、image 和 ls_admin 的 3 个文件夹。

假设作为网站 logo 的图像文件 logo.png 已经生成，现在可以把它复制到 image 文件夹下。

3.6.1 管理员子系统页头

本节利用浮动定位等 CSS 技术创建如图 3-2 所示的页头，将用于管理员子系统的所有页面。

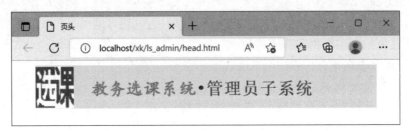

图 3-2　页头示意图

首先在 css 文件夹下为项目新建名为 xk.css 的外部样式表文件。这里定义两组规则：一组是为所有页面的有关 HTML 元素定义的一些基本规则；另一组是专门用于管理员子系统页头的若干规则。代码如下：

```
1. /* 基本规则 */
2. body {                    /* 规定了默认的字体、字号和字间距 */
3.     font-family:宋体;
4.     font-size:14px;
5.     letter-spacing:1.2px;
6. }
7. .title {color:#458994; font-weight:700}
8. a {color:steelblue; text-decoration:none}
9. a:visited {color:steelblue}
10. a:hover {text-decoration:underline; font-weight:700;}
11. /* 管理员子系统页头规则 */
12. .ah {                    /* 用于块级元素,如 div 元素 */
13.     width:90%;           /* 块级元素框的宽度是其容器宽度的 90% */
14.     background-color:#eeeeee;
15.     margin:0 auto        /* 块级元素框在其容器内水平居中 */
16. }
17. .ah img {float:left; margin:1px 30px 1px 1px}
18. .ah span {
19.     float:left; font-size:28px; font-weight:700; margin-top:22px
20. }
```

然后在 ls_admin 文件夹下创建 head.html 文件，用于呈现所要求的页头。代码如下：

```
1. <!DOCTYPE html>
2. <html>
3. <head>
4.     <title>页头</title>
```

```
5.      <meta charset="UTF-8">
6.      <link rel="stylesheet" href="/xk/css/xk.css" />
7.      <meta name="viewport" content="width=device-width, initial-scale=1.0">
8.   </head>
9.   <body>
10.     <div class='ah'>
11.         <img src='/xk/image/logo.png' alt="logo"/>
12.         <span style='color:darksalmon; font-family:楷体'>教务选课系统</span>
13.         <span style='color:brown'>·</span>
14.         <span style='color:steelblue'>管理员子系统</span>
15.         <div style='clear: both'></div>
16.     </div>
17.  </body>
18.  </html>
```

　　整个页头呈现为一个块框（body 元素的 div 子元素），其中，img 元素和 3 个 span 元素呈现为左浮动框。默认情况下，3 个 span 浮动框会顶着行的顶端呈现，利用 margin-top 属性可以调整其垂直位置。

　　浮动框脱离了普通流，页头块框的 div 在呈现其背景色时并不会考虑这些浮动框的存在，但它要包含其最后一个 div 子元素。该 div 子元素位于所有浮动框的下方（其左右不能有浮动框），这样页头块框的背景色就会自然覆盖上述所有的浮动框。

3.6.2　管理员子系统登录表单

　　这里利用行内级块框的特点创建管理员子系统的登录表单，如图 3-3 所示。

图 3-3　利用行内级块框的特点创建管理员子系统的登录表单

　　首先在外部样式文件 xk.css 中定义用于表单呈现的两组规则：一组是所有表单共享的规则；另一组是登录和注册表单专用的规则。代码如下：

```
1. /* 表单呈现规则 */
2. form {margin:10px 0}
3. form .label {
4.     display:inline-block;              /* 呈现为行内级块框 */
5.     width:70px;                        /* 行内级块框的宽度 */
6.     margin-right:10px
7. }
8. input,select { font-size: 12px; padding: 3px 1px }
9. input[type="submit"] {
```

```
10.        padding:4px 15px; color:steelblue; background-color:#eeeeee;
11.        border:1px solid steelblue; cursor:pointer
12. }
13. input[type="submit"].big {font-size:14px; padding:6px 25px}
14. input[type="submit"].text {              /* 呈现文本形式的提交按钮 */
15.        font-size: 13px; padding: 1px 2px; color: steelblue;
16.        background-color: white; border-width: 0
17. }
18. input[type="submit"]:hover {font-weight:700}
19. textarea {letter-spacing:1.2px; line-height:1.5}
20. form .errMsg {font-size:12px; color:red}
21. /* 登录表单专用规则 */
22. form.logreg {text-align:center}
23. form.logreg div.outer {
24.        border:1px solid #458994;
25.        display:inline-block         /* 呈现为行内级块框,其宽度由其内容决定 */
26. }
27. form.logreg div.title {
28.        color:white; background-color:#458994; font-size:20px;
29.        padding-top:12px; padding-bottom:8px; margin:1px
30. }
31. form.logreg div.inter {padding:10px; text-align:left}
```

然后在 ls_admin 文件夹下创建 logon.html 文件,用以呈现所要求的登录表单。

```
1. <!DOCTYPE html>
2. <html>
3. <head>
4.     <title>登录</title>
5.     <meta charset="UTF-8">
6.     <link rel="stylesheet" href="/xk/css/xk.css" />
7.     <meta name="viewport" content="width=device-width, initial-scale=1.0">
8. </head>
9. <body>
10.     <form class="logreg" method="POST">
11.         <div class="outer">
12.             <div class="title">管理员登录</div>
13.             <div class="inter">
14.                 <p>
15.                     <label for="i1" class="label">用户名</label>
16.                     <input type="text" id="i1" name="user" maxlength="4"
17.                         style="width: 60px" value="" />
18.                     <span class="errMsg"></span>
19.                 <p>
20.                     <label for="i2" class="label">密 码</label>
21.                     <input type="password" id="i2" name="pw" maxlength="12"
22.                         style="width: 130px" value="" />
23.                     <span class="errMsg"></span>
24.                 <p style="text-align: center; padding-top: 10px">
25.                     <input type="submit" class="big" name="Q2" value="确 认"/>
26.                 </p>
27.             </div>
28.         </div>
29.     </form>
30. </body>
31. </html>
```

其中,表单内所有 class 属性值中含 label 的元素(即各标签)呈现为行内级块框,并指定相同的宽度

(70px),这样位于它们后面的各表单控件元素就会形成左对齐的效果。

提示:各章实战节创建的一些文件不一定作为管理员子系统的最终组成,但其采用的技术及相关代码会一直沿用下去。

习题 3

一、选择题

1. 后代选择器用的层次符是( )。

   A. 空格   B. +   C. —   D. >

2. 下面 CSS 规则的特指性是( )。

```
.nav a:visited {color: grey}
```

   A. 0-1-1-1   B. 0-0-1-2   C. 0-0-2-1   D. 0-0-2-0

3. 有以下 HTML 代码,文字"应用开发"的呈现颜色是( )。

```
<head>
    <style>
        .a {color: blue}
        span {color: green}
    </style>
</head>
    <body>
        <span class='a'>应用开发</span>
    </body>
```

   A. 蓝色   B. 绿色   C. 蓝绿混合色   D. 默认颜色

4. 有以下 HTML 代码,"段落一""段落二"和"段落三"的呈现颜色依次是( )。

```
<head>
    <style>
        div>p.c {color: yellow}
        div p {color: red}
        div+p {color: green}
    </style>
</head>
<body>
    <div>
        <p>段落一</p>
        <div><p class='c'>段落二</p></div>
    </div>
    <p>段落三</p>
</body>
```

   A. 红色、红色、红色   B. 红色、红色、绿色   C. 红色、黄色、绿色   D. 红色、绿色、绿色

5. 在元素框中,背景颜色的应用区域是( )。

   A. 内容框   B. 内边距框   C. 边框框   D. 外边距框

6. 在 CSS 框模型中,内边界是指( )。

   A. 内容边界   B. 内边距边界   C. 边框边界   D. 外边距边界

7. 下面不属于块容器框的是( )。

A. 段落元素框   B. 表格框

C. 非替换的行内级块框   D. 非替换的表格单元格

8. 下面元素的定位模式是（   ）。

```
<span style='float: left; position: absolute'>动态网站设计</span>
```

A. 普通流   B. 浮动   C. 绝对定位   D. 浮动并绝对定位

二、程序题

根据要求写出 CSS 规则。

（1）id 属性值为"id1"的元素显示边框线：宽度为 1px 的蓝色实线。

（2）div 元素内的所有段落子元素的文字：字符间距 2px，行高为字符大小的 1.2 倍。

（3）body 元素内的所有 div 子元素的宽度为浏览器窗口宽度的 90%，居中显示。

（4）class 属性值既包含类名 c1 又包含类名 c2 的元素呈现为左浮动框，内边距为 5px。

（5）当鼠标指向 class 属性值为 c1 的段落元素时，指针显示为手形。

第4章 数据与变量

本章主题：

- 数据类型。
- 文字的表示。
- 类型的自动转换与强制转换。
- 变量与变量赋值。
- 变量作用域。
- 可变变量。
- PHP 常量。
- 错误与错误报告。

数据是计算机处理的对象，每一个数据都属于某种类型。类型规定了数据的性质、取值范围以及在其上可以进行的操作行为。一种计算机程序设计语言能够支持的数据类型的多少，很大程度上决定了这种语言的功能强弱。

对于任何一种计算机程序设计语言，变量都是非常基本且又重要的概念。学会使用变量是计算机程序设计的基础。

本章首先介绍 PHP 的各种数据类型以及类型之间的转换，然后介绍变量、变量作用域以及常量等的概念和使用，最后介绍 PHP 中脚本代码的错误类型以及错误报告机制。

4.1 PHP 数据类型

在 PHP 中，数据类型分为标量类型、复合类型和 null 类型。

4.1.1 标量类型

标量类型数据表示某种单项信息，包括布尔型、整型、浮点型和字符串型。

1. 布尔型

布尔型(bool)是一种最简单的数据类型，其数据值只有两个：true 和 false，分别表示逻辑真和逻辑假。这里，true 和 false 是不区分大小写的。

可以利用 PHP 内置函数 is_bool 判断一个值是否为布尔型。格式如下：

```
is_bool(mixed $value): bool
```

典型地，布尔型数据经常被用在流程控制语句中。

【例 4-1】 布尔型数据的使用。代码如下：

```
1. $alive=true;
2. if ($alive) {                   //条件为真
3.     echo "This cat is alive.";
4. }
```

```
5. $alive=0;
6. if ($alive) {                          //$alive 自动转换成布尔型数据 false
7.     echo "The dog is alive.";
8. } else {
9.     echo "The dog is dead.";
10. }
```

下面是代码运行的输出结果：

```
This cat is alive.The dog is dead.
```

该例中，变量 $alive 用作 if 语句的条件表达式。在第 2 条 if 语句中，变量 $alive 的值为整数 0，会自动转换成布尔型数据 false。

用 print 或 echo 输出布尔型数据时，true 被转换成字符串"1"，false 被转换成空串。为了显示出包括布尔型数据在内的各种类型数据本来的内容，可以使用下面的 var_dump 函数：

```
var_dump(mixed $value, mixed ...$values): void
```

该函数用于输出指定的一个或多个表达式的结构化信息，包括表达式的类型与值。

【例 4-2】 布尔型数据的输出。代码如下：

```
1. $var1=true;
2. $var2=false;
3. echo "-", $var1, $var2, "-";
4. echo "<pre>";
5. var_dump($var1, $var2);
6. echo "</pre>";
```

下面是代码的运行结果：

```
-1-
bool (true)
bool (false)
```

var_dump 函数主要用于程序调试，它会按预定义的格式输出各表达式的类型及值。有时这种格式会包含一些普通的换行符(\r、\n 等)，它们无法在浏览器上反映出来，此时可以将 var_dump 函数放置在 echo "<pre>"和 echo "</pre>"之间，如该例代码所示。通常，只需关注各表达式的相关信息，无须在意这些信息的呈现格式。

2. 整型

整型(int)数是不包含小数部分的数。整型文字最前面可以有一个"＋"或"－"，之后由一些数字组成。在 PHP 中，整数可以用十进制、八进制(以 0 或 0o 开头)、十六进制(以 0x 开头)或二进制(以 0b 开头)表示。例如：

```
$n1=0;              //零
$n2=-28;            //负整数
$n3=056;           //八进制数(等于十进制数 46)
$n4=0xA;           //十六进制数(等于十进制数 10)
$n5=-0x1c;         //十六进制数(等于十进制数-28)
$n6=0b1001;        //二进制数(等于十进制数 9)
```

在十六进制表示中，前导符 x 可以大小写，数字符号 a～f 也可以大小写。在八进制表示中，可以以 0 开头，也可以明确以 0o 开头，其中，前导字母 o 可以大小写。在二进制表示中，前导符 b 可以大小写。

可以利用 PHP 内置函数 is_int 判断一个值是否为整型。格式如下：

```
is_int(mixed $value): bool
```

PHP 支持的最大和最小整数与平台有关。预定义常量 PHP_INT_SIZE 能够返回整型数字长的字节数；预定义常量 PHP_INT_MAX 返回最大整型数；预定义常量 PHP_INT_MIN 返回最小整型数。

如果一个整数超出了整型的值域范围，将会自动转换成浮点型（float）。

【例 4-3】 整数溢出。代码如下：

```
1. echo PHP_INT_SIZE, "<br />";
2. echo PHP_INT_MAX, "<br />";
3. echo PHP_INT_MIN, "<br />";
4. var_dump(100 * PHP_INT_MAX);
```

当整数字长是 64 位的情况下，上面代码的运行输出结果如下。

```
8
9223372036854775807
-9223372036854775808
float(9.223372036854776E+20)
```

3. 浮点型

浮点型（float）数是可以表示包含小数的数。浮点型数只有十进制表示形式，但有标准记数法和科学记数法两种表示方法。例如：

```
$a=1.234;
$b=-38.;
$c=.25;
$d=-1.2e3;
$e=7E-10;
```

其中，标准记数法由整数部分和小数部分组成，两者可省略其一，但应该包含小数点。在科学记数法中，E 或 e 前面必须有数字（可以是整数），E 或 e 后面必须是整数（正号可省略）。

可以用内置函数 is_float 判断一个值是否是浮点型。还可以用内置函数 is_numeric 判断一个值是否是数值型（整型或浮点型）或数字字符串。格式如下：

```
is_float(mixed $value): bool
is_numeric(mixed $value): bool
```

PHP 支持的最小浮点数和最大浮点数与平台有关。预定义常量 PHP_FLOAT_MIN 返回最小可表示的正浮点数；预定义常量 PHP_FLOAT_MAX 返回最大可表示的浮点数。

如果一个浮点数的绝对值太大而无法表示，其结果将为正无穷（INF）或负无穷（-INF）。可以用内置函数 is_infinite 判断一个浮点数是否为无穷大（正或负）；相反，可以用内置函数 is_finite 判断一个浮点数是否为有限值。格式如下：

```
is_infinite(float $val): bool
is_finite(float $val): bool
```

有些浮点数运算会产生一个特殊 NAN 值，该值表示一个在浮点数运算中未定义的值，如一个正无穷减去一个正无穷。可以用内置函数 is_nan 判断一个浮点数是否为 NAN 值。格式如下：

```
is_nan(float $val): bool
```

浮点数及其运算存在着精度问题,即可能会出现一定的误差,所以一般不要比较两个浮点数是否严格相等。通常可以在一定的误差范围内比较两个浮点数是否相等。

【例 4-4】 浮点数比较。代码如下:

```
1. $a=1.23456789;
2. $b=1.23456780;
3. $epsilon =0.0000001;
4. if (abs($a-$b)<$epsilon) {
5.     echo "true";
6. } else {
7.     echo "false";
8. }
```

下面是代码运行的输出结果:

```
true
```

该例中,abs 是一个求绝对值的 PHP 内置函数。

在 PHP 中,无论是整数相除还是浮点数相除,除数都不能为 0,否则将抛出一个 Fatal 错误(DivisionByZeroError)。

4. 字符串型

字符串型(string)值,即字符串,是指一串字符。在写字符串文字时,应该用一对""或""""作为定界符,将这串字符括起来。例如:

```
$s1="example1";
$s2='example2';
```

在写字符串时,通常可以用转义序列(以"\"开头)表示一些特殊的字符,例如,用"\n"表示换行符,用"\r"表示回车符等。

注意:双引号字符串和单引号字符串在处理转义序列时是有区别的。双引号字符串可以使用的转义序列如表 4-1 所示。

表 4-1 双引号字符串可以使用的转义序列

转 义 序 列	表 示 的 字 符
\n	换行符(0x0A)
\r	回车符(0x0D)
\t	水平制表符(0x09)
\v	垂直制表符(0x0B)
\e	Esc 字符(0x1B)
\f	换页符(0x0C)
\\	反斜杠
\$	美元符号
\"	双引号
\[0-7]{1,3}	1~3 位八进制数表示的一个字符,如\101 表示'A'

续表

转 义 序 列	表示的字符
\x[0-9A-Fa-f]{1,2}	1～2 位十六进制数表示的一个字符,如\x41 表示'A'
\u{[0-9A-Fa-f]+}	若干十六进制 Unicode 码表示一个字符,如\u{8bed}表示'语'

在双引号字符串中可以直接使用“'”,不要使用转义序列“\'”,否则会被处理成两个字符,即“\”和"'"。

单引号字符串可使用的转义序列仅有两个:“\\”和“\'”,分别表示“\”和“'”。其他转义序列不会被特殊处理。

另外,当双引号字符串中出现变量时,PHP 会自动将其替换成变量的值并转换成字符串,而单引号字符串则无此特性。

【例 4-5】 转义序列和变量在字符串中的使用。代码如下:

```
1. $output1="This is one line.\nThis's another line.\n";
2. echo $output1;
3. $output2 ='This is one line.This\'s another line.\n';
4. echo $output2, "<br />";
5. $fruit ="apple";
6. echo "\xaThis is an $fruit.\n";
7. echo 'This is an $fruit.';
```

上述代码运行的输出结果在浏览器窗口中的显示效果如下:

```
This is one line. This's another line. This is one line.This's another line.\n
This is an apple. This is an $fruit.
```

在浏览器源代码窗口中的显示效果如下:

```
This is one line.
This's another line.
This is one line.This's another line.\n<br />
This is an apple.
This is an $fruit.
```

一般情况下,在浏览器窗口中,一个或多个空格和新行符仅显示为一个空格。要在新的一行显示内容,可使用 HTML 标签
。在源代码窗口中,碰到换行符,会另起一行显示,而
则被当作一般的字符显示。

如果要在双引号字符串中输出变量的值,而变量名与相邻内容无法分隔时,可以用“{}”界定变量名。例如:

```
$x="abc";
echo "123$xyz";           //变量$xyz 找不到,输出:123
echo "123{$x}yz";         //输出:123abcyz
```

除了单引号字符串和双引号字符串,PHP 中还有另外两种表示字符串的方式:Heredoc 和 Nowdoc。它们不用“'”或“"”作为定界符,而是用自定义的标识符来界定字符串,适合表示由多行文本组成的字符串。

Heredoc 字符串由“<<<”开始,紧跟着一个标识符(称为开始标识符),然后是一个新行符。字符串本身的内容就从新的一行开始写。最后一行以与开始标识符同名的标识符(称为结束标识符)表示字

符串结束。

标识符由程序员自定义,遵循通常的命名规则:以字母或"_"开头,由字母、数字或"_"组成。

Heredoc 字符串类似于双引号字符串,它会处理转义序列,也会对变量进行解析处理。在使用变量时,也可以用"{}"界定变量名。所不同的是,Heredoc 字符串内可以直接使用""",如果写成转义序列"\"",反而会被当成两个字符。

【例 4-6】 Heredoc 字符串的使用。代码如下:

```
1. $x="123";
2. $s=<<<_DOC
3.    abc{$x}
4.    456xyz
5.    _DOC;
6. var_dump($s);
```

下面是代码运行的输出结果:

```
string(13) "abc123 456xyz"
```

该例中,Heredoc 字符串(第 2～5 行)使用的标识符是_DOC,其中,第 3 行和第 4 行是字符串本身的内容,称为字符串体。字符串体中的变量 $x 会被其值"123"替换。字符串的长度为 13,包括第 4 行 6 个字符加 1 个换行符,第 5 行 6 个字符。

Heredoc 字符串可以采用缩进的格式书写,如例子所示。这里,缩进的深度是由结束标识符的缩进深度决定的。例如,结束标识符_DOC 的缩进深度是 3 个字符(相对于行首位置),那么字符串体各行和结束标识符行的前 3 个字符就形成一个缩进区。针对缩进区需要满足:

(1) 字符串体各行在缩进区,除了空格或 Tab 制表符,不能有其他字符。即字符串体各行的缩进深度可以比结束标识符更深,但不能更浅。

(2) 缩进区中的字符可以是空格,也可以是 Tab 制表符,但不能是空格和 Tab 制表符的混合。

违反上述任何规则,都会产生 Fatal 错误(Parse error)。

PHP 在解析字符串时会自动剔除处于缩进区的空格或 Tab 制表符。

Nowdoc 字符串与 Heredoc 字符串非常相似,都适合于表示由多行文本组成的字符串,而且它们的语法格式和书写规则基本一致。所不同的主要是:

(1) 语法格式上,Nowdoc 字符串的开始标识符需要用"''"定界,如<<<'_DOC'。

(2) Heredoc 字符串类似于双引号字符串,而 Nowdoc 字符串则类似于"''"字符串。PHP 不会解析和处理 Nowdoc 字符串中的转义序列(包括"\"、"\\")和变量。

4.1.2 复合类型

复合类型数据通常是多项信息的集合,每项信息有各自的数据类型。在 PHP 中,复合类型包括数组和对象。

1. 数组

在 PHP 中,数组(Array)是有序的映射。一个数组由若干元素组成,每个元素是一个键-值对。其中,键用于索引数组元素,一个数组不能有重复的键。

键可以是整数也可以是字符串。值也称为数组元素的值,可以是任意类型。

与标量类型一样,数组类型并不需要定义。需要时,可以直接用语法 array()或[]创建数组。例如:

```
$arr1=array(0 =>"浙江", 1 =>"江苏", 2 =>"广东");
$arr2=["浙江" =>"杭州", "江苏" =>"南京", "广东" =>"广州"];
```

上面的代码依次创建两个数组并分别赋给变量 $arr1 和 $arr2。数组 $arr1 有 3 个键-值对,其中,键是整数。数组 $arr2 也有 3 个键-值对,其中,键是字符串。

创建数组时,如果一个元素未指定键,PHP 将自动使用之前用过的最大 int 键值加上 1 作为新的键值。如果当前还没有元素采用 int 索引,则键值将为 0。例如,下面的代码创建的数组与上面第一行代码创建的数组完全相同。

```
$arr1=array("浙江", "江苏", "广东");
```

通过一个具体的键可以访问对应的值,例如,$arr1[0] 将返回"浙江",$arr2["浙江"]将返回"杭州"。
有时候,把键为整数的数组称为数字索引数组,把键为字符串的数组称为关联数组。
有关数组的创建、访问、遍历、排序和使用等具体内容会在第 9 章做详细介绍。

2. 对象

确切地说,对象(Object)并不是一种数据类型,而是某种类类型的实例。也就是说,类是一种数据类型,而对象是这种类型的值。

与其他数据类型不同,类需要显式地进行定义。类是对一类相似对象的描述,这些对象具有相同的属性和行为、相同的变量(数据结构)和方法实现。类定义就是对这些变量和方法实现进行描述。

类好比一类对象的模板,有了类定义后,基于它就可以生成这种类型的任何一个对象。这些对象虽然采用相同名字的变量来表示状态,但它们占有各自的内存空间,在变量上的取值完全可以不同。这些对象一般有着不同的状态,且彼此间相对独立。

与其他类型的值不同,对象既有表示状态的变量值,也有表示行为的方法代码。外界通常通过访问其方法代码与对象进行交互。执行对象方法时往往需要访问该对象的状态数据,即变量的值。有时仅仅是读取变量的值,有时则可能改变变量的值。

【例 4-7】　类定义和对象创建。代码如下:

```
1. class Circle {
2.     private int $radius;
3.     function __construct(int $radius) {
4.         $this->radius =$radius;
5.     }
6.     function getRadius(): int {
7.         return $this->radius;
8.     }
9.     function __toString(): string {
10.         return "Circle($this->radius)";
11.     }
12. }
13. $c=new Circle(5);
14. $r=$c->getRadius();
15. echo $r, "<br />";
16. echo $c->__toString();
```

下面是代码运行的输出结果:

```
5
Circle(5)
```

使用关键字 class 来定义类,关键字后面指定类名,然后是"{}"。"{}"内是类体,定义对象的状态变量和方法代码。

上面的代码首先定义了一个表示圆的名为 Circle 的类。在类体中,定义了一个表示圆半径的属性变量 $radius,一个在创建圆对象时会被自动调用的构造方法__construct(),一个能返回当前圆对象半径的方法 getRadius(),以及一个能返回表示圆对象当前状态的字符串的方法__toString()。

后半段代码先用 new 运算符创建了一个圆对象,然后输出了该圆的半径,以及表示该圆状态的字符串。

有关类和对象的具体内容将在第 10 章进行详细介绍。

4.1.3　null 类型

在 PHP 中,null 类型是一种特殊类型。null 类型的唯一值是 null,代表无值。null 是不区分大小写的。

一个变量在下面情况下具有 null 值。

(1) 被赋予常量 null。

(2) 原先并不存在。

(3) 被 unset 销毁的变量。

后两种情况实际上是一回事,即变量不存在,或者说变量没有定义。在此 unset 是一种语言结构,用于销毁指定的一个或多个变量。其语法格式如下:

```
unset(mixed $var, mixed... $vars): void
```

注意:当两个或多个变量引用相同的内存单元时,如果用 unset 销毁其中一个变量,则不会影响其他变量的值,即不会清除对应的内存单元。

可以使用 is_null 函数来测试一个变量的值是否为 null,其签名如下:

```
is_null(mixed $value): bool
```

如果变量 value 没有定义或其值是 null,函数返回 true,否则返回 false。如果被检测的变量没有定义,is_null 函数会产生一个 Warning 错误。

另外有两个语言结构可以检测变量是否设置或是否为空:isset 和 empty。

isset 语言结构用以检测变量是否设置,其语法格式如下:

```
isset(mixed $var, mixed ...$vars): bool
```

一个变量已设置是指该变量已经定义并且值不是 null。若变量已设置,语言结构返回 true,否则返回 false。如果指定多个变量,则仅当所有变量都已设置,语言结构返回 true,否则返回 false。

就检测单个变量来说,函数 is_null 与语言结构 isset 的检测结果正好相反。

empty 语言结构检测变量值是否为空,其语法格式如下:

```
empty(mixed $var): bool
```

如果指定变量没有定义或者它的值为空,则函数返回 true,否则返回 false。

一个变量的值为空是指该变量具有以下值的情况:false、""、"0"、0、0.0、array()、null。

【例 4-8】　null、空及相关函数。代码如下:

```
1. $a=0;
2. $b=null;
```

```
3. var_dump(is_null($a), is_null($b), is_null($c));      // false, true, true
4. var_dump(isset($a), isset($b), isset($c));            // true, false, false
5. var_dump(empty($a), empty($b), empty($c));            // true, true, true
```

当检测一个未定义（不存在）的变量时，函数 is_null 会产生 Warning 错误，而语言结构 isset 和 empty 都不会产生任何错误。

4.2　类型转换

类型转换是指将某种类型的数据转换成另一种类型的数据。类型转换包括自动类型转换和强制类型转换。

4.2.1　自动类型转换

PHP 是一种弱类型的编程语言，在引入变量时，并不需要明确声明其类型。当给它赋一个字符串时，变量的类型就是字符串；如果再给它赋一个整数，则变量的类型就变为整型。

在运算符进行运算、控制结构控制流程时，PHP 会根据上下文自动将一些数据转换成合适的类型参与运算。例如，在做字符串连接"."运算时，如果某个操作数不是字符串，则 PHP 会自动将其转换成字符串型，然后进行运算。

1. 自动转换成 bool 型

在 if 语句、循环语句、三目条件运算、逻辑运算等上下文中，其他类型的数据会被自动转换成所需的 bool 型。下面的数据将被转换成 false。

（1）整型值 0。

（2）浮点型值 0.0。

（3）空串""。

（4）字符串"0"。

（5）不包括任何元素的数组 array()。

（6）null（包括没有定义的变量）。

上述相应类型的其他值则被转换成 true。对象总是被转换成 true。

2. 自动转换成数值型

在算术运算上下文中，其他类型的数据会自动转换成整数或浮点数。

（1）布尔值 true 转换为 1，布尔值 false 转换为 0。

（2）null 值转换成 0。

（3）数字字符串会根据其内容转换成整数或浮点数。

（4）以数字开头的字符串会根据其开头部分的数字内容转换成整数或浮点数，但会产生一个 Warning 错误。

其他数据在试图自动转换成数值型时会抛出一个 Fatal 错误（TypeError）。

3. 自动转换成 string 型

在 echo 语句、print 语句、字符串连接运算等上下文中，其他类型的数据会自动转换成所需的 string 型。其转换规则如下。

（1）布尔值 true 转换成字符串"1"，布尔值 false 转换成空串""。

（2）整数或浮点数转换成该数值字面样式的字符串（包括浮点数中的指数部分）。

（3）null 值转换成空串""。

（4）对象被转换成该对象的 __toString() 方法的返回值。若对象无此方法，则会抛出一个 Fatal 错误（Error）。

（5）数组转换成字符串"Array"，但会产生一个 Warning 错误。

【例 4-9】 自动类型转换。代码如下：

```
1. $a="abc";
2. $b="12.5";
3. $c=true;
4. if ($a) {
5.     $d=10+$b;
6. } else {
7.     $d=10+$c;
8. }
9. $result=$a."-".$b."-".$c."-".$d;
10. echo $result;
```

下面是代码运行的输出结果：

```
abc-12.5-1-22.5
```

在该示例代码中，作为 if 语句的条件表达式，变量 $a 的值"abc"被自动转换成布尔值 true。在做算术运算时，变量 $b 的值"12.5"将被转换成浮点数 12.5；变量 $c 的值 true 会被转换成整数 1。由于第 4 行的 if 条件成立，所以程序运行时第 5 行代码被执行，第 7 行代码没有被执行。

第 9 行代码中的点(.)是字符串连接运算符。在做字符串连接运算时，变量 $c 的值 true 将被转换成字符串"1"；变量 $d 的值 22.5 会被转换成字符串"22.5"。

4.2.2 强制类型转换

如上所述，一些数据可以从一种类型自动转换成另一种类型。有些时候，也可以进行强制类型转换。强制类型转换的语法是：在要转换的变量（或表达式）之前加上用圆括号括起来的目标类型。

1. 转换成 bool 型

把其他类型数据强制转换成 bool 型的语法格式如下：

```
(bool)<表达式>
```

强制转换成 bool 型的转换规则与自动转换成 bool 型的相同。

2. 转换成 int 型

把其他类型数据强制转换成 int 型的语法格式如下：

```
(int)<表达式>
```

其转换规则如下。

（1）布尔值 true 转换为 1，布尔值 false 转换为 0。

（2）对浮点数，通常是抛弃小数部分取整。如果浮点数超出 int 型的边界（在 32 位平台上通常为 $+/-2.15e+9=2^{31}$，在 64 位平台上通常为 $+/-9.22e+18=2^{63}$），结果是不确定的，期间也不会产生任何错误信息。

浮点值 INF、-INF 和 NAN 转换为 0。

（3）字符串根据其开始部分转换成整数或零。

（4）null 值转换成 0。

从其他类型转换成整数，PHP 没有明确定义。

3. 转换成 float 型

把其他类型数据强制转换成 float 型的语法格式如下：

```
(float)<表达式>
```

其转换规则如下。

（1）字符串根据其开始部分转换成浮点数或零。

（2）对其他类型的值，先将其转换成整数，然后再转换成浮点数。

4. 转换成 string 型

把其他类型数据强制转换成 string 型的语法格式如下：

```
(string)<表达式>
```

强制转换成 string 型的转换规则与自动转换成 string 型的相同。

5. 转换成 array

把其他类型数据强制转换成数组的语法格式如下：

```
(array)<表达式>
```

强制转换成数组的转换规则如下。

（1）一个任意标量类型（int、float、string 或 bool）的值转换成数组，将得到一个仅有一个元素的数组：该元素的下标为 0，其值为该标量值。

（2）一个对象转换为数组，将得到如下一个数组：对象的各实例变量转换为数组元素。其中，实例变量名为元素键，实例变量值为元素值。

（3）将 null 值转换为数组，将得到一个不含元素的空数组。

6. 转换成 object

把其他类型数据强制转换成对象的语法格式如下：

```
(object)<表达式>
```

将任何非对象类型的值转换成对象，将会创建一个内置类 stdClass 的实例。

（1）如果该值为 null，则新的实例为空。

（2）数组转换成对象时，每个数组元素对应一个实例变量，其中，元素键作为变量名，元素值作为变量值。

（3）对任何其他类型的值，名为 scalar 的实例变量将包含该值。

【例 4-10】　强制类型转换。代码如下：

```
1. $a="0";
2. $b="12.5";
3. $c=true;
4. if (!$a) {
5.     $d=10+(int)$b;
```

```
 6. } else {
 7.    $d=10+$b;
 8. }
 9. if ($a) {
10.  $e=10+$c;
11. } else {
12.    $e=10+(float)$c;
13. }
14. var_dump($d, $e);
```

下面是代码运行的输出结果：

```
int (22) float (11)
```

在代码中，变量 $a 的值会在需要时自动转换成布尔值 false；(int) $b 会将变量 $b 的值"12.5"转换成整数 12；(float) $c 会先将变量 $c 的值 true 转换成整数 1，再转换成浮点数 1.0。

4.3 变量与常量

在任何计算机程序设计中，学会使用变量是必不可少的。本节首先介绍变量的概念，然后介绍变量的赋值、变量的作用域及可变变量等知识，最后介绍常量的定义与使用。

4.3.1 PHP 变量

变量是具有名字的内存单元，其中存有数据，称为变量值。一个变量在不同时刻可以存储不同的值，通过变量名可以访问变量的当前值。

PHP 中的变量用"$"后面跟变量名来表示。变量名遵循标识符的命名规则，即以字母或"_"开头，后跟任意数量的字母、数字和"_"。变量名是区分大小写的。

PHP 是一种弱类型语言，或者称为动态类型语言。在 PHP 的一般脚本代码中，变量不需要显式声明，也没有固定的类型。变量的类型由当前赋给变量的值确定。

4.3.2 变量赋值

变量赋值有两种方式：值赋值和引用赋值。

默认情况下，变量按值赋值，即将赋值运算符右侧的表达式的值赋给赋值运算符左侧的变量。这意味着，把一个变量的值赋给另一个变量后，如果改变其中一个变量的值，并不会影响另一个变量的取值，如图 4-1（a）所示。

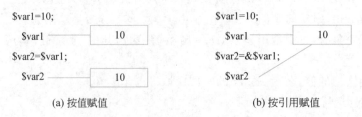

(a) 按值赋值   (b) 按引用赋值

图 4-1 按值赋值与按引用赋值

引用赋值要求赋值运算符左右两侧都是变量，左侧的称为目标变量，右侧的称为源变量。引用赋值是指将源变量的引用赋给目标变量，其结果是目标变量与源变量引用相同的内存单元。之后，改变其中一个变量的值，将反映到另一个变量上。在源变量名前加上"&"，将实现按引用赋值，如图 4-1（b）所示。

【例 4-11】 值赋值和引用赋值。代码如下：

```
1. $number1=22;
2. $age1=$number1;
3. $number1=30;
4. echo "\$number1=$number1, \$age1=$age1";
5. echo "<br />";
6. $number2=22;
7. $age2=&$number2;
8. $number2=30;
9. echo "\$number2=$number2, \$age2=$age2";
```

下面是代码运行的输出结果：

```
$number1=30, $age1=22
$number2=30, $age2=30
```

4.3.3 变量作用域

变量作用域是指变量可被访问的范围。超出了变量的作用域，是访问不到变量的。按作用域分，PHP 变量包括全局变量、局部变量、静态变量和超全局变量。

1. 全局变量

在用户自定义函数外的脚本中引入的变量是全局变量，其作用域是它所在的整个文件（包括被包含文件，见 5.4 节），但不包括其中的用户自定义函数内部。

2. 局部变量

在用户自定义函数内引入的变量是局部变量，其作用域是该函数内部。当退出函数时，这些变量将被清除。

【例 4-12】 全局变量与局部变量。代码如下：

```
1. $a=100;
2. echo $a."<br/>";
3. test();
4. echo $a."<br/>";
5.
6. function test(): void {
7.     $a='abc';
8.     echo $a."<br/>";
9. }
```

下面是代码运行的输出结果：

```
100
abc
100
```

在该例代码中，函数外面声明的 $a 是一个全局变量，在函数外的所有代码中是有效的，但在函数内无效。函数内的 $a 是一个新的局部变量，与函数外的变量 $a 无关，只在函数内有效。

可以在函数内使用关键字 global 声明一些具有全局性的局部变量。例如：

```
global $x;
```

该代码在函数内声明了一个具有全局性的局部变量 $x，即它与同名的全局变量 $x 引用相同的内存单元。如果在调用函数前并不存在同名的全局变量 $x,那么该代码会先创建一个同名的全局变量 $x。

【例 4-13】 使用 global 关键字。代码如下:

```
1. $a=100;
2. echo $a."<br/>";
3. test();
4. echo $a."<br/>";
5. echo $b."<br/>";
6.
7. function test(): void {
8.     global $a,$b;
9.     $a='abc';
10.    $b='hello';
11. }
```

下面是代码运行的输出结果:

```
100
abc
hello
```

3. 静态变量

在函数内,可以用 static 声明并初始化一个变量,称为静态变量。例如:

```
static $a=100;
```

与局部变量相同,静态变量也仅在函数内有效,但有以下不同。

(1) 静态变量的初始化仅发生在第 1 次调用函数时。

(2) 退出函数后,静态变量不会被清除,其值被保存。

【例 4-14】 使用静态变量。代码如下:

```
1. test();
2. test();
3.
4. function test(): void {
5.     static $a=100;
6.     $a++;
7.     echo $a."<br/>";
8. }
```

下面是代码运行的输出结果:

```
101
102
```

第 1 次调用 test()函数时,静态变量 $a 被创建并初始化为 100,增 1 后变为 101。第 2 次调用该函数时,变量 $a 已经存在且不会初始化,增 1 后由原来的 101 变为 102。

4. 超全局变量

超全局变量是指一些系统预定义变量,它们在所有的 PHP 文件的脚本代码中都是有效的,在这些脚本代码中的自定义函数外或自定义函数内都是可用的。

常用的超全局变量如下。

（1）＄GLOBALS：包含当前所有全局变量（包括其他超全局变量）的数组。

（2）＄_SERVER：包含服务器及执行环境信息的数组。

（3）＄_GET：包含通过 GET 方法传递给当前脚本代码的请求参数的数组。

（4）＄_POST：包含通过 POST 方法传递给当前脚本代码的请求参数的数组。

（5）＄_COOKIE：包含传递给当前脚本代码的 Cookie 的数组。

（6）＄_FILES：包含传递给当前脚本代码的上传文件相关信息的数组。

（7）＄_SESSION：包含会话变量的数组。

下面介绍＄GLOBALS 和＄_SERVER 两个超全局变量的使用。其他几个超全局变量在后面的相关章节会详细介绍。

利用超全局变量＄GLOBALS 可以访问全局变量。下面的代码访问一个名为＄var 的全局变量：

```
$GLOBALS['var']=10;
```

该代码既可以放置在函数外，也可以放置在函数内。如果之前存在全局变量＄var，那么代码会给该变量赋整数 10。如果之前并不存在全局变量＄var，那么代码将创建这样一个全局变量并给它赋值。

【例 4-15】　使用超全局变量＄GLOBALS。代码如下：

```
 1. function test(): void {
 2.     if (isset($GLOBALS['var'])) {
 3.         $GLOBALS['var']+=10;
 4.     } else {
 5.         $GLOBALS['var']=100;
 6.     }
 7. }
 8.
 9. test();
10. var_dump($var);
11. test();
12. var_dump($var);
```

下面是代码运行的输出结果：

```
int(100)int(110)
```

超全局变量＄_SERVER 是一个包含服务器及执行环境信息的数组，包含请求头信息（header）、路径（path），以及脚本位置（script locations）等信息。

例如，要了解当前请求的方法，可以访问数组元素＄_SERVER['REQUEST_METHOD']获得。下面列出了一些元素的键，通过访问这些键的特定元素，可以获取相关的信息。

'DOCUMENT_ROOT'：Web 服务器设置的文档根目录，如 C：/Apache24/htdocs。

'SCRIPT_NAME'：当前被请求的 PHP 文件相对于文档根目录的路径和文件名。

'SCRIPT_FILENAME'：当前被请求的 PHP 文件的绝对路径和文件名。

'REQUEST_METHOD'：当前请求采用的请求方法，如"GET""POST"。

'SERVER_PROTOCOL'：当前请求采用的通信协议的名称和版本，如"HTTP/1.1"。

'HTTP_HOST'：当前请求头中 Host 域的值，如"localhost"。

'HTTP_ACCEPT_CHARSET'：当前请求头中 Accept-Charset 域的值，表示用户代理可接受的字符集。

'HTTP_REFERER'：当前请求头中 Referer 域的值，表示引导用户代理到当前页的前一页的地址

（如果存在）。

提示：这些键是否有效，即 $_SERVER 中是否存在相应的元素，取决于 Web 服务器是否对它进行了创建和提供，另外也取决于请求头中是否包含相关的信息。

4.3.4　可变变量

可变变量是指变量名可变的变量，或者说一个可变变量在不同时刻可能代表不同的变量。可变变量由在变量名前加两个美元符号 $ 来表示，一个可变变量获取一个普通变量的值作为这个可变变量的变量名。

【例 4-16】　使用可变变量。代码如下：

```
1. $a="zj";
2. $$a="杭州";
3. echo $a."".$$a."".$zj."<br/>";
4.
5. $a="js";
6. $$a="南京";
7. echo $a."".$$a."".$js."<br/>";
```

下面是代码运行的输出结果：

```
zj 杭州杭州
js 南京南京
```

在该例中，$$a 是一个可变变量。当第 1 次给它赋值时，它代表变量 $zj；当第 2 次给它赋值时，它代表变量 $js。

当将可变变量用于数组时，需要解决一个二义性问题。如$$a[1]，是把数组元素 $a[1]作为可变变量的名，然后访问该可变变量；还是把 $a 作为可变变量的名，然后访问该可变变量中索引为 1 的元素。可以使用"{}"解决上述二义性问题。例如，如果是第一种情况，可用 ${$a[1]}表示；如果是第二种情况，则可用 ${$a}[1]表示。

4.3.5　常量

常量是指在程序执行中无法修改的值。每个常量有一个名称，通过名称访问相应的常量值。在 PHP 中，常量可以通过 define 函数定义。格式如下：

```
define(string $name, mixed $value) : bool
```

其中，name 用于指定常量的名称，参数 value 用于指定常量的值。格式如下：

常量名采用一般标识符的命名规则，即以字母或下画线开头，后跟任意数量的字母、数字和下画线。与变量不同，常量名前不需要加符号 $。

按惯例，常量名一般采用大写字母。与变量名一样，常量名是大小写敏感的。

常量值可以是标量数据，也可以是数组常量。

下面的代码定义了一个名为 SECONDS 的常量，其值为一天包含的秒数：

```
define("SECONDS", 24 * 60 * 60);
```

常量的作用域是全局的，一旦定义就可以在当前 PHP 文件的任何位置引用，包括自定义函数内或自定义函数外。在作用域内，常量值不能修改，或重新定义。

除了可以自定义常量，PHP 也提供了大量的预定义常量，这些预定义常量可以应用于任何 PHP 文件中。如之前提及的 PHP_INT_MAX、PHP_FLOAT_MAX 等。不过很多常量都是由不同的扩展库定义的,只有在加载了这些扩展库时才可使用。

4.4 错误与错误报告

熟悉各种错误类型及错误报告机制,可以让我们更从容地面对和处置代码中存在的错误。

4.4.1 错误类型

计算机代码免不了会存在这样或那样的错误。计算机语言处理系统在处理代码中的错误时,一般会用一个错误码(int 型值)表示属于哪种错误类型,并用一段文本来具体描述该错误。

PHP 对各种错误进行了分类,并为每类错误指定了一个码值,也为每一个错误码值预定义了一个常量,如表 4-2 所示。

表 4-2 错误类型及其码值和常量名

码值	常量名	说明
1	E_ERROR	运行时致命型错误。表示无法恢复的错误,脚本代码终止运行
2	E_WARNING	运行时警告型错误。表示非致命性的错误,脚本代码会继续运行
4	E_PARSE	一种致命型错误,解析器产生的代码词法或句法错误
8	E_NOTICE	运行时注意型错误。表示一类小错误,不影响脚本代码继续运行
16	E_CORE_ERROR	一种致命型错误,由 PHP 在初始启动期间产生
32	E_CORE_WARNING	一种警告型错误,由 PHP 在初始启动期间产生
64	E_COMPILE_ERROR	一种致命型错误,由脚本引擎 Zend 在编译时产生
128	E_COMPILE_WARNING	一种警告型错误,由脚本引擎 Zend 在编译时产生
256	E_USER_ERROR	一种致命型错误,由用户使用 trigger_error()函数产生
512	E_USER_WARNING	一种警告型错误,由用户使用 trigger_error()函数产生
1024	E_USER_NOTICE	一种注意型错误,由用户使用 trigger_error()函数产生
2048	E_STRICT	一种运行时的注意型错误,允许 PHP 建议更改代码,以确保代码的最佳互操作性和向前兼容性
4096	E_RECOVERABLE_ERROR	一种可捕获的致命型错误。如果用户定义的错误处理器未捕获该错误,则终止脚本运行
8192	E_DEPRECATED	一种运行时的注意型错误,警告相关代码在未来版本中将无法工作
16384	E_USER_DEPRECATED	一种运行时的注意型错误,类似 E_DEPRECATED,只是它由用户使用 trigger_error()函数产生
32767	E_ALL	表示上述所有错误,即所有的致命型、警告型和注意型错误

从错误严重性考虑,可以把各种 PHP 错误归纳为以下 3 类。

(1) Fatal 错误。致命型错误,包括 E_ERROR、E_PARSE 等。当出现这类错误时,将导致代码无法运行,或导致代码运行被终止。

(2) Warning 错误。警告型错误,包括 E_WARNING、E_USER_WARNING 等。这类错误是非致命性的,但也可能会导致严重的后果。与致命型错误不同,当发生警告型错误时,代码会继续运行。

（3）Notice 错误。注意型错误，包括 E_NOTICE、E_E_DEPRECATED 等。这是一类小的错误，也许由代码编写不规范引起，也可能是程序员有意为之（如把一个未赋值的变量看作具有 null 值）。与警告型错误一样，当发生注意型错误时，不影响代码继续往下运行。

当出现错误时，默认情况下将由系统内置的错误处理程序处理错误。首先，内置的错误处理程序会根据有关设置报告错误，报告的内容包括错误的类型名、错误描述、错误代码所在的文件及位置。其次，就如上面所述，对 Notice 和 Warning 错误，脚本代码会继续往下运行，对 Fatal 错误，脚本代码被终止运行。

注意：在 PHP 各版本的发展过程中，对错误的分类是相对固定的，例如，运行时错误总是包括 E_ERROR、E_WARNING 和 E_NOTICE 等，但对某种错误到底属于哪种类型是不固定的。例如，很多在早期版本中属于警告型的错误，在新版本中被归入致命型错误；很多在早期版本中属于注意型的错误，在新版本中被归入警告型或致命型错误。甚至有些在早期版本中不会出现错误的代码，在新版本中会产生注意型、警告型或致命型错误。例如，在早期版本中，字符串参与算术运算不会有任何问题，但在新版本中，除非是数字字符串，否则会产生警告型或致命型错误。

4.4.2 错误报告机制

可以在 php.ini 文件中，通过设置 error_reporting、display_errors、log_errors 等配置项，确定系统内置的错误处理程序需要对哪些类型的错误进行报告及如何报告。

1. error_reporting

该配置项用以设置系统需要对哪些类型的错误进行报告。可以使用按位运算符（~、&、|和^）以及逻辑运算符（!）对各种类型的错误码值（如表 4-2 所示）进行运算来构建一个位掩码，并以此指定需要报告的错误。

例如，要求系统报告运行时的 E_ERROR、E_WARNING 和 E_NOTICE 等类型的错误，可以设置如下：

```
error_reporting=E_ERROR|E_WARNING|E_NOTICE
```

又如，要求系统报告除 E_DEPRECATED 和 E_STRICT 外的所有其他各种类型的错误，可以设置如下：

```
error_reporting=E_ALL&~E_DEPRECATED&~E_STRICT
```

默认情况下，系统会报告各种类型的错误，即该配置项的默认设置如下：

```
error_reporting=E_ALL
```

2. display_errors

该配置项用以设置是否（On/Off）显示需要报告的错误信息。在开发环境下，特别是学习过程中，应该将其设置为 On。设置如下：

```
display_errors=On
```

此时，需要报告的错误信息会被作为一般的输出，包含在 HTTP 响应体中，送往客户端浏览器呈现出来。

在生产环境下，即当软件上线投入实际运行时，应该将该配置项设置为 Off，让系统不把错误信息发送到客户端呈现。这样，既能够让用户在使用软件时不受各种注意型和警告型错误信息的干扰，又可以避免一些敏感信息(如资源的路径、数据库的账号)作为错误信息的一部分泄露给客户。

3. log_errors 和 error_log

配置项 log_errors 用以设置是否(On/Off)将需要报告的错误信息记录到服务器的错误日志或指定的文件中。在生产环境下,虽然不推荐显示错误信息,但对运行时错误情况进行监视和记录是非常必要的,应该将该配置项设置为 On。设置如下:

```
log_errors=On
```

为了让错误信息记录到指定的文件,可以通过配置项 error_log 来设置,例如:

```
error_log=D:/PHP8/php_errors.log
```

这样,php_errors.log 就成为一个错误日志文件,所有需要报告的错误信息就会自动记录到这个文件中。

4.5　实战: 使用 Heredoc 字符串

使用 Heredoc 字符串可以在 PHP 代码中无缝嵌入 HTML 代码,不易出错且容易阅读。另外,Heredoc 字符串中可以包含 PHP 变量,这又使它具有一定的动态性。

打开之前已经创建的 xk 项目,继续教务选课系统管理员子系统相关功能的实现。

4.5.1　输出 HTML 文档的前缀和后缀

创建两个函数分别输出 HTML 文档的前缀和后缀。有关函数的相关知识会在第 6 章中做详细介绍。

在 xk 项目的 ls_admin 文件夹下创建 pre_suf_fix.php 文件,并在其中定义以下两个函数:prefix 函数用于输出 HTML 文档的前缀,suffix 函数用于输出 HTML 文档的后缀。代码如下:

```
1. function prefix(): void {
2.     $title="测试";
3.     echo <<<_PREFIX
4.         <!DOCTYPE html>
5.         <html>
6.         <head>
7.             <title>$title</title>
8.             <meta charset="UTF-8">
9.             <link rel="stylesheet" href="/xk/css/xk.css" />
10.            <meta name="viewport" content="width=device-width, initial-scale=1.0">
11.        </head>
12.        <body>
13.    _PREFIX;
14. }
15. function suffix(): void {
16.     echo <<<_SUFFIX
17.     </body>
18.     </html>
19.     _SUFFIX;
20. }
```

提示:HTML 文档由头部和主体两部分组成。在此,把头部代码及 body 元素的开始标签称为前缀,把 body 元素的结束标签和 html 元素的结束标签称为后缀。

4.5.2 呈现页头和页脚

首先打开 xk 项目 css 文件夹里的外部样式表文件 xk.css,然后在其中添加、定义用于呈现页脚的一些规则。代码如下:

```
1. /* 管理员子系统页脚呈现规则 */
2. .hl {                                /* 应用于 div 元素,效果是呈现一条水平线 */
3.     width:90%;                       /* 宽度为容器宽度的 90% */
4.     height:0;                        /* 高度为 0 */
5.     margin:20px auto 0 auto; opacity:0.5;
6.     border-style:solid; border-color:#458994;
7.     border-width:1px 0 0             /* 只画一条边框线 */
8. }
9. .af {width:90%; margin:0 auto 0 auto; opacity:0.5}
10. .af img {float:right; width:33px; height:22px; margin:2px 5px 0 0}
11. .af span {
12.     float:left; font-family:宋体; font-size:13px; margin:10px 0 0 5px
13. }
```

然后在 ls_admin 文件夹下创建 head_foot.php 文件,并在其中定义以下两个函数:head 函数用于呈现管理员子系统页面的页头,foot 函数用于呈现管理员子系统页面的页脚。代码如下:

```
1. function head(): void {
2.     echo <<<_HEAD
3.     ...                              // 3.6.1 节,head.html 文件,第 10～16 行代码
4.     _HEAD;
5. }
6. function foot(): void {
7.     echo <<<_FOOT
8.         <div class='hl'></div>
9.         <div class='af'>
10.        <img src='/xk/image/logo.png'>
11.        <span>Copyright&copy; 2023 ******** 大学 管理工程学院</span>
12.        <div style='clear: both'></div>
13.        </div>
14.    _FOOT;
15. }
```

最后在 ls_admin 文件夹下创建 ce1.php 文件,用以调用测试上述 foot 函数。head 函数的呈现效果应该与 head.html 文件的相同。代码中用到的 include 语句将在 5.4 节做具体介绍。代码如下:

```
include 'pre_suf_fix.php';
include 'head_foot.php';
prefix();
foot();
suffix();
```

运行上述代码的呈现效果如图 4-2 所示。

提示:HTML 文档的主体部分内容会被呈现在浏览器窗口。本书把它划分为页头、页面主区和页脚 3 部分。

图 4-2　页脚示意图

4.5.3　动态登录表单

动态登录表单是指各表单控件元素的初值由相应变量来指定。另外,表单可以显示相应的错误信息,且各错误信息也由相应的变量来指定。

在 ls_admin 文件夹下创建名为 logonForm.php 的文件,并在其中定义用于呈现动态登录表单的同名(不含扩展名)函数。该函数的代码与 3.6.2 节创建的 logon.html 文件中的代码基本相同,只是嵌入相关变量,增加了动态性。代码如下:

```
1. function logonForm(): void {
2.     global $user, $userErr, $pw, $pwErr;
3.         echo <<<_LOGON
4.         <form class="logreg" method="POST">
5.         <div class="outer">
6.             <div class="title">管理员登录</div>
7.                 <div class="inter">
8.                 <p>
9.                     <label for="i1" class="label">用户名</label>
10.                     <input type="text" id="i1" name="user" maxlength="4"
11.                         style="width: 60px" value="$user" />
12.                     <span class="errMsg">$userErr</span>
13.                 <p>
14.                     <label for="i2" class="label">密 码</label>
15.                     <input type="password" id="i2" name="pw" maxlength="12"
16.                         style="width: 130px" value="$pw" />
17.                 <span class="errMsg">$pwErr</span>
18.                 <p style="text-align: center; padding-top: 10px">
19.                     <input type="submit" class="big" name="Q2" value="确 认"/>
20.                 </p>
21.             </div>
22.         </div>
23.         </form>
24.     _LOGON;
25. }
```

然后可以在 ls_admin 文件夹下创建 ce2.php 文件,用以调用和测试上述函数。代码如下:

```
include 'pre_suf_fix.php';
include 'logonForm.php';
prefix();
echo "<div style='width: 90%; margin: 20px auto; min-height: 400px'>";
$user="1011";
$userErr="";
$pw="333336";
```

```
$pwErr="密码不正确";
logonForm();
echo "</div>";
suffix();
```

习题 4

一、选择题

1. 下面不能作为 PHP 变量名的是（   ）。

    A. $ x12　　　　　　　B. $ _123　　　　　　　C. $ x-12　　　　　　　D. $ 数量

2. 假设 $ x="abc"，下面值为 abc 的字符串是（   ）。

    A. '$ x'　　　　　　　B. "$ x"　　　　　　　C. '"$ x"'　　　　　　　D. "'$ x'"

3. empty 语句可以检测一个值是否为空，下面不为空的值是（   ）。

    A. 0　　　　　　　　B. "0"　　　　　　　C. false　　　　　　　D. NAN

4. 下面表达式的计算涉及自动类型转换，其中会产生 Warning 错误的是（   ）。

    A. 1+"12"　　　　　B. 1+"12.8"　　　　C. 1+"12a"　　　　D. 1+true

5. 下面能实现按引用赋值的语句是（   ）。

    A. $ y= $ x;　　　　B. $ y=& $ x;　　　　C. & $ y= $ x;　　　　D. & $ y=& $ x;

二、程序题

写出下面 PHP 代码运行的输出结果。

（1）

```
$a=-016;
$b=0x16;
$c=$a+$b;
echo $c;
```

（2）

```
$x=456;
$s="abc\$\'123{$x}789";
echo $s;
```

（3）

```
$a=true;
$b=-$a;
$c=$b+"12.6";
echo $c;
```

（4）

```
$a=-1;
$b=(bool)$a;
$c=$b+(int)"12.6p";
echo $c;
```

（5）

```
$a="hello";
```

```
$b=&$a;
$b=100;
echo $a;
```

（6）

```
$a="hello";
$b=&$a;
unset($b);
$b="world";
echo $a;
```

（7）

```
function get_count(): void {
    $count=1;
}
$count=10;
get_count();
echo $count;
```

（8）

```
function get_count(): int {
static $count=1;
    return++$count;
}
$count=10;
get_count();
echo get_count();
```

（9）

```
$GLOBALS['var1']=5;
$var2=1;
function get_value(): int{
    global $var2;
    $var1=0;
    return $var2++;
}
get_value();
echo $var1, "-", $var2;
```

（10）

```
$str="cd";
$$str="杭州";
$$str.="西湖";
echo $cd;
```

第 5 章 运算符与流程控制

本章主题：

- 运算符。
- 运算符的优先级与结合性。
- 流程控制语句。
- 包含文件。

运算符是一种可以对一个或多个操作数进行运算并产生结果的符号。运算符体现了一种语言所具有的对数据的直接处理能力。一般情况下，一种运算符的操作数要有特定的数据类型，但很多情况下，PHP 会根据上下文自动将某种类型的数据转换成所需的类型。

程序的执行流程涉及程序的 3 种基本结构：顺序结构、选择结构和循环结构。从总体上看，程序代码是按顺序执行的，即按语句出现的先后次序依次执行语句，只有前面的语句执行完了才能执行后面的语句。选择结构是指在程序执行过程中，可以在两段代码中选择一段来执行，或者对一段代码是否执行进行选择。循环结构是指在程序执行过程中，可以对一段代码重复执行若干次。选择结构和循环结构都需要由一些特定的语句来实现。流程控制语句还包括跳转语句和包含文件语句。

本章首先介绍 PHP 的各种运算符及其使用，然后介绍控制流程的各种语句，包括实现选择结构的语句、实现循环结构的语句、跳转语句以及包含文件语句。

5.1 运算符

根据操作数的多少，运算符可分为单目运算符、双目运算符和三目运算符。只有一个操作数的运算符称为单目运算符，如果运算符出现在操作数之前，可称为前置运算符；如果运算符出现在操作数后面，可称为后置运算符。大多数运算符需要两个操作数且总是出现在两个操作数之间，称为双目运算符。需要 3 个操作数的运算符称为三目运算符，大多数编程语言支持三目条件运算符。

根据运算符的功能特点，PHP 运算符又可分为算术运算符、字符串运算符、比较运算符、逻辑运算符、位运算符、赋值运算符、三目条件运算符等。

5.1.1 算术运算符

算术运算符包括负号（−）、加（＋）、减（−）、乘（＊）、除（/）、求余（％）、指数运算（＊＊）、增 1（＋＋）和减 1（−−）等，如表 5-1 所示。

表 5-1 算术运算符

运 算 符	含 义	例 子
−	负号（单目）	− $x
＋	加法（双目）	$x＋$y
−	减法（双目）	$x−$y
＊	乘法（双目）	$x＊$y

续表

运 算 符	含 义	例 子
/	除法(双目)	$x/$y
%	求余(双目)	$x%$y
**	指数运算(双目)	$x**$y
++	增 1(单目)	++$x,$x++
——	减 1(单目)	——$x,$x——

除法运算一般返回浮点数。如果两个操作数都是整数(或字符串转换成的整数),并且正好能整除,此时它返回一个整数。

求余运算符(%)适合两个整数的求余运算,运算结果的符号(正负号)与被除数的符号相同。可以使用 fmod 函数进行两个浮点数的求余运算。

在做算术运算时,如果出现非数值型操作数,则 PHP 会尝试将其转换成数值型数据,然后再进行算术运算。如果转换不了,通常会抛出一个 Fatal 错误(TypeError)。

在 PHP 中,算术运算存在以下规则。

(1) 进行算术除法运算(包括求余运算%)时,除数不能为零,否则会抛出一个 Fatal 错误(DivisionByZeroError)。

(2) 在进行整数算术运算时,如果运算结果超出整型数的取值范围(溢出),那么运算结果自动转换成浮点型。

(3) 在进行浮点数算术运算时,如果运算结果超出范围(上溢),则结果为无限值(正无穷或负无穷)。预定义常量 INF 表示正无穷。利用 is_infinite 函数可以测试一个值是否为无限值。

(4) 浮点数运算的结果也可能是 NaN(Not a Number),例如,两个无穷大相除、一个正无穷减去一个正无穷、0 乘以无穷大等。NAN 是一个表示该值的预定义常量。利用 is_nan 函数可以测试一个值是否为 NaN。

【例 5-1】 算术运算符。代码如下:

```
1. //除法运算
2. var_dump(12/4);
3. var_dump(12/5);
4. //求余运算
5. $a=12;
6. $b=5;
7. echo $a%$b,' ', $a%-$b, ' ', -$a%$b, ' ', -$a%-$b, '<br/>';
8. //指数运算
9. $r=3;
10. echo M_PI*$r**2, "<br />";
11. //增、减 1 运算
12. $x=10;
13. echo $x++, ' ', $x, '<br/>';
14. $x=10;
15. echo ++$x, ' ', $x, '<br/>';
```

下面是代码运行的输出结果:

```
int(3) float(2.4) 2 2 -2 -2
```

```
28.274333882308
10 11
11 11
```

第 10 行代码用到了 PHP 的一个预定义常量 M_PI,表示圆周率的近似值。

5.1.2　字符串运算符

字符串运算符是指字符串连接运算符(.),用于将两个字符串连接成一个新的字符串返回。在做字符串连接运算时,如果出现非字符串操作数,那么 PHP 会尝试将其转换成字符串,然后再进行连接运算。

【例 5-2】　字符串运算符。代码如下:

```
1. $a="abc";
2. $b="xyz";
3. echo $a." 123 ".$b."<br />";
4.
5. $c=123;
6. $d=45.6;
7. echo "$c+$d=".$c+$d."<br />";
8. echo $c.$d."<br />";
```

下面是代码运行的输出结果:

```
abc 123 xyz
123+45.6=168.6
12345.6
```

该例中,第 7 行代码涉及字符串连接和算术加的混合运算。自 PHP 8 开始,算术运算符的优先级要高于字符串连接运算符。

5.1.3　比较运算符

比较运算符用于比较两个数据的大小,包括>、>=、<、<=、==、!=、<=>、===、!==等,如表 5-2 所示。

表 5-2　比较运算符

运 算 符	名 称	例 子
>	大于	$x>$y
>=	大于或等于	$x>=$y
<	小于	$x<$y
<=	小于或等于	$x<=$y
==	相等	$x==$y
!=或<>	不相等	$x!=$y, $x<>$y
<=>	太空船运算符	$x<=>$y
===	全等(类型和值均相同)	$x===$y
!==	不全等	$x!==$y

其中，太空船运算符"$x<=>$y"是一种组合比较符，当$x 小于、等于、大于$y 时，分别返回一个小于、等于、大于 0 的 int 值。除太空船运算符外，其他比较运算符的运算结果都是布尔型的。

使用全等比较符（＝＝＝）或不全等比较符（!＝＝）比较两个数据时不涉及数据类型的转换，因为此时两个操作数的类型和值都要进行比较。仅当两个操作数的类型和值均相同时，全等比较（＝＝＝）才成立。只要两个操作数的类型不同，或者它们的值不相等，不全等比较（!＝＝）就成立。

当使用其他运算符比较两个数据时，如果两个操作数的类型不同，就会进行自动类型转换，使两个操作数具有相同类型，然后再进行比较。对两个标量类型数据（包括 null）进行比较运算时，有关数据类型转换的规则如下。

（1）如果一个操作数是 null，另一个操作数是字符串，则先将 null 转换成空串，然后再进行比较；否则，进行下一步。

（2）如果一个操作数是 null，另一个操作数为非字符串，则两个操作数先都转换成布尔型，然后再进行比较。这里，false<true；否则，进行下一步。

（3）如果一个操作数是布尔型，则将另一个操作数也转换成布尔型，然后再进行比较；否则，进行下一步。

（4）如果两个操作数都是数值型（包括数字字符串），就按数值比较大小；否则，进行下一步。

（5）按字符串比较两个操作数的大小。如果其中一个操作数为数值，则先将其转换成字符串。

【例 5-3】　比较运算符的使用。代码如下：

```
1. var_dump(null<"0");           // true(null 转换成空串)
2. var_dump(null<0);            // false(null 和 0 都转换成 false)
3. var_dump(false<-1);          // true(-1 转换成 true)
4. var_dump(false<=>-1);        // -1
5. var_dump("10"=="0o10");      // false(按数值比较)
6. var_dump("10"<=>"0o10");     // 1
7. var_dump("10"=="1e1");       // true(按数值比较)
8. var_dump("10"=="10a");       // false(按字符串比较)
9. var_dump("10"<=>"10a");      // -1
10. var_dump("10"==="1e1");     // false(类型相同,值不同)
```

5.1.4　逻辑运算符

逻辑运算符包括!、&&、||、xor、and 和 or。逻辑运算符的操作数应该是布尔型的，否则会自动进行类型转换。逻辑运算的结果是布尔型的。逻辑运算符及其含义如表 5-3 所示。

表 5-3　逻辑运算符

!	逻辑非	!$x
&&	逻辑与	$x && $y
||	逻辑或	$x || $y
xor	逻辑异或	$x xor $y
and	逻辑与	$x and $y
or	逻辑或	$x or $y

逻辑非（!）是单目运算符，其运算结果与操作数的值正好相反。操作数为 true，结果为 false；操作

数为 false,结果为 true。

逻辑与运算符(&&、and)具有"并且"的含义,只有当两个操作数的值均为 true 时,运算结果才为 true;否则,运算结果为 false。

逻辑或运算符(||、or)具有"或者"的含义,两个操作数中,只要有一个为 true,则运算结果就为 true;否则,运算结果为 false。

逻辑异或运算符(xor)具有"唯一"和"或者"两重含义,两个操作数中,当有一个为 true,而另一个不为 true 时,运算结果为 true;否则,运算结果为 false。

逻辑运算符 && 和 and 都是快速逻辑与,逻辑运算符||和 or 都是快速逻辑或。即如果左操作数已经能决定运算结果,则右操作数将不再计算。它们之间的区别只是优先级不同,&& 的优先级高于 and,||的优先级高于 or。

在 PHP 中,逻辑运算符 and、or 和 xor 的优先级比赋值运算符的还要低。

【例 5-4】 逻辑运算符。代码如下:

```
1. $a=10;
2. $b=8;
3. $c=$a>=10||++$b>8;
4. var_dump($c);              // true
5. var_dump($b);              // 8
6.
7. $d=$a>=10&&++$b>9;
8. var_dump($d);              // false
9. var_dump($b);              // 9
10.
11. $e=($a>=10 and $b>9);
12. $f=$a>=10 and $b>9;
13. var_dump($e);             // false
14. var_dump($f);             // true
```

该例中,第 3 行代码的逻辑或(||)运算符的左操作数($a>=10)的值是逻辑真 true,所以右操作数将不再计算,变量 $b 的值仍为 8。

第 7 行代码中,逻辑与(&&)运算符的左右操作数依次计算,左操作数为逻辑真 true,右操作数为逻辑假 false,逻辑与的运算结果为 false。在计算右操作数时,变量 $b 的值变为 9。

在第 12 行代码中,赋值运算符(=)的优先级高于逻辑与运算符(and),所以先做赋值(=)运算,结果变量 $f 为逻辑真 true,然后再做逻辑与(and)运算,但运算结果没有保存,被丢弃了。

5.1.5 位运算符

位运算符包括~、&、|、^、<<、>>,如表 5-4 所示。位运算符的操作数应该是整型,否则会自动进行类型转换。位运算符将一个整型值当作一系列的二进制位来处理。位运算的结果是整型。

表 5-4 位运算符

运　算　符	含　　义	例　　子
~	按位取反(单目)	~$x
&	按位与	$x & $y
		按位或	$x	$y
^	按位异或	$x ^ $y

运 算 符	含 义	例 子
<<	左位移	$x << $y
>>	右位移	$x >> $y

前面 4 个运算符($\sim$、&、|、^）也称为位逻辑运算符。原则上，位逻辑运算与前面介绍的逻辑运算的运算规则是相同的，只是逻辑运算符的运算对象是布尔型数据（true 或 false），而位逻辑运算符的运算对象是操作数（整数）内部的二进制位数据（0 或 1）。

注意：如果左右操作数都是字符串，则位逻辑运算符将对字符的 ASCII 值进行操作。

后面两个运算符（<<、>>）也称为位移运算符。向任何方向移出去的位都被丢弃。左移时右侧以零填充，符号位被移走意味着正负号不被保留。右移时左侧以符号位填充，意味着正负号被保留。

【例 5-5】 位运算符的使用。代码如下：

```
1. $a=-10;
2. $b=10;
3. echo ~$a, " ", $a&$b, " ", $a|$b, " ", $a^$b, "<br />";
4.
5. $x=-2;
6. $y=2;
7. echo $x<<$y, " ", $x>>$y;
```

下面是代码运行的输出结果：

```
9 2 -2 -4
-8 -1
```

该例中，第 3 行代码涉及 4 个位逻辑运算，第 7 行代码涉及两个位移运算。为使运算过程更加清晰，下面给出了各操作数及运算结果的内部二进制表示：

```
$a:-10        11111111111111111111111111110110
$b:10         00000000000000000000000000001010
~$a:9         00000000000000000000000000001001
$a&$b:2       00000000000000000000000000000010
$a|$b:-2      11111111111111111111111111111110
$a^$b:-4      11111111111111111111111111111100
$x:-2         11111111111111111111111111111110
$y:2          00000000000000000000000000000010
$x<<$y:-8     11111111111111111111111111111000
$x>>$y:-1     11111111111111111111111111111111
```

其中，假定整数采用 32 位的二进制补码表示。

5.1.6 赋值运算符

赋值运算符包括简单赋值运算符和组合赋值运算符。

1. 简单赋值运算符

简单赋值运算符（=）的语法格式如下：

<变量>=<表达式>

其功能是计算赋值运算符右端表达式的值，并将其赋给运算符左端变量。该值同时作为整个赋值

运算表达式的运算结果。

2. 组合赋值运算符

组合赋值运算符(<op>=)将计算和赋值两种功能组合在一起,其语法格式如下:

<变量><op>=<表达式>

其功能是将变量的值与表达式的值按指定的运算符 op 进行计算,然后再把计算的结果重新赋给变量。这里 op 包括双目算术运算符、字符串运算符、双目位运算符。

【例 5-6】 赋值运算符。代码如下:

```
1. $a=($b=4) +5;
2. echo $a, " ", $b, "<br />";
3.
4. $x=3;
5. $x+=5;
6. $y="Hello ";
7. $y.="There!";
8. echo $x, " ", $y;
```

下面是代码运行的输出结果:

```
9 4
8 Hello There!
```

5.1.7 其他运算符

这里介绍三目条件运算符(?:)、Null 联合运算符(??)和类型运算符 instanceof 等。

1. 三目条件运算符

三目条件运算符?:的操作数有三个,其语法格式如下:

<op1>?<op2>:<op3>

其中,op1 应该是布尔型,否则会自动进行类型转换。如果 op1 为 true,则 op2 作为表达式的结果;如果 op1 为 false,则 op3 作为表达式的结果。在此,op2 和 op3 只选择其一进行计算。

【例 5-7】 三目条件运算符。代码如下:

```
1. $a=1;
2. $b="apple";
3. $c=true ? $b : ++$a;
4. echo $c," ", $a, "<br />";
5. echo (true ? 'true' : false) ? 't' : 'f';
```

下面是代码运行的输出结果:

```
apple 1
t
```

该例中,第 3 行代码的三目条件运算表达式中,第 1 个操作数的值为 true,所以只计算第 2 个操作数 $b 的值作为表达式的值,第 3 个操作数++$a 并没有计算,所以变量 $s 的值并没有变化。

第 5 行代码涉及三目条件运算符的嵌套。自 PHP 8 开始,三目条件运算符不具有结合性,所以需要用圆括号明确其计算次序,否则会产生 Fatal 错误。

2. Null 联合运算符

Null 联合运算符"??"实际上是特定情况下三目条件运算符的简化版,其语法格式如下:

```
<expr1> ?? <expr2>
```

如果 expr1 的值不为 null(或者说已经设置),那么运算结果为 expr1;否者,运算结果为 expr2。在检测 expr1 值时,不会产生任何 Notice 或 Warning 错误。其在功能上与下面三目条件运算表达式一致:

```
isset(<expr1>) ? <expr1> : <expr2>
```

3. 错误控制运算符

错误控制运算符@可以放置在一个表达式之前,这样该表达式产生的任何 Notice 错误或 Warning 错误将被抑制,即这些错误不会被报告。

4. 类型运算符

类型运算符 instanceof 用于检测一个对象是否为某个特定类或其子类的实例,其语法格式如下:

```
<op1> instanceof <op2>
```

其中,op1 应该是一个对象,op2 表示某个类类型或接口类型。如果对象 op1 是类 op2 或其子类的实例,或者是实现接口 op2 的某个类的实例,则表达式返回 true,否则返回 false。

【例 5-8】 类型运算符。代码如下:

```
1. class SuperClass {}
2. class SubClass extends SuperClass {}
3. class OtherClass {}
4.
5. $o=new SubClass();
6.
7. var_dump($o instanceof SubClass);
8. var_dump($o instanceof SuperClass);
9. var_dump($o instanceof OtherClass);
```

下面是代码运行的结果:

```
bool(true) bool(true) bool(false)
```

该例中,SuperClass 是 SubClass 的超类,而 OtherClass 不是 SubClass 的超类。SubClass 类的实例可以被看作 SuperClass 类的对象,但不能被看作 OtherClass 类的对象。

5.2 表达式

表达式是由运算符和操作数按一定的语法规则连接起来的式子。前面已经对运算符做了较为全面的介绍,包括算术运算符、关系运算符、逻辑运算符、位运算符、三目条件运算符以及赋值运算符等。操作数包括文字、常量、变量、函数调用、数组元素访问等。

在此,各种操作数本身也是表达式。所以表达式的这个定义是递归的,即在表达式的定义中又用到了表达式自身。

当一个表达式包含多个运算时,弄清楚它们的计算次序是非常重要的,这决定着表达式的计算结果。例如,表达式 x+5-(x=10)+x*2,是先计算 x+5 还是先计算 x*2? 其中的 x 是取原先的值还是取 10？

运算符的优先级和结合性影响着表达式的计算次序。当一个操作数同时为前后两个运算符的操作数时，如果前面运算符的优先级高于后面运算符的优先级，则该操作数作为前面运算符的操作数先进行运算，运算结果作为后面运算符的操作数；如果后面运算符的优先级高于前面运算符的优先级，则该操作数作为后面运算符的操作数先进行运算，运算结果作为前面运算符的操作数；如果前后两个运算符的优先级相同，则要看运算符的结合性。如果是左结合（从左到右），则该操作数作为前面运算符的操作数先进行运算，运算结果作为后面运算符的操作数；如果是右结合（从右到左），则该操作数作为后面运算符的操作数先进行运算，运算结果作为前面运算符的操作数。例如：

```
x+y * z        //相当于 x + (y  * z)，* 优先级高于+
x=y-z          //相当于 x = (y - z)，- 优先级高于=
x+y-z          //相当于 (x + y) - z,同级左结合
x = y =13      //相当于 x = (y =13),同级右结合
```

表 5-5 列出了 PHP 运算符的优先级和结合性。其中，各运算符按优先级降序排列，优先级为 1 的运算符优先级最高，同一行中的运算符的优先级相同。

表 5-5 运算符的优先级和结合性

优先级	运 算 符	结 合 性
1	new	—
2	[]	左
3	**	右
4	++、--、-、~、(int)、(float)、(string)、(array)、(object)、(bool)、@	—
5	instanceof	左
6	!	—
7	*、/、%	左
8	+、-	左
9	<<、>>	左
10	.	左
11	<、<=、>、>=	—
12	==、!=(<>)、<=>、===、!==	—
13	&	左
14	^	左
15	|	左
16	&&	左
17	||	左
18	??	右
19	? :	—
20	=、+=、-=、*=、/=、%=、.=、&=、|=、^=、<<=、>>=	右

续表

优先级	运 算 符	结 合 性
21	and	左
22	xor	左
23	or	左
24	,	左

从表中可以发现,有些运算符没有规定结合性,如比较运算符等。当出现前后两个运算符具有相同的优先级但没有规定结合性时,将无法确定它们计算的先后次序,所以这种情况是非法的。例如,表达式 $1 < \$x <= 10$ 是非法的,因为运算符 $<$ 和 $<=$ 的优先级相同但没有规定结合性。而表达式 $1 <= \$x == 1$ 是合法的,虽然运算符 $<=$ 和 $==$ 都没有规定结合性,但它们的优先级不同。

总之,表达式的计算按从左到右并尊重运算符的优先级和结合性的原则进行。表达式在从左到右的计算过程中,当前运算符的操作数首先被计算(左操作数先于右操作数被计算),然后再判断当前运算是马上执行还是暂缓执行;如果当前运算符的优先级高于后面运算符的优先级,或者前后两个运算符优先级相同但为左结合,则当前运算就可以马上执行,运算结果将作为新的操作数参与表达式接下来的计算过程;如果当前运算符的优先级低于后面运算符的优先级,或者前后两个运算符优先级相同但为右结合,则暂缓执行当前运算,转而考虑下一个运算。

另外,有些操作数本身就是一个由"()"括起来的子表达式,对这些操作数的计算同样需要遵循上述原则和过程。下面通过例子说明表达式的计算过程。

假设变量 $\$x$ 已经由下面的语句定义:

```
$x =15;
```

表达式 $\$x+5-(\$x=10)+\$x*2$ 的计算过程如下。

步骤1:做加法运算,表达式变为"$20 -(\$x=10)+\$x*2$"。

步骤2:计算子表达式,表达式变为"$20-10+\$x*2$",其中,变量 $\$x$ 的值变为10。

步骤3:做减法运算,表达式变为"$10+\$x*2$"。

步骤4:做乘法运算,表达式变为"$10+20$"。

步骤5:做加法运算,得到表达式的计算结果为整数30。

这里,步骤1做加法运算时,变量 $\$x$ 取原先的值15。步骤2计算子表达式,其计算过程与一般表达式的计算过程相同。该子表达式的计算除了返回结果值10之外,还将变量 $\$x$ 置为10,所以后面再访问变量 $\$x$ 时将使用该新值。

5.3　流程控制

本节介绍控制程序执行流程的相关语句,包括支持选择结构的语句、支持循环结构的语句以及若干跳转语句。

5.3.1　语句与语句块

PHP脚本是语句的集合。一条PHP语句可以是赋值语句、表达式语句、条件语句、循环语句、函数调用等,甚至可以是空语句。一条语句以";"结尾,它是PHP语句的终止符号。

　　空语句就是仅包含一个";"、不执行任何操作的语句,用于程序中某处语法上要求应该有一条语句但实际不需要做任何数据处理的情况。例如:

```
for ($i=1; $i<=10000; $i++) ;
```

该循环语句的循环体只包含一条空语句。虽然循环体被循环执行了 1 万次,但并不做任何数据处理。

　　为便于阅读,通常一条语句写一行。但从语法上说,一行也可以包含多条语句,一条语句可以跨越多行。下面代码段 1 中,一行包含两条赋值语句,代码段 2 中,一条输出语句跨越两行,这些都是允许的。

　　代码段 1:

```
$x=0; $y=2;
```

　　代码段 2:

```
echo $x, "hello ",
    $y, "world!";
```

　　由"{}"括起来的一组语句称为块语句。块语句内的各语句都须以";"结尾。块语句本身也是一条语句,但一般不需要以";"结尾。需要注意的是,在 PHP 中,块语句并不是一个新的变量作用域范围。例如下面的代码:

```
$x=0;
{
    $x++;
    $y=$x+10;
}
echo $x,$y;
```

其中,变量 $x 是在块语句前建立的,在之后的代码（包括块语句）中都是有效的。变量 $y 是在块语句中建立的,但在离开块语句后,仍然是可用的。

5.3.2　选择结构

　　在 PHP 中,支持选择结构的语句包括 if、if…else、if…elseif…else 和 switch 语句。

1. if 语句

if 语句的语法格式如下:

```
if (<expr>) <statement>
```

其中,表达式 expr 应该布尔型的,否则会自动转换成布尔型。statement 既可以是简单语句,也可以是块语句。若 expr 的值为 true,则执行 statement 语句;若 expr 的值为 false,则跳过 statement 语句,直接执行该 if 语句后面的语句。图 5-1 是该语句执行流程的图示说明。

2. if…else 语句

if…else 语句的语法格式如下:

```
if (<expr>) <statement1> else <statement2>
```

其中,表达式 expr 应该是布尔型的,否则会自动转换成布尔型。statement1 和 statement2 既可以是简单语句,也可以是块语句。语句根据 expr 的值从 statement1 和 statement2 中选择一条执行。若 expr 的值为 true,则执行 statement1;若 expr 的值为 false,则执行 statement2。然后转入下一条语句执行。图 5-2 是该语句执行流程的图示说明。

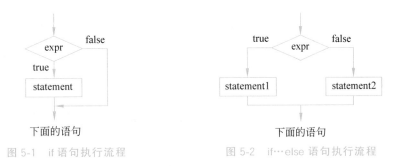

图 5-1　if 语句执行流程　　　　图 5-2　if…else 语句执行流程

【例 5-9】　使用 if…else 语句。编写函数 f_square,其功能是接收两个整型值 $x 和 $y,然后返回较大值的平方。代码如下:

```
1. function f_max(int $x, int $y): int {
2.     if ($x>$y) {
3.         $max=$x;
4.     } else {
5.         $max=$y;
6.     }
7.     return $max*$max;
8. }
9. echo f_max(3, 8);
```

本章有些例子会使用函数,但目的还是介绍相关语句的使用。有关函数的详细内容将在第 6 章中介绍。

3. if…elseif…else 语句

if…elseif…else 语句的语法格式如下:

```
if (<expr_1>) <statement_1>
elseif (<expr_2>) <statement_2>
    …
elseif (<expr_n>) <statement_n>
else <statement_n+1>
```

本质上,该语句就是 if…else 语句的嵌套,即在 if 表达式值为 false 时再执行嵌套的 if…else 语句。该语句用于实现多分支选择结构。图 5-3 是该语句执行流程的图示说明。

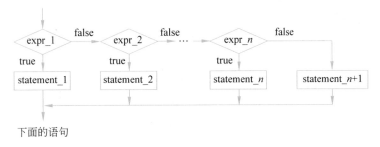

图 5-3　if…elseif…else 语句执行流程

语句执行时,如果 expr_1 的值为 true,执行 statement_1,然后执行该 if 语句的下一条语句。表达式 expr_*i* 只在前面所有的条件表达式(expr_1、expr_2、…)的值均为 false 时才计算,如果 expr_*i* 的值为 true,语句 statement_*i* 被执行,然后执行该 if 语句的下一条语句。else ＜statement_*n*＋1＞是可选的,语句 statement_*n*＋1 只在前面所有的条件表达式的值都为 false 时才被执行,然后执行下一条语句。

4. switch 语句

一般情况下,多分支选择结构既可以用 if…else 语句的嵌套或 if…elseif…else 语句来实现,也可以用 switch 语句来实现。switch 语句的语法格式如下:

```
switch(<expr>) {
    case <expr_1>: [<statements_1>][break;]
    case <expr_2>: [<statements_2>][break;]
    …
    case <expr_n>: [<statements_n>][break;]
    [default: <statements_n+1>[break;]]
}
```

switch 语句中的表达式只能是标量类型的表达式。语句执行时,首先计算 switch 后面的表达式(expr)的值,然后将其与各 case 后面的表达式(expr_1、expr_2、…)的值依次进行相等比较(采用"＝＝"而不是"＝＝＝")。

(1) 若发现某个 case 后面的表达式值与表达式 expr 的值相等,就转入该 case 标号后面的第一条语句继续往下执行。当执行到 break 语句时,跳出 switch 语句,接着执行 switch 语句后面的语句。

(2) 如果没有一个 case 后面的表达式值与表达式 expr 的值相等,就转入 default 标号后面的第一条语句继续往下执行。当执行到 break 语句时,跳出 switch 语句,接着执行 switch 语句后面的语句。

(3) 如果没有一个 case 后面的表达式值与表达式 expr 的值相等,且不存在 default 部分,则程序跳出 switch 语句,直接执行 switch 语句后面的语句。

【例 5-10】 使用 switch 语句。该示例代码的功能是根据月份值($ month)输出季度名称。代码如下:

```
1. $month=9;
2. switch($month) {
3.     case 1:
4.     case 2:
5.     case 3: $s="first quarter"; break;
6.     case 4:
7.     case 5:
8.     case 6: $s="second quarter"; break;
9.     case 7:
10.    case 8:
11.    case 9: $s="third quarter"; break;
12.    case 10:
13.    case 11:
14.    case 12: $s="forth quarter"; break;
15.    default: $s="error data";
16. }
17. echo $s;
```

5.3.3 循环结构

在 PHP 中,实现循环结构的语句包括 while、do…while、for 和 foreach 语句。

1. while 语句

while 循环语句的语法格式如下：

```
while(<expr>) <statement>
```

其中，表达式 expr 应该是布尔型的，否则会自动转换成布尔型。当语句执行时，首先计算 expr 的值，如果 expr 的值为 true，则执行其内部嵌套的 statement。执行完 statement 后，程序再次计算并判断 expr 的值是否为 true。这个过程循环进行，直到 expr 的值为 false 时，跳出该 while 语句，执行后面的语句。while 语句的执行流程如图 5-4 所示。

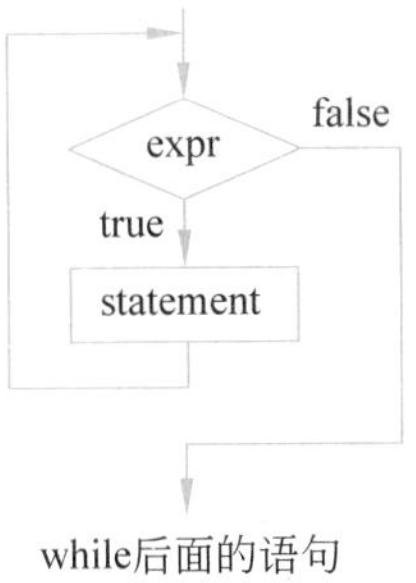

就如 while 语句，所有循环语句的内部都嵌套着一个语句，该嵌套语句通常被称作循环体。循环体可以是单条语句，也可以是块语句。从总体上看，循环语句的作用就是控制循环体被重复执行一定的次数。

while 语句也被称为"当型"循环语句，其特点是：循环体可能被执行多次，也可能一次也不执行。

图 5-4　while 语句执行流程

2. do…while 语句

do…while 循环语句的语法格式如下：

```
do <statement> while (<expr>);
```

由于被嵌套的 statement 并不出现在 do 语句的末尾，所以格式特别强调 do 语句本身的末尾应该有一个";"。

语句中表达式 expr 应该是布尔型的，否则会自动转换成布尔型。当语句执行时，首先执行作为循环体的 statement，然后计算 expr 的值。如果 expr 的值为 true，则再次执行 statement。这个过程循环进行，直到 expr 的值为 false 时，跳出该 do…while 语句。do…while 语句的执行流程如图 5-5 所示。

图 5-5　do…while 语句执行流程

do…while 语句也被称为"直到型"循环语句，其特点是作为循环体的 statement 至少执行一次。

【例 5-11】　使用 while 语句。函数 f_factorial 的功能是计算 n 的阶乘，即 n！。代码如下：

```
1. function f_factorial(int $n): int|null {
2.     if ($n<0) return null;
3.     if ($n==0||$n==1) return 1;
4.     $p=1; $i=2;
5.     while ($i<=$n) {
6.         $p*=$i;
7.         $i++;
8.     }
9.     return $p;
10. }
11. echo f_factorial(5);
```

其中，函数的参数 $n 被声明为 int 型的；函数的返回值被声明为可以是 int 型的，也可以是 null 值。

3. for 语句

for 循环语句的语法格式如下：

```
for ([<expr1>]; [<expr2>]; [<expr3>]) <statement>
```

当语句执行时，首先计算表达式 expr1，然后计算表达式 expr2。如果 expr2 的值为 true，则执行循环体 statement，然后计算表达式 expr3，最后再次计算并判断 expr2 的值是否为 true。这个过程重复进行，直到 expr2 的值为 false 时，跳出该 for 循环语句。

其中，expr1、expr2 和 expr3 都可以是空的，此时 expr2 的值默认为 true。expr1、expr2 和 expr3 也可以包含多个表达式，此时各表达式之间用"，"分隔。

如果 expr2 包含多个表达式，则每次执行循环体 statement 前，每个表达式都会被计算，但以其中最后一个表达式的值作为是否执行循环体 statement 的依据。

【例 5-12】 使用 for 语句。函数 f_sum 的功能是计算 $1!+2!+\cdots+n!$。代码如下：

```php
1. function f_sum(int $n): int {
2.     $s=0;
3.     for ($i=1,$p=1; $i<=$n; $i++) {
4.         $p=$p * $i;
5.         $s=$s+$p;
6.     }
7.     return $s;
8. }
9. echo f_sum(5);
```

4. foreach 语句

foreach 语句提供了一种遍历数组（或对象）的便捷手段，它包含以下两种格式。

格式 1：

```
foreach (<array_expression> as <$value>) <statement>
```

格式 2：

```
foreach (<array_expression> as <$key>=><$value>) <statement>
```

语句执行时，指定数组的各元素会依次赋给指定的变量，并执行循环体 statement。循环体可以对数组当前元素做所需要的处理。

在格式 1 中，每次只是把当前元素的值赋给变量 $value，而在格式 2 中，每次会把当前元素的键和值分别赋给变量 $key 和变量 $value。

如果不只是要读得数组元素的值，而是要修改数组元素的值，可以在接收元素值的变量 $value 前加上 &。这样，将按引用赋值，而不是值赋值，循环体中对变量 $value 值的修改就是对数组当前元素值的修改。

【例 5-13】 使用 foreach 语句。代码如下：

```php
1. $a=array(1, 2, 3, 4, 5);
2. $s=0;
3. foreach ($a as $v) {          //数组元素采用值赋值,实现累加
4.     $s +=$v;
5. }
6. echo $s, "<br />";
7. 
8. foreach ($a as &$v) {         //数组元素采用引用赋值,改变元素值
9.     $v *=$v;
10. }
11. print_r($a);
```

下面是代码运行的输出结果：

```
15
Array ( [0]=>1 [1]=>4 [2]=>9 [3]=>16 [4]=>25 )
```

该例代码用到了 print_r 函数，该函数会以易于理解的格式输出表达式的值。如果表达式是 string、integer 或 float，那么直接输出值本身。如果表达式是 array，那么显示数组各元素的键和值。如果表达式是 object，那么显示对象所有属性的名称和值。

5.3.4　跳转语句

跳转语句包括 return 语句、exit 语句、break 语句和 continue 语句。

1. return 语句

该语句的语法格式如下：

```
return [<expr>];
```

return 经常出现在函数内。一个函数中可以包含多个 return 语句，程序一旦执行到 return 语句就会结束函数的执行，返回到函数的调用处。如果一个函数需要返回值，那么该函数内的 return 语句就应该带表达式 expr。这样，当执行到 return 语句返回时，表达式 expr 被计算，其值作为函数值返回给调用者。

一般情况下，出现在函数体末尾不带表达式的 return 语句可以被省略。

return 语句也可以出现在脚本文件中。如果 return 语句出现在被包含文件中，那么执行 return 语句将结束被包含文件的执行，返回包含文件继续执行。如果 return 语句出现在主脚本文件中，那么执行 return 语句就会结束整个脚本的执行。

2. exit 语句

exit 语句的语法格式有两种。

格式1：

```
void exit;
```

格式2：

```
void exit([string <$status>]);
```

exit 用于终止脚本的执行。如果包含参数字符串 $status，那么退出脚本执行之前会输出该字符串。与 return 不同，exit 即使出现在函数或被包含文件中，它也是终止脚本执行并退出，而不会返回到函数调用处或包含文件继续执行。

3. break 语句

该语句的语法格式如下：

```
break [<n>];
```

break 语句应该出现在循环语句（for、foreach、while、do…while）或开关语句（switch）内，其功能是结束包含它的某个循环语句或开关语句的执行。

可选项 n 应该取正整数（如 1、2、3 等），用于指明跳出包含该 break 语句的第几层循环语句或开关语句。如果省略该选项，n 的值为 1，此时 break 语句跳出包含它的最内层循环语句或开关语句。

【例 5-14】 使用 break 语句。代码如下：

```
1. $s=0;
2. $i=0;
3. while (++$i<5) {
4.      $j =0;
5.      while (++$j<=$i) {
6.          if ($j * $j> $i+3) break;
7.          $s=$s +$j;
8.      }
9.      $s=$s +$i;
10. }
11. echo '$s=' . $s;
```

下面是代码运行的输出结果：

```
$s =20
```

程序运行过程中，当条件 $j*$j> $i+3$ 成立时，程序将跳出内层循环语句。这样，当前的 $j 值不会被累加到 $s 上，后面的 $j 也不会被考虑。

4. continue 语句

continue 语句的语法格式如下：

```
continue [<n>];
```

通常情况下，continue 语句出现在循环语句（for、foreach、while、do…while）中，其功能是结束循环体的本次执行，准备进入循环体的下次执行。

在 PHP 中，continue 语句也出现在开关语句（switch）中，此时它的功能与 break 语句一样，用以结束开关语句的执行。

可选项 n 应该取正整数（如 1、2、3 等），用于指明该语句作用的是包含它的第几层循环语句或开关语句。例如，n 的值取 3，而包含 continue 的语句从内到外依次有 switch 语句、for 语句和 switch 语句，那么该 continue 语句作用的对象是外层的 switch 语句，所以会结束外层的 switch 语句的执行。当省略该选项时，n 的值取 1。

5.4 包含文件

利用包含文件语句可以将另外一个文件包含到当前文件中。包含文件语句可以出现在一般的脚本中，也可以出现在函数或方法内。被包含文件可以是 PHP 文件，也可以是 HTML 文件。

5.4.1 包含文件语句

包含文件语句包括 include、require、include_once 和 require_once 语句。

1. include 语句

include 语句的语法格式有两种。
格式 1：

```
include <filespec>;
```

格式 2：

```
include(<filespec>);
```

include 语句的功能是包含并处理由 filespec 指定的文件。被包含文件代码的变量作用域继承该语句所在处的变量作用域,即此处可用的变量在被包含文件中也可以使用;反之,被包含文件中定义的函数、变量等在包含文件的后续代码中也可以使用。

与有些语言结构(如 isset、print)等类似,包含文件语句也有返回值。在默认情况下,如果包含文件操作成功执行,那么 include 语句返回整数 1。在被包含文件通过 return 语句返回的情况下,如果 return 语句不带表达式,那么 include 语句返回 null 值;如果 return 语句带表达式,那么 include 语句返回该表达式的值。

如果指定的被包含文件不存在,那么首先会因为文件无法打开而产生一个 Warning 错误,然后会因为该语句无法完成其功能而产生另一个 Warning 错误。此时,语句返回布尔值 false,代码会继续往下运行。

2. require 语句

require 语句的语法格式有两种。

格式 1:

```
require <filespec>;
```

格式 2:

```
require (<filespec>);
```

与 include 语句相同,require 语句也用于包含并处理由 filespec 指定的文件。两者的不同是,若指定的文件不存在,require 语句也会因为文件无法打开而产生一个 Warning 错误,但最终会因为该语句无法完成其功能而抛出一个 Fatal 错误(Error),代码不再继续往下执行。

3. include_once 语句

可以多次使用 include 或 require 语句包含同一个文件。但如果被包含文件中存在函数定义时,那么在第 2 次用 include 或 require 语句包含该文件时,将出现函数重复定义的情况。此时,将产生一个 Fatal 错误,代码不再往下执行。使用 include_once 或 require_once 语句可以避免这种错误的出现。

include_once 语句的语法格式有两种。

格式 1:

```
include_once <filespec>;
```

格式 2:

```
include_once (<filespec>);
```

与 include 语句类似,include_once 语句的功能也是包含并处理指定的文件。两者唯一的区别是,如果之前已经包含指定文件,include_once 语句将不会再次包含,并且返回布尔值 true。

4. require_once 语句

require_once 语句的语法格式有两种。

格式 1:

```
require_once <filespec>;
```

格式 2:

```
require_once (<filespec>);
```

与 require 语句类似，require_once 语句的功能也是包含并处理指定的文件。两者唯一的区别是，如果之前已经包含指定文件，require_once 语句将不会再次包含，并且返回布尔值 true。

在 PHP 中，包含文件技术与函数的作用类似，都为页面设计和数据处理实现模块化和可重用性提供了一种手段。例如，可以把一个完整的页面分割成几个相对独立的部分，并各自由相应的 PHP 文件来实现，再由一个主 PHP 文件把这些实现页面部分内容的 PHP 文件包含进来，组合形成一个完整的页面。此处，主 PHP 文件是包含文件，也称为调用文件；实现页面部分内容的 PHP 文件是被包含文件，也称为被调用文件。

相对于包含文件技术，函数具有更好的封装性，并且更方便组织和维护。第 6 章将介绍函数的定义、调用等相关技术。

【例 5-15】 使用包含文件语句。本例涉及 3 个文件：一个是 include.php，作为包含文件或调用文件；另一个是 included1.php，作为被包含文件或被调用文件，在一般脚本中被调用；最后一个是 included2.php，作为被包含文件或被调用文件，在用户自定义函数内被调用。

包含文件 include.php 的代码如下：

```
1. $color='yellow';
2. $fruit='banana';
3. include 'included1.php';
4. echo "A $color $fruit <br/>";
5. myfunction();
6. echo "A $color $fruit <br/>";
7. function myfunction(): void {
8.     $color='yellow';
9.     $fruit='banana';
10.    include 'included2.php';
11.    echo "A $color $fruit <br/>";
12. }
```

被包含文件 included1.php 的代码如下：

```
1. echo "A $color $fruit <br/>";
2. $color='green';
3. $fruit='apple';
```

被包含文件 included2.php 的代码如下：

```
1. global $color;
2. echo "A $color $fruit <br/>";
3. $color='purple';
4. $fruit='grape';
```

当请求 include.php 时，代码运行的输出结果如下：

```
A yellow banana
A green apple
A green banana
A purple grape
A purple apple
```

这里对自定义函数内调用被包含文件的情况进行说明。在主文件第 5 行调用自定义函数前，有两个全局变量：变量 color 的值为'green'，变量 fruit 的值为'apple'。在执行函数体时，首先引入两个局部变量：变量 color 的值为'yellow'，变量 fruit 的值为'banana'。然后调用被包含文件 included2.php，在被包含文件中，首先声明 color 是全局变量，这样，在该被包含文件中以及返回自定义函数后的后续代码中，涉及的变量 color 都是全局变量,而涉及的变量 fruit 仍然是局部变量。在函数执行完返回到调用处后,涉及的变量 color 和 fruit 则都是全局变量。

5.4.2　包含文件位置

包含文件语句中的 filespec 指定被包含的文件。如果 filespec 指定了被包含文件的绝对路径,如在 Windows 操作系统中指定了盘符和路径,那么 PHP 解释器会直接读取该文件并进行处理。

如果 filespec 只指定了文件名,或者还指定了相对路径,那么 PHP 解释器会从什么位置去定位这个被包含文件呢?这里涉及以下三个位置。

(1) include_path 目录。即 php.ini 文件中配置项 include_path 指定的目录。

(2) 当前文件所在目录。当前文件是指当前正被处理的包含文件语句所在的文件。

(3) 当前工作目录,即当前被客户请求的脚本文件所在的目录。

PHP 解释器将按上述顺序定位被包含文件,即首先到 include_path 目录去寻找文件,如果找不到再到当前文件所在目录去寻找,如果还找不到就到当前工作目录去寻找。

如果 filespec 指定的文件路径以".."或".."开头,则这个路径是相对于当前工作目录的。例如,.\inc\demo.php 指的是当前工作目录下 inc 子目录中的 demo.php 文件,..\inc\demo.php 指的是当前工作目录的父目录下 inc 子目录中的 demo.php 文件。

5.5　实战:创建动态水平导航栏

管理员子系统的导航栏包含 3 个任务项、一个问候语和一个"退出"项,如图 5-6 所示。动态是指它能根据变量值使导航栏的当前任务项醒目显示,并显示登录管理员的姓名。

图 5-6　动态水平导航栏

首先打开 xk 项目 css 文件夹里的外部样式表文件 xk.css,然后在其中添加、定义用于呈现导航栏的一些规则。代码如下:

```
1. /* 水平导航栏呈现规则 */
2. .nav {
3.     width:90%;                              /* 导航栏的宽度是其容器宽度的 90% */
4.     background-color: #eeeeee;
5.     margin: 5px auto 5px auto              /* 整个导航栏在其容器内水平居中 */
6. }
7. .nav .left {
8.     float: left; padding: 5px 10px 5px 10px   /* 左浮动、内边距 */
9. }
10. .nav .right {
11.     float: right; padding: 5px 10px 5px 10px  /* 右浮动、内边距 */
12. }
13. .nav .current {
14.     background-color: steelblue; color: white  /* 当前任务项的背景色和前景色 */
15. }
```

然后在 ls_admin 文件夹下创建名为 navigationBar.php 的文件，并在其中定义用于呈现导航栏的同名函数。

```
1. function navigationBar() {
2.    global $name, $tnum;
3.    $c1=$c2=$c3="";
4.    if ($tnum===1) {
5.        $c1=" current";
6.    } elseif($tnum===2) {
7.        $c2=" current";
8.    } elseif($tnum===3) {
9.        $c3=" current";
10.   }
11.   echo <<<_NAV
12.       <div class='nav'>
13.           <a class='right' href='/xk/admin/logoff.php'>退出</a>
14.           <span class='right'>{$name},您好</span>
15.           <a class='left$c1' href='/xk/admin/teacherlist_p.php'>浏览教师信息</a>
16.           <a class='left$c2' href='/xk/admin/course_p.php'>添加课程</a>
17.           <a class='left$c3' href='/xk/admin/schedule_p.php'>维护开课信息</a>
18.           <div style='clear: both'></div>
19.       </div>
20.   _NAV;
21. }
```

最后可以在 ls_admin 文件夹下创建 ce3.php 文件，用于调用和测试上述函数。代码如下：

```
1. include "pre_suf_fix.php";
2. include 'navigationBar.php';
3. prefix();
4. $name="李明";
5. $tnum=2;
6. navigationBar();
7. suffix();
```

提示：之前曾把页面划分为页头、页面主区和页脚三部分，这里再把页面主区划分为导航栏和内容区两部分。

习题 5

一、选择题

1. 下面表达式中运算结果为 INF 的是（　　）。

A. 1.2/0　　　　　　　　　　　　　　　　B. PHP_FLOAT_MAX/0.1

C. INF * 0　　　　　　　　　　　　　　　D. PHP_FLOAT_MAX * 0

2. 下面表达式中运算结果为 true 的是（　　）。

A. "12"=="1.2e1"　　B. 12=="12e"　　C. 12=="12 * 10"　　D. "12"===12

3. 假设 $x=10，下面表达式中能够被解析和计算的是（　　）。

A. 10<= $x<20　　　　　　　　　　　　B. $x ? true : false ? "YES" : "NO"

C. $x= $y=true　　　　　　　　　　　　D. $x== $y==10

4. 下面代码的运行结果是（　　）。

```
$x=false;
if ($x=true) {
    echo "true";
} else {
    echo "false";
}
```

　A. true　　　　　　　　B. false　　　　　　C. 没有内容输出　　　D. 产生 Fatal 错误

5. 下面代码的运行结果是(　　)。

```
$x =0;
while ($x<5) {
    switch(++$x) {
        case 1: break;
        case 3: continue 2;
    }
    echo $x;
}
```

　A. 输出 2、4　　　　　B. 输出 2、4、5　　　　C. 输出 1、2、4、5　　　D. 输出 1、2、3、4、5

二、程序题

写出下面 PHP 代码运行的输出结果。

(1)

```
$i=10;
$n=$i++;
echo $n, $i++, ++$i;
```

(2)

```
echo 'Test' . 1 +2 . '45';
```

(3)

```
echo 1+'2'.'1';
```

(4)

```
$str1="";
$str2=0;
var_dump($str1==$str2);
```

(5)

```
$str1=0;
$str2='0';
var_dump($str1==$str2);
```

(6)

```
$str1=null;
$str2=false;
var_dump($str1!=$str2);
```

（7）

```php
$x=2;
$a=false;
$b=empty($a) ? $x--: ++$x;
echo $b, $x;
```

（8）

```php
$i=1;
switch($i) {
    default: echo "default";
    case 0: echo "zero";
    case 1: echo "one";
    case 2: echo "two";
}
```

（9）

```php
for ($i=0; $i<3; $i++) {
    for ($j=10; $j<30; $j+=10) {
        echo $i+$j;
        if ($i>1) continue 2;
    }
}
```

（10）

```php
$a=array(1, 2, 3, 4, 5);
foreach ($a as $key=>&$value) {
    $value=$value -$key;
}
print_r($a);
```

第6章 PHP 函数

函数通常是指能够完成某个特定功能、可被其他程序调用的一段代码。在软件开发中,函数是功能模块化与代码重用的一项技术,有助于降低软件开发和维护的难度,提高软件开发的生产率以及改善软件质量。在 PHP 中,函数也是页面模块化和页面代码重用的一种手段。除了系统内置的函数,用户可以自定义所需的函数。

本章介绍自定义函数的相关技术,包括对函数形参和返回值进行类型声明,参数的值传递和引用传递,使用位置参数和名称参数传递参数值,变量函数和匿名函数等。最后介绍了几个常用的有关日期时间的内置函数。

6.1 函数的声明与调用

这里先介绍函数声明和函数调用的基本格式及用法,更多的细节会在后面各节依次介绍。

6.1.1 函数声明

函数声明以关键字 function 开始,接着给出函数名。函数名后是"()",其中是可选的形参列表,各形参之间用","分隔,每个形参可以指定类型。接着可以声明函数的返回类型。最后给出函数体。

```
function <function_name>([<parameter_list>])[:<return_type>] {
    <function_body>
}
```

函数名的命名规则如下。

(1) 函数名不能和已有的函数重名。

(2) 函数名称只能包含字母、数字和下画线。

(3) 函数名称不能以数字开头。

(4) 长度不限,对大小写不敏感。

函数名不区分大小写,但按其声明时的大小写形式来调用它,是一种好的习惯。函数名应尽量精炼且有意义,如一个用于产生页脚的函数,用 pagefooter 或 page_footer 作为名称是不错的。

PHP 不支持函数重载,即在一个 PHP 文件中,不允许存在两个具有相同函数名的函数,即使它们声明有不同的形参。由于系统内置的函数可应用于任何一个 PHP 文件中,所以也不能声明一个与系统内置函数同名的自定义函数。

函数体内包含的代码可以是任何合法的 PHP 代码,如赋值语句、表达式语句、流程控制语句、函数调用语句,甚至是其他函数或类的声明。

自定义函数的作用域是全局的。例如,可以在一个函数外调用声明在该函数内的函数,也可以在一个函数内调用声明在该函数外的函数。

6.1.2 函数调用

函数只有在被调用时才会执行。与调用 PHP 系统内置函数一样,可以通过函数名调用用户自定义函数,函数名后的"()"内给出要传递给函数形参的值。

```
<function_name>([<expr>[,<expr>]*]);
```

内置函数可以在所有的 PHP 脚本中使用,但对用户自己声明的函数,只能在包含它的页面内使用。这里,并不要求先声明后使用,通常可以在一个函数声明之前调用该函数。

页面中的 PHP 代码可以调用函数,函数内的 PHP 代码也可以调用其他的函数,甚至是该函数本身。这种直接或间接调用自身的函数被称为递归函数。

【例 6-1】 编写了一个函数 isLeap,用于判断指定年份 $year 是否为闰年。闰年是指能被 400 整除或者能被 4 整除但不能被 100 整除的年份。代码如下:

```
1. function isLeap(int $year): bool {
2.     return $year%400===0 || $year%4===0 && $year%100!==0;
3. }
4. var_dump(isLeap(1990));
```

下面是代码运行的输出结果:

```
bool (false)
```

在该例中,第 1～3 行是题目要求编写的函数,第 4 行代码是对该函数的调用。当访问一个 PHP 文件时,文件内声明的函数不会自动执行,只有在其他代码调用它时,它才会执行。

6.2 类型声明

虽然 PHP 是一种弱类型编程语言,每一个变量没有明确的固定类型,但在定义函数时,可以为每个形参以及返回值显式声明类型。此时,若实参的类型与形参的类型不兼容,或函数返回值的类型与函数声明的返回类型不兼容,那么系统会抛出 Fatal 错误。当然,这并没有改变弱类型语言的特点,在函数体内,仍然可以给这些形参赋不同类型的数据。

类型声明也适用于类定义中成员变量、方法形参和返回值的声明。

6.2.1 类型

从形式上,可声明的类型包括单一类型、联合类型和交集类型。

1. 单一类型

简单情况下,可以为函数形参或返回值声明单一类型,可使用的类型如表 6-1 所示。

表 6-1　可用于类型声明的类型

bool	布尔值。若值是 int、float 或 string，会自动转换成 bool
int	整数。若值为 bool 或整数字符串，会自动转换为 int；若值为 float 或浮点数字符串，会产生 Notice 错误（Deprecated）
float	浮点数。若值为 bool、int 或数字字符串，会自动转换为 float
string	字符串。若值为 bool、int、float，会自动转换成 string；若值为 object 且有--toString 方法，会自动转换成 string
array	值必须是数组
object	值必须是对象
callable	值必须是有效的回调函数，包括用户自定义函数、匿名函数等
类/接口名	值必须与指定类型相兼容，即<值> instanceof <类/接口名>为真
self	可在类中使用，值必须与当前类相兼容
parent	可在类中使用，值必须与当前类的直接超类相兼容
iterable	一种伪类型，值可以是 array 或实现了 Traversable 接口的对象
mixed	一种伪类型，值可以是任何类型

有些参数或返回值除了可以是特定的类型外，还可以是 null 值，此时可以在类型名前加"?"。例如：

```
function func(string $str): ?int { … }
```

该函数声明用于指定提供的参数值应该是字符串，函数的返回值应该是整数或 null 值。

void 可作为一种返回类型，用于表示函数没有返回值。它不能是联合类型的一部分。

2. 联合类型

可以将若干单一类型组合成一个联合类型，其语法格式如下：

```
T1|T2…
```

当将函数的形参或返回值声明为一个联合类型时，实参值或返回值的类型只要与该联合类型中的任何单一类型相兼容即可。

null 不能作为单一类型，但可以作为联合类型的一部分，被看作可取 null 值的联合类型，例如：T1 | T2 | null。因此，?T 和 T | null 是等价的。

文字 false 可看作一种伪类型，可以作为联合类型的一部分，例如：int | false，表示提供的值既可以是整数，也可以是布尔值 false。这主要是由于历史原因，许多内置函数在处理失败时会返回 false，而不是 null。false 不能作为单一类型，包括作为可取 null 值的单一类型，因此，false、?false、false | null 等都是不合法的。

文字 true 没有此用法。

mixed 是一种伪类型，它等价于联合类型：object | resource | array | string | int | float | bool | null。

3. 交集类型

可以将若干类和接口类型组合成一个交集类型，其语法格式如下：

```
T1&T2…
```

当将函数的形参或返回值声明为一个交集类型时,提供的值必须要与该交集类型中的任一类型都兼容。非类和接口类型,以及 object、self、parent 不能作为交集类型的一部分。

6.2.2　类型转换

类型声明后,理想情况下,实参和返回值的类型应该与声明的类型相同。但如果提供的值的类型与声明的类型不同,系统会不会进行自动类型转换呢?下面介绍在类型声明上下文中,自动类型转换的相关规则。

1. 对象类型

对于 object、类类型、接口类型等来说,它们本身有明确的兼容性规则,只要提供的值与声明的类型相兼容,就可以正确执行;否则将抛出 Fatal 错误(TypeError)。

2. 标量类型

对于标量类型(bool、int、float、string)来说,它们之间并不存在相互兼容的问题,但可以在一定规则下相互转换。

类型声明上下文存在非严格类型和严格类型两种模式。

默认情况是非严格类型模式。在这种模式下,如果提供的值的类型与声明的类型不同,系统会自动进行一些类型转换。表 6-1 的描述列对可以进行自动类型转换的情况进行了说明。没有列出的情况是不允许的,系统将抛出 Fatal 错误(TypeError)。

如果声明的类型是联合类型,而值的类型不是联合类型的一部分,那么系统会按以下顺序试着将值的类型转换成目标类型:

```
int→float→ string→ bool
```

例如,假设声明的类型为 int | string,那么以下值的转换情况如下。

21.2:会转换成 int 型值 21,但产生一个 Notice 错误(Deprecated)。

"21":没有转换,目标类型为 string。

INF:浮点数太大,无法转换成 int,转换成字符串"INF"。

true:会转换成 int 型值 1。

[]:数组无法转换成 int 型,也无法转换成 string 型,抛出 Fatal 错误(TypeError)。

可以使用 declare 语句指示采用严格类型模式,该语句一般应作为脚本文件的第一条非注释语句:

```
declare(strict_types=1);
```

在严格类型模式下,提供的值的类型与声明的类型必须完全匹配,否则会抛出 Fatal 错误(TypeError)。唯一的例外是 int 型值可以自动转换为 float 型。

6.3　函数参数

PHP 支持按值传递参数和按引用传递参数两种方式,也具有默认参数值、命名参数以及可变长参数等特性。

6.3.1　形参与实参

函数声明时定义函数形参。函数形参被定义在函数名之后,圆括号内部。一个函数的形参数目不限,两个形参之间用逗号分隔,每个形参可以指定类型。函数形参类似于在函数内定义的局部变量,在函数内有效。

当调用包含形参的函数时，应提供相应的参数值，通常称为实参。实参是表达式，两个表达式之间用"，"分隔，各表达式从左到右进行计算，计算结果被传递给对应的形参。

实参的数目和类型应与形参的数目和声明的类型相一致。如果实参的数目少于形参的数目，则系统将抛出 Fatal 错误（ArgumentCountError）。如果实参的数目多于形参的数目，那么多余的实参被忽略。如果实参的类型与形参声明的类型不兼容，则系统会抛出 Fatal 错误（TypeError），具体情况可参见 6.2 节。

默认情况下，函数的参数是按值传递的。这意味着，即使实参是变量，当函数对形参的值进行改变后，也不会影响函数外部实参的取值。

有些情况下，可能希望函数对形参的值的改变能同步反映到函数外部的实参变量上。按引用传递可以满足这一要求。按引用传递是指，当实参是变量时，传递的将是变量的引用而非变量的值，其结果是形参和实参变量引用同一个内存单元，代表同一个变量。要实现按引用传递，只需在形参名前加上 & 符号，如 & $arg。

【例 6-2】　按值传递和按引用传递。代码如下：

```
1. function pass_arg(string $a, string &$b): void {
2.     $a.=' and something extra.';
3.     $b.=' and something extra.';
4. }
5. $x="books";
6. $y="bags";
7. pass_arg($x, $y);
8. echo $x . "<br />";
9. echo $y;
```

下面是代码运行的输出结果：

```
books
bags and something extra.
```

在该例中，函数 pass_arg 中的第 1 个参数按值传递，所以实参 $x 和形参 $a 是两个独立的变量。第 2 个参数按引用传递，所以实参 $y 和形参 $b 引用同一个内存单元。当改变形参 $b 的值时，实参 $y 的值也随之改变。

函数参数要实现按引用传递，需要满足以下条件。

（1）形参名前加 &。

（2）实参是变量。

6.3.2　参数的默认值

在声明函数时，可以为函数形参指定默认值。形参的默认值必须是常量表达式，通过运算符"="给其赋值。当调用函数时，如果没有为具有默认值的形参传递值，则默认值会自动赋给该形参。

可以把具有默认值的形参称为可选参数，把不具有默认值的形参称为强制参数。在声明函数时，应该先定义强制参数，后定义可选参数。当调用函数时，对强制参数必须指定相应的实参，对可选参数，可以指定实参，也可以不指定。但在按位置传递参数的情况下，不能试图给后面的可选参数传递值，而让前面的可选参数取默认值。

【例 6-3】　默认参数值。代码如下：

```
1. function sum(int $a, int $b, int $c=30, int $d=40): int {
2.     return $a+$b+$c+$d;
```

```
3. }
4. echo sum(10, 20);                              //输出: 100
5. echo sum(10, 5, 15);                           //输出: 70
```

第 1 次调用函数时,10 传给形参 a,20 传给形参 b,形参 c 和 d 取默认值,函数的返回值是 100。第 2 次调用函数时,10 传给形参 a,5 传给形参 b,15 传给形参 c,形参 d 取默认值,函数返回值是 70。

6.3.3 名称参数

大多数情况下,参数传递是按位置顺序进行的,即从左到右依次计算各实参的值并赋给对应位置上的形参。在需要时也按名称传递参数,即基于参数名称而非参数位置传递参数值。按名称传递参数时,实参的格式如下:

```
<parameter_name>:<expr>
```

其中,parameter_name 必须是函数声明中定义的某个形参名,冒号后指定要给该形参传递的值。使用名称参数,使得各实参不需要在位置顺序上与各形参保持一一对应,且可跳过一些可选参数而给后面的可选参数指定值。

例如,对例 6-3 中定义的函数 sum,可以采用按名称传递参数的方式进行调用:

```
echo sum(b:20, a:10, d:35);                      //输出: 95
```

其中,10、20 和 35 分别传给形参 a、b 和 d,形参 c 取默认值,函数返回值是 95。

按名称传递参数还可以和按位置传递参数组合使用,例如:

```
echo sum(10, 20, d:35);                          //输出: 95
```

其中,实参 10 和 20 按位置传递,分别赋给对应位置上的形参 a 和形参 b,实参 35 按名称传递给形参 d,形参 c 取默认值。

名称参数和位置参数组合使用时,名称参数必须位于位置参数之后,否则会产生一个 Fatal 错误。

注意:在使用名称参数时,不要出现给某个形参多次传递值的情况,否则会抛出 Fatal 错误 (Error)。例如下面的代码:

```
echo sum(10, 20, b:20, d:35);                    //Fatal error
```

前面两个位置实参 10 和 20 分别给形参 a 和 b 传递值,而第 3 个实参又给形参 b 传递值,这是不允许的。

6.3.4 可变长参数

调用函数时,有时候也可能需要向函数传递数量不等的参数值。PHP 支持可变长形参。可变长形参通过在形参名前加符号"…"来声明。可变长形参必须是形参表中最后一个形参,否则会产生 Fatal 错误。

可变长形参可以接收零个或多个实参值,其接收的每个实参的类型都必须与可变长形参声明的类型相匹配。这些被接收的参数值被组织成一个数组赋给可变长形参,所以在函数体中,应该把可变长形参当作一个数组来处理。

【例 6-4】 可变长形参。代码如下:

```
1. function sum1(int &$sum, int ...$numbers): void {
2.     foreach($numbers as $n) {
3.         $sum+=$n;
```

```
4.      }
5. }
6. $original =100;
7. sum1($original, 1, 2, 3, 4, 5);
8. echo "sum=".$original."<br />";
9. sum1($original, 10);
10. echo "sum=".$original."<br />";
11. sum1($original);
12. echo "sum=".$original;
```

下面是代码运行的输出结果：

```
sum=115
sum=125
sum=125
```

在该例中，函数 sum 有两个形参，第 1 个形参按引用传递，第 2 个形参是一个可变长形参。例子共 3 次调用函数，第 1 次调用时，传递给形参 numbers 的是一个包含 5 个元素的数组；第 2 次调用时，传递给形参 numbers 的是一个包含 1 个元素的数组；第 3 次调用时，传递给形参 numbers 的是一个空数组。

PHP 也支持可变长实参，一个可变长实参可以为多个形参传递值。可变长实参通过在实参前加符号"…"来声明。可变长实参的类型应该是数组。这样，当传递参数时，实参数组中的各元素值将被自动读出并一一传递给各形参。可变长实参必须是实参表中的最后一个位置实参，否则会产生一个 Fatal 错误。

【例 6-5】　可变长实参。代码如下：

```
1. function add(int $a, int $b, int $c): int {
2.      return $a+$b+$c;
3. }
4. $a=array(1, 2, 3);
5. echo add(... $a)."<br />";
6. echo add(10, ... $a);
```

下面是代码运行的输出结果：

```
6
13
```

在该例中，例子共两次调用函数，第 1 次调用时，可变长实参数组 a 中的 3 个元素值 1、2 和 3 分别传递给了形参 a、b 和 c。第 2 次调用函数时，第 1 个实参 10 传递给形参 a，可变长实参数组 a 中的前两个元素值 1 和 2 分别传递给了形参 b 和 c。

6.4　函数返回值

return 语句可以出现在函数中。当代码执行 return 语句时，控制将从函数中退出并返回到函数的调用处。

如果需要函数有一个返回值，可以使用带表达式的 return 语句。表达式的类型必须与函数声明的返回类型相匹配。

【例 6-6】　数组作为参数值和返回值。代码如下：

```
1. function getUser(array $score): array {
2.      $user=array("20090701011", "LiMing", $score[0], $score[1], $score[2]);
```

```
3.    return $user;
4. }
5. $score=[90, 82, 92];
6. $u=getUser($score);
7. print_r($u);
```

下面是代码运行的输出结果：

```
Array ( [0]=>20090701011 [1]=>LiMing [2]=>90 [3]=>82 [4]=>92 )
```

在该例中，调用函数时传递的参数值是一个数组，包含某个学生的三门课的成绩。函数创建了一个新的数组，除了包含成绩，还包含学生的学号和姓名。函数返回新创建的数组。

一个函数中可以包含多个 return 语句，代码一旦执行到 return 语句就从函数中返回。一般情况下，出现在函数体末尾的不带表达式的 return 语句可以被省略。

函数可以返回一个值，也可以返回一个引用。要让函数返回一个引用，需要满足以下条件。

（1）在函数声明时，函数名前使用"&"。

（2）return 语句所带的表达式是变量。

（3）调用函数时，函数名前使用"&"。

【例 6-7】 函数返回引用。代码如下：

```
1. function &myFunc(): int {
2.     static $x=0;
3.     $x++;
4.     echo '$x='.$x."<br />";
5.   return $x;
6. }
7. $y=&myFunc();
8. $y=10;
9. myFunc();
```

下面是代码运行的输出结果：

```
$x=1
$x=11
```

其中，$x 是一个静态变量。第 1 次调用函数时，静态变量 $x 初始化为 0，接着加 1 后输出。函数返回 $x 的引用并赋给变量 $y，这样变量 $x 和 $y 就引用相同的内存单元。当把 $y 置为 10 后，变量 $x 的值也为 10。第 2 次调用函数时，静态 $x 不再初始化，加 1 后变为 11，然后输出。

6.5 变量函数

PHP 支持变量函数的概念。这意味着，如果一个变量名后紧跟着"()"，PHP 将试着调用与该变量值同名的函数。

【例 6-8】 可变函数。代码如下：

```
1. function fa(int $x): int {
2.     return $x*2;
3. }
4. function fb(int $x): int {
5.     return $x**2;
```

```
 6.    }
 7. function func(string $p, int $v): void {
 8.    echo $p($v), "<br />";
 9. }
10. func("fa", 10);
11. func("fb", 5);
```

下面是代码运行的输出结果：

```
20
25
```

在该例中，第8行代码中的 $p($v) 是一个变量函数调用，根据变量 $p 的不同取值，调用不同的函数。

变量函数中，变量指定的函数名既可以是用户自定义函数名，也可以是系统内置函数名，但不能是语言结构名。变量函数不适用于语言结构，如 echo、print、unset、isset、empty、include 和 require 等。例如：

```
1. $var=true;
2. $a="is_null";
3. var_dump($a($var));
4. $b="isset";
5. var_dump($b($var));
```

其中，第3行代码是合法的，因为 is_null 是一个内置函数；第5行代码是不合法的，因为 isset 是一个语句。

调用变量函数时，如果不存在与变量值同名的自定义函数或系统内置函数，系统抛出一个 Fatal 错误（Error）。为了防止这类错误，可以在调用函数之前使用 PHP 的系统内置函数 function_exists() 判断该函数是否存在。例如：

```
if (function_exists($function_name)){
    $function_name();
}
```

其中，函数 function_exists() 返回布尔型。如果指定的参数值是某个自定义函数或系统内置函数的名称，则函数返回 true；否则，函数返回 false。

6.6　匿名函数

匿名函数是指没有指定名称的函数。在定义匿名函数时，关键字 function 后面直接跟"()"和形参表。下面介绍匿名函数的两种用法。

6.6.1　匿名函数作为变量值

可以把匿名函数作为一个表达式赋给一个变量，然后就可以通过该变量来调用匿名函数了。把一个匿名函数赋值给一个变量的语法与普通的赋值表达式的语法没有什么区别。作为表达式语句，最后也要加上";"。

在内部处理中，PHP 系统会自动把匿名函数转换成内置类 Closure 的一个实例对象，然后再把该实例对象赋给变量。

【例6-9】　匿名函数作为变量值。代码如下：

```
1. //给变量 $green 赋一个匿名函数
2. $greet=function(string $name): void {
```

```
3.    echo "Hello ", $name, "<br />";
4. };                                         //作为表达式语句,最后以分号结尾
5. $greet('World');                           //通过变量调用函数
6. $greet('PHP');
```

下面是代码运行的输出结果:

```
Hello World
Hello PHP
```

使用 use 语句,匿名函数可以使用父作用域中的变量。其格式如下:

```
function([<parameter_list>]) use(<variable_list>) [: <return-type>] { … };
```

在该例中,variable_list 是用","分隔的变量列表,是一些在匿名函数的父作用域中存在且要在匿名函数中使用的变量。匿名函数的父作用域是指匿名函数声明处的作用域。或者说,只要是在匿名函数声明处可以使用的变量,就可以通过 use 结构的声明,使其在匿名函数内可用。另外,这一使用发生在处理匿名函数声明时,而不是在调用匿名函数时。下面通过例子说明这一使用过程。

【例 6-10】 匿名函数使用父作用域中的变量。代码如下:

```
1. $hi="good morning";
2. $greet=function(string $name) use($hi): void {
3.     echo "Hello ", $name, ", ", $hi, "<br />";
4. };
5. $greet('LiMing');
6. $hi="good afternoon";
7. $greet('LiMing');
```

在该例中,匿名函数声明处(第 3 行)可以使用的变量是第 2 行创建的全局变量 hi,而通过 use($hi)的声明,匿名函数内就可以使用全局变量 hi 的值了。需要注意的是,use 中指定的变量 hi 是仅在匿名函数内可用的局部变量,而非全局变量 hi。它们名字相同,却是两个不同的变量。当 PHP 处理匿名函数声明时,就会将全局变量 hi 的值传递给同名的局部变量 hi。但在函数调用时,这一传递过程是不会发生的。因此,局部变量 hi 是系统在处理匿名函数声明时,而不是在调用匿名函数时创建的,它也不会在调用匿名函数后被清除。

在上述代码运行时,尽管第 2 次调用函数前,全局 hi 的值改变了,但调用函数输出的结果与第 1 次调用函数输出的结果完全一样。原因就是匿名函数内使用的局部变量 hi 和匿名函数父作用域中的全局变量 hi 是两个不同的变量。虽然系统在处理该匿名函数声明时会把全局变量 hi 的值赋给局部变量 hi,但之后两者之间就没有关联了。所以,在调用匿名函数前,不管怎么修改全局变量 hi 的值,也不会改变局部变量 hi 的值。

下面是代码运行的输出结果:

```
Hello LiMing, good morning
Hello LiMing, good morning
```

也可以采用按引用传递的方式,将父作用域中的变量的引用传递给匿名函数内使用的局部变量,使两个变量引用相同的内存单元、始终表示相同的值。例如,如果把上述匿名函数声明中的 use($hi)改为 use(&$hi),那么输出结果如下:

```
Hello LiMing, good morning
Hello LiMing, good afternoon
```

6.6.2　用作 callable 类型参数的值

当函数的形参类型被声明为 callable 时,提供的实参值必须是有效的函数,如某个函数的函数名,或某个匿名函数,否则调用函数语句就会抛出一个 Fatal 错误(TypeError)。

在此,传递给被调用函数的函数并未在主程序中被调用,而是由被调用函数在一定的时机自主调用,通常被称为回调函数。

【例 6-11】　匿名函数用作 callable 类型参数的值。代码如下:

```
 1. function myFunc(string $name, callable $func): void {
 2.     $func($name);
 3. }
 4. function display(string $str): void {
 5.     echo "Hello ", $str, "<br />";
 6. }
 7. myFunc('China',"display");
 8. myFunc("中国", function(string $str): void {
 9.     echo "您好,", $str, "<br />";
10. });
```

下面是代码运行的输出结果:

```
Hello China
您好,中国
```

在该例中,第 1~3 行声明了一个名为 myFunc 的函数,其第 2 个参数 func 的类型声明为 callable。第 7 行是对该函数的第 1 次调用,传递给参数 func 的是一个普通函数的函数名。第 8~10 行是对该函数的第 2 次调用,传递给参数 func 的是一个匿名函数。

6.7　日期时间函数

本节介绍几个常用的系统内置日期时间函数。

1. time 函数

该函数可以获得当前时间戳,其签名如下:

```
time(): int
```

函数返回从 UNIX 纪元(格林尼治时间 1970 年 1 月 1 日 00:00:00)到当前时间经过的秒数,即当前的 UNIX 时间戳。

2. mktime 函数

该函数可以根据日期时间信息获得相应的时间戳,其签名如下:

```
mktime(
    int $hour,
    ?int $minute=null,
    ?int $second=null,
    ?int $month=null,
    ?int $day=null,
    ?int $year=null
): int|false
```

基于默认时区指定时、分、秒、月、日、年等日期时间信息,函数返回与指定日期时间信息相应的时间戳,即从 UNIX 纪元到指定时间经过的秒数。如果指定的参数无效,函数返回 false。

hour 是强制参数,必须指定。其他参数是可选的,如果省略或设置为 null 值,则其值取当前日期时间的相应数据。

3. date 函数

该函数可以将时间戳转换为直观的日期时间字符串,其签名如下:

```
date(string $format, ?int $timestamp =null): string
```

函数按照指定的格式串 format 对指定的时间戳 timestamp 进行格式化,返回格式化产生的、包含基于默认时区的日期时间信息的字符串。如果省略 timestamp 或设置为 null 值,就使用当前时间戳,即 time() 的返回值。

格式串由格式符和普通文本组成。格式符描述了需要包含的相应的日期时间文本,普通文本则会原样保留在返回的字符串。表 6-2 给出了常用的格式符。

表 6-2　date 函数支持的常用的格式符

格式符	说　明	返回值样例
d	月份中的第几天,有前导零的两位数字	01～31
j	月份中的第几天,没有前导零	1～31
D	星期几(三个字母的缩写)	Mon～Sun
l	星期几(完整的英文单词)	Sunday～Saturday
N	星期几(ISO-8601 格式数字)	1(表示星期一)～7(表示星期天)
w	星期几(数字)	0(表示星期天)～6(表示星期六)
z	年份中的第几天	0～365
M	月份(3 个字母的缩写)	Jan～Dec
F	月份(完整的英文单词)	January～December
m	月份(有前导零的两位数字)	01～12
n	月份(没有前导零)	1～12
t	所在月份所应有的天数	28～31
L	是否为闰年	如果是闰年为 1,否则为 0
Y	4 位数字表示的完整年份	例如:1999 或 2003
y	2 位数字表示的年份	例如:99 或 03
a	小写的上午和下午值	am 或 pm
A	大写的上午和下午值	AM 或 PM
g	小时,12 小时格式,没有前导零	1～12
G	小时,24 小时格式,没有前导零	0～23
h	小时,12 小时格式,有前导零	01～12
H	小时,24 小时格式,有前导零	00～23
i	分钟数,有前导零	00～59

续表

格式符	说　明	返回值列子
s	秒数,有前导零	00～59
e	时区标识	例如：UTC,GMT,Atlantic/Azores

4. getdate 函数

该函数可以根据时间戳获得相应的日期时间信息,其签名如下：

```
getdate(?int $timestamp =null): array
```

函数返回一个根据指定时间戳 timestamp 得出的、包含基于默认时区的日期时间信息的关联数组。如果省略 timestamp 或设置为 null 值,就使用当前时间戳,即 time() 的返回值。返回的关联数组中各元素的键与值的说明如表 6-3 所示。

表 6-3　getdate 函数返回的关联数组中元素的键与值的说明

键　名	说　明	返回值列子
"seconds"	秒的数字表示	0～59
"minutes"	分钟的数字表示	0～59
"hours"	小时的数字表示	0～23
"mday"	月份中第几天的数字表示	1～31
"wday"	星期中第几天的数字表示	0（周日）～6（周六）
"mon"	月份的数字表示	1～12
"year"	4 位数字表示的完整年份	如 1999 或 2003
"yday"	一年中第几天的数字表示	0～365
"weekday"	星期几的完整文本表示	Sunday～Saturday
"month"	月份的完整文本表示	January～December

5. date_default_timezone_set 函数

很多日期时间函数都是基于默认时区的。例如,对于同一个时间戳,在不同的时区有不同日期时间信息。date_default_timezone_set 函数可以设置默认时区,其签名如下：

```
date_default_timezone_set(string $timezoneId): bool
```

函数为当前脚本中所有日期时间函数设置一个默认时区。参数 timezoneId 指定时区标识符,如果参数值有效,函数返回 true,否则返回 false。

我国的时区标识符可用"Asia/Shanghai"或"PRC"。

除了用此函数,还可以在 php.ini 文件中通过设置 date.timezone 配置项来设置默认时区。这样设置的默认时区对所有脚本都是有效的。

date_default_timezone_get 函数可以返回当前脚本中所有日期时间函数所使用的默认时区。其签名如下：

```
date_default_timezone_get(): string
```

【例 6-12】 使用日期时间函数。代码如下：

```
1. date_default_timezone_set("PRC");
2. $time1=mktime(10);                              //根据日期时间信息获取时间戳 time1
3. $dt=date("Y-m-d H:i:s", $time1);                //根据时间戳获得日期时间信息的字符串
4. echo $dt, "<br />";
5. $time2=mktime(10, year:2022, month:7, day:15);  //根据日期时间信息获取时间戳 time2
6. $wday=date("w", $time2);                        //获得指定时间戳属于星期几
7. echo $wday, "<br />";
8. $tday=date("t", $time2);                        //获得指定时间戳所在月份的天数
9. echo $tday, "<br />";
10. $days=(int)($time1-$time2)/(24 * 60 * 60);     //计算两个指定时间相差的天数
11. echo $days;
```

在该例中，第 1 行代码设置默认时区。第 2 行代码创建时间戳 time1，其 hour 指定为 10，其他各参数都取当前日期时间的相应数据。第 5 行代码创建时间戳 time2，其年月日通过名称参数指定。

6.8   实战: 管理员子系统的各种表单

除了动态登录表单，管理员子系统还涉及课程表单、选择学期表单和开课信息表单。本节介绍如何创建和定义这些表单。

6.8.1   课程表单

管理员的任务之一，就是向系统添加其所在部门的课程，这就需要提供添加课程的表单，以便输入课程数据，如图 6-1 所示。

图 6-1 课程表单

首先打开教务选课系统 xk 项目，在 ls_admin 文件夹下创建名为 courseForm.php 的文件，并在其中定义用于呈现课程表单的同名函数。代码如下：

```
1. function courseForm(): void {
2.     global $hint;
3.     global $cn, $cname, $credit, $cnErr, $cnameErr, $creditErr, $tnErr;
4.     $options=teacherOptions();
5.     echo <<<_FORM
6.         <div class="title" style="margin-bottom: 20px">$hint</div>
7.         <form method="POST">
```

```
8.           <p>
9.              <label for="i1" class="label">课程号</label>
10.             <input type="text" id="i1" name="cn" maxlength="10"
11.             style="width: 100px" value="$cn" />
12.             <span class="errMsg">$cnErr</span>
13.          <p>
14.             <label for="i2" class="label">课程名</label>
15.             <input type="text" id="i2" name="cname" maxlength="20"
16.             style="width: 300px" value="$cname" />
17.             <span class="errMsg">$cnameErr</span>
18.          <p>
19.             <label for="i3" class="label">学分</label>
20.             <input type="text" id="i3" name="credit" maxlength="1"
21.             style="width: 30px" value="$credit" />
22.             <span class="errMsg">$creditErr</span>
23.          <p>
24.             <label for="i4" class="label">负责教师</label>
25.             <select id="i4" name="tn">$options</select>
26.             <span class="errMsg">$tnErr</span>
27.             <p style="padding-top: 10px">
28.             <input type="submit" class="big" name="Q2" value="确 认"/>
29.          </p>
30.       </form>
31.    _FORM;
32. }
```

在 ls_admin 文件夹下创建名为 teacherOptions.php 的文件,并在其中定义一个同名函数。用于返回课程表单中"负责教师"选择列表中各选项的 HTML 代码如下:

```
1. function teacherOptions(): string {
2.    $tnoptions="<option value=''>请选择...</option>";
3.    $tnoptions.="<option value='1011'>李国柱</option>";
4.    $tnoptions.="<option value='1012' selected='selected'>刘虹</option>";
5.    $tnoptions.="<option value='1013'>吴蕊</option>";
6.    return $tnoptions;
7. }
```

这里各选项是固定的。实际需求应该是根据管理员所在部门的所有教师来构建并返回各选项的 HTML 代码。在后续章节将重新定义该函数。

最后可以在 ls_admin 文件夹下创建 ce4.php 文件,用以调用和测试上述函数。代码如下:

```
1. include "pre_suf_fix.php";
2. include "courseForm.php";
3. include "teacherOptions.php";
4. prefix();
5. echo "<div style='width: 90%; margin: 20px auto; min-height: 400px'>";
6. $hint="数据有错,请修改...";
7. $cn="090101009B";
8. $cname="离散数学";
9. $credit=3;
10. $cnErr="课程号已存在";
11. courseForm();
12. echo "</div>";
13. suffix();
```

6.8.2 选择学期表单

管理员在维护开课信息时需要通过选择学期表单指定某个学期，以便呈现指定学期的开课课程信息并进行相关操作。

首先，在 ls_admin 文件夹下创建名为 selectTerm.php 的文件，并在其中定义用于呈现选择学期表单的同名函数。代码如下：

```
1. function selectTerm(): void {
2.     $termoptions =termOptions();
3.     echo <<<_TERM
4.         <form>
5.             <p>
6.                 <label for="i1">选择学期: </label>
7.                 <select id="i1" name="term">$termoptions</select>
8.                 <input type="submit" name="Q3" value="确 认" />
9.             </p>
10.        </form>
11.    _TERM;
12. }
```

在 ls_admin 文件夹下创建名为 termOptions.php 的文件，并在其中定义可以返回学期选项的同名函数。代码如下：

```
1. function termOptions(): string {
2.     global $term;
3.     /* 确定选项值和选项标签 */
4.     $year=getdate()['year'];
5.     $mon=getdate()['mon'];
6.     if ($mon<=7) {
7.         $val1=($year-1)."-".$year."-1";
8.         $lab1=($year-1)."-".$year."学年 第 1 学期";
9.         $val2=($year-1)."-".$year."-2";
10.        $lab2=($year-1)."-".$year."学年 第 2 学期";
11.        $val3=$year."-".($year+1)."-1";
12.        $lab3=$year."-".($year+1)."学年 第 1 学期";
13.    } else {
14.        $val1=($year-1)."-".$year."-2";
15.        $lab1=($year-1)."-".$year."学年 第 2 学期";
16.        $val2=$year."-".($year+1)."-1";
17.        $lab2=$year."-".($year+1)."学年 第 1 学期";
18.        $val3=$year."-".($year+1)."-2";
19.        $lab3=$year."-".($year+1)."学年 第 2 学期";
20.    }
21.    /* 确定预选项 */
22.    if (empty($term)) $term=$val2;
23.    /* 定义选项元素 */
24.    $termoptions="<option value='$val1'"
25.        .($term==$val1 ? " selected='selected'" : "").">$lab1</option>";
26.    $termoptions .="<option value='$val2'"
27.        .($term==$val2 ? " selected='selected'" : "").">$lab2</option>";
28.    $termoptions .="<option value='$val3'"
29.        .($term==$val3 ? " selected='selected'" : "").">$lab3</option>";
```

```
30.    return $termoptions;
31. }
```

这里只包含上学期、当前学期和下学期 3 个选项。变量 term 指定预选学期，如果 term 为空，则将当前学期指定为预选学期，并用此值设置变量 term。

最后，可以在 ls_admin 文件夹下创建 ce5.php 文件，用以调用和测试上述函数。代码如下：

```
1. include "pre_suf_fix.php";
2. include "selectTerm.php";
3. include "termOptions.php";
4. prefix();
5. echo "<div style='width:90%; margin:20px auto; min-height:400px'>";
6. $term="";
7. selectTerm();
8. echo "term:",$term;
9. echo "</div>";
10. suffix();
```

6.8.3 添加开课信息表单

在维护开课信息任务中，管理员需要输入指定学期的开课信息，这就需要提供添加开课信息的表单，如图 6-2 所示。每一门开课课程信息包括学期、课程和任课教师三项数据。

图 6-2 添加开课信息表单

首先，在 ls_admin 文件夹下创建名为 scheduleForm.php 的文件，并在其中定义用于呈现开课信息表单的同名函数。代码如下：

```
1. function scheduleForm() {
2.    global $n,$hint;
3.    $termoptions =termOptions();
4.    $cnoptions =courseOptions();
5.    $tnoptions =teacherOptions();
6.    echo <<<_FORM1
7.        <form method="POST">
8.        <div class="title">$hint</div>
9.        <p>
10.            <label for="i1">选择学期：</label>
11.            <select id="i1" name="term">$termoptions</select>
```

```
12.            </p>
13.            <table>
14.            <thead>
15.                <tr><th style="width:300px; padding-left:10px">课程</th>
16.                <th style="width: 80px">任课教师</th></tr>
17.            </thead>
18.            <tbody>
19.    _FORM1;
20.    for ($i=0; $i<$n; $i++) {
21.        echo <<<_FORM2
22.            <tr>
23.                <td><select name='cn$i'>$cnoptions</select></td>
24.                <td><select name='tn$i'>$tnoptions</select></td>
25.            </tr>
26.        _FORM2;
27.    }
28.    echo <<<_FORM3
29.            </tbody>
30.            </table>
31.            <p style="margin-top: 20px">
32.            <input type="submit" class="big" name="Q2" value="确 认"/>
33.            </p>
34.        </form>
35.    _FORM3;
36. }
```

其中，变量 n 指定一次输入几门开课课程。变量 hint 既是表单的标题也是一个提示信息，会显示之前表单提交的处理结果信息。

添加开课信息表单涉及 3 个选择列表及其所需的选项：学期选项、教师选项和课程选项。产生教师选项 HTML 代码和学期选项 HTML 代码的函数已分别在 6.8.1 节和 6.8.2 节介绍。下面定义用于产生课程选项 HTML 代码的 courseOptions 函数。

在 ls_admin 文件夹下创建 courseOptions.php 文件，并在其中定义 courseOptions 函数。代码如下：

```
1. function courseOptions(): string {
2.     $cnoptions ="<option value=''>请选择...</option>";
3.     $cnoptions .="<option value='090101003A'>高等数学</option>";
4.     $cnoptions .="<option value='090101009B'>离散数学</option>";
5.     $cnoptions .="<option value='090201012B'>软件工程</option>";
6.     return $cnoptions;
7. }
```

该函数应该根据管理员所在部门的所有课程构建并返回各选项的 HTML 代码，但目前各选项是固定的，在后续章节将重新定义该函数。

最后可以在 ls_admin 文件夹下创建 ce6.php 文件，用于调用和测试上述函数。代码如下：

```
1. include "pre_suf_fix.php";
2. include "termOptions.php";
3. include "courseOptions.php";
4. include "teacherOptions.php";
5. include "scheduleForm.php";
6. prefix();
7. echo "<div style='width:90%; margin:20px auto; min-height:400px'>";
```

```
 8. $n=3;
 9. $hint="请输入...";
10. scheduleForm();
11. echo "</div>";
12. suffix();
```

提示：运行 ce6.php 文件呈现的添加开课信息表单在表格格式上与如图 6-2 所示的会有所差距，这里暂时不用管它。在第 9 章的实战中，会在 xk.css 文件中引入一组用于表格呈现的 CSS 规则，到那时再运行 ce6.php 文件将呈现如图 6-2 所示格式的添加开课信息表单。

习题 6

一、选择题

（1）下面按引用传递参数的代码是（   ）。

　　A.

```
$x=1;
func($x);
function func(int $a): void { $a +=10; echo $a; }
```

　　B.

```
$x=1;
func($x);
function func(int &$a): void { $a +=10; echo $a; }
```

　　C.

```
$x=1;
func(&$x);
function func(int $a): void { $a +=10; echo $a; }
```

　　D.

```
$x=1;
func(&$x);
function func(int &$a): void { $a +=10; echo $a; }
```

（2）下面函数定义中正确的是（   ）。

　　A.

```
function func(string $a, string $b="OK"): string {
    return $a . $b;
}
```

　　B.

```
function func(string $a="OK", string $B.: string {
    return $a . $b;
}
```

　　C.

```
$x="OK";
function func(string $a, string $b=$x): string {
```

```
        return $a . $b;
    }
```

D.

```
$x="OK";
function func(string $a=$x, string $b): string {
    return $a . $b;
}
```

（3）下面能正确运行并输出 9 的代码是（   ）。

A.

```
function func(int $a, int $b, int $c): int {
    return $a +$b +$c;
}
$a=array(1, 2, 3, 3);
echo func($a);
```

B.

```
function func(int $a, int $b, int $c): int {
    return $a +$b +$c;
}
$a=array(1, 2, 3, 3);
echo func(... $a);
```

C.

```
function func(int $a, int $b, int $c): int {
    return $a +$b +$c;
}
$a=array(1, 3, 5, 7);
echo func($a);
```

D.

```
function func(int $a, int $b, int $c): int {
    return $a +$b +$c;
}
$a=array(1, 3, 5, 7);
echo func(... $a);
```

（4）下面代码涉及匿名函数的是（   ）。

A.

```
function func(): void {}
$y="func";
$y();
```

B.

```
function func(string $f): void {
    if (function_exists($f)) { $f(); }
}
```

C.

```
function func(callable $f): void {}
func(function(){});
```

D.

```
function func(callable $f): void {}
function m(): void {}
func("m");
```

（5）下面有关日期时间的函数，其运行结果与时区无关的是（　　　）。

A. time　　　　　　　B. date　　　　　　　C. getdate　　　　　　　D. mktime

二、程序题

1. 写出下面 PHP 代码运行的输出结果。

（1）

```
function m(int &$a): void{
    ++$a;
}
$x=10;
m($x);
echo $x;
```

（2）

```
function func(array $arr): void{
    unset($arr[0]);
}
$arr=array(1, 2);
func($arr);
echo count($arr);                              // count($arr1)返回数组大小
```

（3）

```
function func(int $a, int $b=10, int $c=100): int {
    return $a+$b+$c;
}
echo func(30, c:60);
```

（4）

```
function sum(int... $numbers): int {
    $acc=0;
    foreach ($numbers as $n) {
        $acc+=$n;
    }
    return $acc;
}
echo sum();
```

（5）

```
function &myFunc(int $a): int {
    $GLOBALS['x']+=$a;
    return $GLOBALS['x'];
```

```php
}
$x=100;
$y=&myFunc(50);
echo $x."-".$y;
```

（6）

```php
function func(int $a): int {
    return $a ** 2;
}
$var="func";
echo $var(3)+$var(4);
```

（7）

```php
function f1(int $n): int {
    return $n+1;
}
function f2(int $n): int {
    return $n+10;
}
$f=function(int $n, callable $a): int {
    $n=$a($n);
    return $n;
};
echo $f($f(10, "f1"), "f2");
```

（8）

```php
date_default_timezone_set("Asia/Shanghai");
$time=mktime(20, 20, 20);
echo date("h:i:s a", $time);
```

2. 根据要求写 PHP 代码。

（1）声明一个函数 gcd，函数接收两个整数 m 和 n，其功能是计算并返回两个整数的最大公约数。

（2）声明一个函数 daysInMonth，函数接收两个参数 month 和 year，其功能是计算并返回指定年份 year 中指定月份 month 包含的天数。参数 year 的默认值为 2022。

（3）按类似"2016-01-30 11:07:54 AM"的格式要求，输出当前时间在当前默认时区的日期时间信息。

（4）按类似"2016-01-30 星期六"的格式要求，输出当前时间在 PRC 时区的日期时间信息。

（5）将 PRC 时区的时间"2012 年 12 月 10 日 15 点 30 分 20 秒"转换为一个表示时间戳的整数，并赋给变量 $t。

第 7 章　字符串处理

本章主题：

- 长度与去空。
- 大小写转换与比较。
- 子串处理。
- 分隔和连接字符串。
- 格式化输出。
- 字符串特殊处理。

在实际应用中，字符串处理是必不可少的，有些时候甚至是非常关键的。前面有关章节介绍了字符串的表示、连接、比较运算以及字符串和其他类型数据之间的转换等知识。本章将讨论如何使用 PHP 内置函数来处理字符串，包括字符串的长度与去空、大小写转换与比较、子串的查找与替换、字符串的分隔与连接以及格式化输出等内容。

7.1　长度与去空

字符串的长度是指字符串包含的字节个数或字符个数。字符串去空通常是指去除字符串首端或尾端的空白字符。

7.1.1　字符串长度

字符串的长度包括字节长度和字符长度。

1. 字节长度

strlen 函数可以获取字符串的字节长度，其格式如下：

```
strlen(string $string): int
```

该函数用于返回参数字符串 string 的字节长度，即字符串占用的字节个数（一个字符可能占用多字节）。

若参数字符串 string 为空串或 null，函数返回 0。

2. 字符长度

mb_strlen 函数可以获取字符串的字符长度，其格式如下：

```
mb_strlen(string $string, ?string $encoding =null): int
```

该函数用于返回参数字符串 string 的字符长度，即字符串包含的字符个数。参数 encoding 指定字符串 string 采用的字符集，通常就是当前脚本文件所采用的字符集。

若参数字符串 string 为空串或 null，函数返回 0。

若不指定参数 encoding 或指定该参数为 null，则函数 mb_internal_encoding() 的返回值（即内部字符集名称）被作为该参数值。

若参数 encoding 指定的字符集与字符串 string 实际采用的字符集不一致，则函数返回的结果可能是不正确的;若参数 encoding 指定的不是一个有效的字符集名称,则函数会抛出一个 Fatal 错误(ValueError)。

3. 字符串编码转换

iconv 函数可以对字符串的编码进行转换,其格式如下:

```
iconv(string $from_encoding, string $to_encoding, string $string): string|false
```

该函数用于将参数字符串 string 从 from_encoding 字符集编码转换为 to_encoding 字符集编码,返回转换了编码的字符串。若转换失败,函数返回 false,并产生一个 Notice 错误。

【例 7-1】 获取字符串的长度。

```
1. header("Content-type:text/html;charset=UTF-8");
2. $str1="PHP 语言";
3. echo strlen($str1)."-".mb_strlen($str1, "UTF-8");          //输出: 9-5
4. $str2=iconv("UTF-8", "GBK", $str1);
5. echo strlen($str2)."-".mb_strlen($str2, "GBK");            //输出: 7-5
```

在该例中,假设 PHP 脚本文件采用的字符集为 UTF-8。第 1 行代码是 PHP 的内置函数 header,其功能是产生一个 HTTP 响应域,告诉浏览器:响应内容是一个 HTML 文档,采用 UTF-8 字符集。

提示:在 UTF-8 中,一般的字符都是用 1～3B 表示的,其中常用的 2 万多个汉字是用 3B 表示的。该字符集经过扩充后,后来收集的字符(包括一些生僻的汉字、网络上使用的表情符等)会用 4B 表示。在 GBK 中,一个汉字用 2B 表示。

7.1.2 字符串去空

去空函数包括 trim、ltrim 和 rtrim。
函数 trim 的格式如下:

```
trim(string $string, string $characters=" \n\r\t\v\x00"): string
```

该函数用于返回参数字符串 string 去除首尾两端空白字符或指定字符后的结果字符串。
函数 ltrim 的格式如下:

```
ltrim(string $string, string $characters=" \n\r\t\v\x00"): string
```

该函数用于返回参数字符串 string 去除首端空白字符或指定字符后的结果字符串。
函数 rtrim 的格式如下:

```
rtrim(string $string, string $characters=" \n\r\t\v\x00"): string
```

该函数用于返回参数字符串 string 去除尾端空白字符或指定字符后的结果字符串。
若不指定参数 characters,上述函数的功能都是去除空白字符。这里空白字符包括空格(""),换行符(\n),回车符(\r),水平制表符(\t),垂直制表符(\v),空字符(\x00)。
也可以通过参数 characters 指定要从字符串首尾两端去除某些特定的字符。在指定需要去除的字符时,可以使用".."(两点)指定一个字符范围,如\x61..\x7a,表示所有的小写字母。

【例 7-2】 字符串去空。代码如下:

```
1. header("Content-type:text/html;charset=UTF-8");
2. $str1="\t1234567\r\n";
3. echo strlen($str1)."-".strlen(trim($str1))."<br/>";        //输出: 10-7
4. $str2="12abc345xyz67";
5. echo trim($str2, "\x30..\x39");                            //输出: abc345xyz
```

在该例中,第 5 行代码去除的是字符串前后两端的所有数字字符,字符串内部的数字字符不会被去除。

7.2 大小写转换与比较

下面介绍有关字符串大小写转换和字符串大小比较的函数。

7.2.1 大小写转换

可以将字符串中的小写字母转换成大写字母,也可以将字符串中的大写字母转换成小写字母。

1. 小写转大写

strtoupper 函数实现小写转大写的功能,其格式如下:

```
strtoupper(string $string): string
```

该函数用于将参数字符串 string 中所有小写字母转换为大写字母,产生一个新的字符串并返回。

2. 大写转小写

strtolower 函数实现大写转小写的功能,其格式如下:

```
strtolower(string $string): string
```

该函数用于将参数字符串 string 中所有大写字母转换为小写字母,产生一个新的字符串并返回。

7.2.2 字符串比较

在 PHP 中,字符串既可以按字典顺序比较大小,也能够按自然顺序比较大小。

1. 按字典顺序比较

按字典顺序比较两个字符串是指从左到右比较两个字符串对应位置上的字符,如果发现两个字符不同,就按这两个字符在字典中的先(小)后(大)次序决定两个字符串的大小。

按字典顺序比较两个字符串大小的函数包括 strcmp 和 strcasecmp,格式如下:

```
strcmp(string $string1, string $string2): int
strcasecmp(string $string1, string $string2): int
```

在参数 string1 大于、等于、小于参数 string2 的情况下分别返回大于 0、等于 0、小于 0 的整数。

函数 strcmp 比较时区分字母大小写,函数 strcasecmp 比较时不区分大小写。

也可以利用关系运算符按字典顺序比较字符串的大小,比较的结果类型是布尔型。

2. 按自然顺序比较

按自然顺序比较两个字符串大小的函数包括 strnatcmp 和 strnatcasecmp,格式如下:

```
strnatcmp(string $string1, string $string2): int
strnatcasecmp(string $string1, string $string2): int
```

在参数 string1 大于、等于和小于参数 string2 的情况下分别返回大于 0、等于 0 和小于 0 的整数。

自然顺序适合于包含数字的项目名称的排序,更符合人类对它们的排序习惯。表 7-1 比较了自然顺序与字典顺序的特点。

表 7-1　自然顺序与字典顺序

未排序的各字符串	Fig.1、Fig.2、Fig.3、…、Fig.9、Fig.10、Fig.11、Fig.12
按字典顺序排序	Fig.1、Fig.10、Fig.11、Fig.12、Fig.2、Fig.3、…、Fig.9
按自然顺序排序	Fig.1、Fig.2、Fig.3、…、Fig.9、Fig.10、Fig.11、Fig.12

有关自然顺序的知识可以在 http://www.naturalordersort.org/网站上获得进一步了解。

（3）函数 strnatcmp 用于比较时区分字母大小写，函数 strnatcasecmp 比较时不区分大小写。

【例 7-3】　字符串比较。代码如下：

```
1. $arr1=$arr2=array("img12.png", "img10.png", "img2.png", "img1.png");
2. usort($arr1, "strcmp");
3. print_r($arr1);
4. echo "<br/>";
5. usort($arr2, "strnatcmp");
6. print_r($arr2);
```

下面是代码运行的输出结果：

```
Array([0]=>img1.png [1]=>img10.png [2]=>img12.png [3]=>img2.png )
Array([0]=>img1.png [1]=>img2.png [2]=>img10.png [3]=>img12.png )
```

在该例中，第 2 行和第 5 行代码都用到了 PHP 内置的 usort 函数。该函数可以对指定数组的各元素依据指定的比较函数进行比较排序，详细内容见第 9 章。

7.3　子串处理

子串是指字符串内连续的一部分字符，包括空串和字符串本身。子串处理涉及子串的获取、子串的查找、子串的替换等操作。

7.3.1　获取子串

substr 和 mb_substr 函数可以获取字符串中指定位置上的子串。

1. substr 函数

该函数的格式如下：

```
substr(string $string, int $offset, ?int $length =null): string
```

该函数用于从参数字符串 string 中以字节为单位取出指定位置上的子串并返回，参数 offset 指定子串的起始字节，参数 length 指定子串的字节数。

若 offset 为非负整数，则子串的起始位置是字符串中索引值为 offset 的字节。例如，offset 为 0，则起始位置就是字符串的首字节。若指定的子串起始位置超越了字符串的最后一字节，则函数返回空串。

若 offset 为负整数，则子串的起始位置是字符串的倒数第 -offset 个字符。例如，offset 为 -5，则起始位置就是字符串的倒数第 5 字节。若指定的子串起始位置超越了字符串的首字节，那么子串的起始位置为首字节。

若不指定参数 length 或指定该参数为 null，则子串从起始位置一直取到字符串的最后一字节。

若 length 为 0,则函数返回空串。

若 length 为正整数,则其指定子串的字节个数;若该值太大,则取至字符串的最后一字节。

若 length 为负整数,则子串从起始位置取至倒数第－length＋1 字节为止,即保留字符串末尾的－length 字节。若要保留的字节包含由 offset 确定的起始字节,则函数返回空串。

2. mb_substr 函数

该函数的格式如下:

```
mb_substr(
    string $string,
    int $start,
    ?int $length =null,
    ?string $encoding =null
): string
```

该函数的功能与 substr 函数的类似,都是以字符为单位取得子串,只是它以字符为单位,而不是以字节为单位,即参数 start 指定子串的起始字符,参数 length 指定子串的字符数。

参数 encoding 用于指定字符串 string 采用的字符集。若不指定该参数或指定该参数为 null,那么函数 mb_internal_encoding() 的返回值(即内部字符集名称)被作为该参数值。

【例 7-4】 获取子串。代码如下:

```
 1. echo substr("abcdef", -1)."<br/>";          //输出: f
 2. echo substr("abcdef", -2)."<br/>";          //输出: ef
 3. echo substr("abcdef", -3, 1)."<br/>";        //输出: d
 4. echo substr("abcdef", 0, -1)."<br/>";        //输出: abcde
 5. echo substr("abcdef", 2, -1)."<br/>";        //输出: cde
 6. echo substr("abcdef", -3, -1)."<br/>";       //输出: de
 7. var_dump(substr("abcdef", -3, -4));          //输出: string(0) ""
 8. var_dump(substr("abcdef", 3, -3));           //输出: string(0) ""
 9. $str="PHP 语言";
10. echo substr($str, 3, 3)."<br/>";             //输出: 语
11. echo mb_substr($str, 3, 2, "UTF-8");         //输出: 语言
```

7.3.2 查找子串

查找子串是指在字符串中定位指定的子串,返回子串首字符在字符串中的位置。用于查找子串的函数包括 strpos、stripos、strrpos 和 strripos。

1. strpos 函数

该函数的格式如下:

```
strpos(string $haystack, string $needle, int $offset =0): int|false
```

该函数用于返回子串 needle 在字符串 haystack 中第一次出现的位置。若在字符串中没有发现该子串,函数返回 false。

默认情况下,函数从字符串的首字符(索引值为 0)开始往后搜索子串。若指定 offset 且为正的,则从索引值为 offset 的字符开始往后搜索。若指定 offset 为负的,则从倒数第－offset 个字符开始往后搜索。

参数 offset 的取值范围是[－length，length]，其中，length 是字符串 haystack 的长度。若超出该范围，函数抛出一个 Fatal 错误(ValueError)。

2. stripos 函数

该函数的格式如下：

```
stripos(string $haystack, string $needle, int $offset =0): int|false
```

该函数在功能上与 strpos 函数类似，只是在搜索子串时不区分字母的大小写。

3. strrpos 函数

该函数的格式如下：

```
strrpos(string $haystack, string $needle, int $offset =0): int|false
```

该函数用于返回子串 $needle 在字符串 $haystack 中最后一次出现的位置。若在字符串中没有发现该子串，函数返回 false。

在默认情况下，函数从字符串的首字符(索引值为 0)开始往后搜索子串，直至字符串的尾部。若指定 offset 且为正的，则从索引值为 offset 的字符开始往后搜索，直至字符串的尾部。若指定 offset 为负的，则从字符串的首字符(索引值为 0)开始往后搜索子串，直至字符串的倒数第－offset 个字符为止，此时只要子串的首字符在该范围内即可。

参数 offset 的取值范围是[－length，length]，其中，length 是字符串 haystack 的长度。若超出该范围，函数抛出一个 Fatal 错误(ValueError)。

4. stripos 函数

该函数的格式如下：

```
strripos(string $haystack, string $needle, int $offset =0): int|false
```

该函数在功能上与 strrpos 函数类似，只是在搜索子串时不区分字母的大小写。

【例 7-5】 查找子串。假设 PHP 文件采用 UTF-8 字符集。

```
1. $str="MySQL 数据库 MySQL 数据库";
2. $str1="SQL";
3. //strpos 函数
4. var_dump(strpos($str, $str1));              //输出: int(2)
5. var_dump(strpos($str, $str1, 3));           //输出: int(16)
6. //strrpos 函数
7. var_dump(strrpos($str, $str1));             //输出: int(16)
8. var_dump(strrpos($str, $str1, 17));         //输出: bool(false)
9. var_dump(strrpos($str, $str1, -13));        //输出: int(2)
10. var_dump(strrpos($str, $str1, -12));       //输出: int(16)
```

7.3.3 替换子串

替换子串是指用特定内容(称为替换串)替换字符串中指定的子串。能实现子串替换功能的函数包括 str_replace 和 substr_replace。

1. str_replace 函数

函数的格式如下：

```
str_replace(
    array|string $search,
    array|string $replace,
    string|array $subject,
    int &$count =null
): string|array
```

该函数用于将 subject(字符串)中出现的所有 search(子串)替换为 replace(替换串),并返回替换后的结果字符串。

如果参数 search 和 replace 都是数组,则依次用 search 中的各个元素(子串)和 replace 中的对应元素(替换串)对 subject(字符串)进行子串替换操作;如果 replace 的元素比 search 的元素少,则用空串作为 search 中多余元素的替换串。

如果参数 search 是数组,而参数 replace 是字符串,则 replace 被用作 search 中的每个元素(子串)的替换串。

如果参数 subject 是一个数组,则上述子串替换操作将依次执行于 subject 数组的每个元素,函数返回一个数组。

如果指定 count 变量,则在函数返回时,该变量将保存着执行替换操作的次数。

【例 7-6】　用 str_replace 函数实现子串替换。代码如下:

```
 1. $str="Line 1\nLine 2\rLine 3\r\nLine 4";
 2. $order=array("\r\n", "\n", "\r");
 3. $replace='<br />';
 4. echo str_replace($order, $replace, $str)."<br/>";
 5. echo "------------------<br />";
 6. $letters=array('a', 'p');
 7. $fruit=array('apple', 'pear');
 8. $text='a p';
 9. $output=str_replace($letters, $fruit, $text, $count);
10. echo $output."<br/>";
11. echo $count."<br/>";
```

下面是代码运行的呈现结果:

```
Line 1
Line 2
Line 3
Line 4
------------------
apearpearle pear
4
```

2. substr_replace 函数

函数的格式如下:

```
substr_replace(
    array|string $string,
    array|string $replace,
    array|int $offset,
    array|int|null $length=null
): string|array
```

该函数用于将字符串 string 中从 offset 开始、长度为 length 的子串替换为 replace,返回替换后的结果字符串。

参数 offset 指定要被替换的子串的起始位置。若 offset 为非负整数,子串的起始位置是字符串中索引值为 offset 的字符;若 offset 为负整数,子串的起始位置是字符串的倒数第−offset 个字符。

参数 length 指定要被替换的子串的长度。若省略 length(或指定为 null),则子串从起始位置取至最后一个字符;若 length 为正整数,则其指定子串的长度;若 length 为负整数,则子串从起始位置取至倒数第−length＋1 个字符为止;若 length 为 0,函数的功能是插入,即在起始位置之前插入替换串。

如果参数 string 是数组,则函数返回一个数组。此时 replace、offset 和 length 会依次应用于 string 中的每个元素。如果 replace、offset 和 length 也是数组,则包括 string 在内的各数组对应元素分别进行替换操作。

【例 7-7】 用 substr_replace 实现子串替换。代码如下:

```
1. $strings=array("a equals 1", "b equals 2", "c equals 3");
2. $result=substr_replace($strings, "=", 2, 6);
3. print_r($result);
```

下面是代码运行的呈现结果:

```
Array ([0]=>a=1 [1]=>b=2 [2]=>c=3)
```

7.4 分隔和连接字符串

分隔字符串是指将一个字符串分隔成若干子串;连接字符串是指将若干字符串连接成一个新的字符串。

1. explode 函数

实现字符串分隔,其格式如下:

```
explode(string $separator, string $string, int $limit =PHP_INT_MAX): array
```

该函数会依据分隔字符串 separator 将字符串 string 分隔成若干子串,并将各子串保存在一个数组中返回。

若 limit 指定为正整数,则返回的数组最多包含 limit 个元素,其中最后一个元素包含 string 的剩余部分;若 limit 指定为 0,被当作 1 处理,此时返回的数组仅包含 1 个元素,即字符串 string 本身;若 limit 指定为负整数,则返回的数组包含除了最后−limit 个子串外的所有子串,可能会不包含任何元素。

参数 separator 不能是空串,否则会抛出一个 Fatal 错误(ValueError)。

2. implode 函数

实现字符串连接,其格式有两种。

格式 1:

```
implode(string $separator, array $array): string
```

格式 2(不支持名称参数):

```
implode(array $array): string
```

该函数用于将参数数组 array 中的各元素值连接成一个字符串返回,两个元素值之间用参数 separator 连接。separator 的默认值是空串。

【例 7-8】 字符串的分隔与连接。代码如下:

```
1. $str='one|two|three|four';
2. // explode 函数
3. $arr=explode('|', $str);
4. print_r($arr);                          //输出 Array ([0]=>one [1]=>two [2]=>three [3]=>four )
5. echo "<br/>";
6. print_r(explode('|', $str, 2));         //输出 Array ([0]=>one [1]=>two|three|four )
7. echo "<br/>";
8. print_r(explode('|', $str, 1));         //输出 Array ([0]=>one|two|three|four )
9. echo "<br/>";
10. print_r(explode('|', $str, -1));       //输出 Array ([0]=>one [1]=>two [2]=>three )
11. echo "<br/>";
12. // implode 函数
13. echo implode(":", $arr);               //输出 one:two:three:four
```

7.5 格式化输出

格式化输出是指按照指定的格式要求,将各种类型数据转换成字符串并输出。这里介绍相关的两个函数 printf 和 sprintf。

1. printf 函数

用以格式化指定数据并输出,其格式如下:

```
printf(string $format, mixed... $values): int
```

该函数会根据格式串 format 对其他参数数据 values 进行格式化产生一个字符串并输出。函数返回格式化产生的字符串的字节长度。

格式串由普通字符和指令组成。普通字符原样出现在结果串中,指令通过应用于对应的参数数据出现在结果串中。

格式串中的指令数目应与之后的参数数据个数一致。如果指令少于参数数据,则多余的参数数据被忽略;如果指令多于参数数据,则抛出一个 Fatal 错误(ArgumentCountError)。

指令的一般语法格式如下:

```
%[<序号>$][+|'<填充符>|-]*[<宽度>][.<精度>]<类型>
```

其中参数说明如下。

(1) <序号>:默认情况下,各指令按顺序位置应用于对应的参数数据。如果指定了序号(后跟 $ 符号),则指令应用于序号指定的第几个参数数据。

(2) +:默认情况下,正数不输出"+",负数输出"−"。如果指定符号"+",正数也会输出"+"。

(3) '<填充符>:默认情况下,空格会填充多余的空间以满足指定的宽度。可以指定其他的字符填充多余的空间。除了空格和 0,其他填充符必须以"'"作为前缀。

(4) -:默认情况下,数据在指定的宽度内右对齐。如果指定"-",则数据在指定宽度内左对齐。

(5) 精度:精度以小数点开始。对于浮点数来说,精度指明了小数点后面要显示的位数。对于字符串来说,精度指明保留多少个字符(字节),后面的字符被截掉。

指令中的类型标识符指明该指令如何解释并应用于参数数据,各种类型标识符及其意义如表 7-2 所示。

表 7-2 指令中的类型及其意义

类型标识符	意义
b	解释为整数,表示为相应的二进制形式
c	解释为整数,作为一个字符的 ASCII 码,表示为相应的字符(宽度无效)
d	解释为整数,表示为一个有符号十进制数
f	解释为浮点数
e	解释为浮点数,表示为科学记数法形式,例如 1.2e+2
E	解释为浮点数,表示为科学记数法形式,例如 1.2E+2
o	解释为整数,表示为相应的八进制形式
s	解释为字符串
u	解释为整数,表示为一个无符号十进制数。例如−1 表示为 4294967295
x	解释为整数,表示为相应的十六进制形式(使用小写字母 a~f)
X	解释为整数,表示为相应的十六进制形式(使用大写字母 A~F)

【例 7-9】 格式化输出。代码如下:

```
1. $num=50;
2. $location='tree';
3. $format="There are %d monkeys in the %s<br />";
4. printf($format, $num, $location);
5. $format="There are %2$d monkeys in the %1$s<br />";
6. printf($format, $location, $num);
7. $price=12.567;
8. printf("The price is %5.2f.", $price);
```

下面是代码运行的输出结果:

```
There are 50 monkeys in the tree
There are 50 monkeys in the tree
The price is 12.57.
```

2. sprintf 函数

用以格式化指定数据并返回,其签名如下:

```
sprintf(string $format, mixed... $values): string
```

该函数会根据格式串 format 对其他参数数据 values 进行格式化产生一个字符串并返回。与 printf 函数不同,sprintf 函数不产生输出。

7.6 字符串特殊处理

这里介绍几个会对字符串进行特殊处理的函数：nl2br、htmlspecialchars、addslashes 和 urlencode。

1. nl2br 函数

该函数的格式如下：

```
nl2br(string $string, bool $use_xhtml =true): string
```

该函数用于在参数字符串 string 中的每个新行符(\n、\r、\n\r 或\r\n)前插入 HTML 换行元素，产生新的字符串返回。默认情况下，插入的换行元素是＜br /＞，如果参数 use_xhtml 设置为 false，则插入的换行元素是＜br＞。

提示：浏览器呈现 HTML 文档时，普通意义上的新行符会被忽略(通常仅显示为一个空格)。插入＜br /＞或＜br＞可以达到换行的效果。

【例 7-10】 使用 nl2br 函数。代码如下：

```
1. $string="Welcome\r\nChina\nBeijing";
2. $str=nl2br($string);// Welcome<br />\r\nChina<br />\nBeijing
3. echo $str;
```

下面是代码运行的呈现结果：

```
Welcome
China
Beijing
```

2. htmlspecialchars 函数

该函数的格式如下：

```
htmlspecialchars(
    string $string,
    int $flags=ENT_QUOTES | ENT_SUBSTITUTE | ENT_HTML401,
    ?string $encoding=null,
    bool $double_encode=true
): string
```

该函数用于将参数字符串 $string 中的一些特殊字符转换成 HTML 实体，以使这些字符不作为 HTML 的语法成分被浏览器处理，而是在浏览器上原样呈现。表 7-3 列出了特殊字符及其相应的 HTML 实体。

表 7-3 特殊字符及其相应的 HTML 实体

特 殊 字 符	HTML 实体
&	&amp;
"	&quot;
'	'（如果是 ENT_HTML401），或者 '（其他）
<	&lt;
>	&gt;

（1）参数 flags 取由以下一个或多个标记常量组成的位掩码，用于指定如何处理引号（①～③）、如何处理无效码单元序列（④～⑥）和使用的文档类型（⑦～⑩）。

① ENT_COMPAT：转换双引号，不转换""""。

② ENT_QUOTES：既转换双引号，也转换""""。

③ ENT_NOQUOTES：""""""都不转换。

④ ENT_IGNORE：丢弃无效的码单元序列，而不是返回空字符串作为函数值。

⑤ ENT_SUBSTITUTE：替换无效的码单元序列为 Unicode 替代字符◆，而不是返回空字符串作为函数值。

⑥ ENT_DISALLOWED：替换文档的无效码点为 Unicode 替代字符◆，而不是把它们留在原处。

⑦ ENT_HTML401：按 HTML 4.01 处理代码。

⑧ ENT_XML1：按 XML 1 处理代码。

⑨ ENT_XHTML：按 XHTML 处理代码。

⑩ ENT_HTML5：按 HTML 5 处理代码。

该参数的默认值为 ENT_QUOTES｜ENT_SUBSTITUTE｜ENT_HTML401。

（2）参数 $encoding 指定字符串所用的字符集名称，如 UTF-8、GB2312 等。默认情况下，会调用函数 ini_get("default_charset") 获得系统设置的默认字符集作为参数值。

（3）参数 $double_encode 指定是否对现有的 HTML 实体进行转换，默认值为 true，即要转换。

【例 7-11】　使用 htmlspecialchars 函数。代码如下：

```
1. $old ="<span>This's 语言</span>";
2. echo $old;
3. echo "<br/>";
4. $new=htmlspecialchars($old, ENT_COMPAT|ENT_SUBSTITUTE|ENT_HTML401);
5. echo $new;              // &lt;span&gt;This's 语言 &lt;/span&gt;
6. echo "<br />";
7. $new1=htmlspecialchars($new);
8. echo $new1;             // &amp;lt;span&amp;gt;This&#039;s 语言 &amp;lt;/span&amp;gt;
9. echo "<br />";
10. $new2=htmlspecialchars($new, double_encode:false);
11. echo $new2;            // &lt;span&gt;This&#039;s 语言 &lt;/span&gt;gt;
```

下面是代码运行的呈现结果：

```
This's 语言
<span>This's 语言</span>
&lt;span&gt;This's 语言 &lt;/span&gt;
<span>This's 语言</span>
```

3. addslashes 函数

该函数的格式如下：

```
addslashes(string $str): string
```

该函数用于在参数字符串 $str 中的一些特殊字符前加上"\"产生一个新的字符串返回。这里，特殊字符包括""""""""\"与空字符（NUL）。

当要把数据插入数据库，或者要利用该数据构建 SQL 语句时，应考虑使用该函数对数据中的上述特殊字符进行转义。

【例 7-12】 使用 addslashes 函数。代码如下：

```
1. $name="O'Reilly";
2. $name=addslashes($name);
3. $sql="select * from company where name ='$name'";
4. echo $sql;
```

下面是代码运行的呈现结果：

```
select * from company where name='O\'Reilly'
```

4. urlencode 函数

该函数的格式如下：

```
urlencode(string $str): string
```

该函数用于对参数字符串 $str 进行 URL 编码并返回。经常用于对作为 URL 中查询参数值的字符串进行相应的编码，以便作为 URL 的一部分。

URL 由一些分隔符将各部分连接起来形成。这些分隔符是 URL 语法的保留字符，包括"："""/""？"
"#""="等。如果 URL 中的查询参数值包含这些保留字符，则需要对其进行 URL 编码。

在进行 URL 编码时，除字母、数字及"-""_""."等字符外，其他字符都将被编码为一个或多个"％"
后跟两位十六进制数的字符序列。空格被编码为"＋"。如果查询参数值包含"＋"，同样需要对其进行
URL 编码，此时"＋"被编码为％2B。

【例 7-13】 使用 urlencode 函数。代码如下：

```
1. $book1="PHP&MySQL Web 应用";
2. $book1=urlencode($book1);
3. $book2="PHP+MySQL Web 应用";
4. $book2=urlencode($book2);
5. echo "<a href='7-13-p.php?i1=$book1&i2=$book2'>YES</a>";
```

该例在运行时，会呈现一个超链接元素。单击超链接文本 YES，将请求名为 7-13-p.php 的 PHP 文
件并携带两个请求参数。假设 7-13-p.php 文件的代码如下：

```
1. $book1=$_GET['i1'];
2. $book2=$_GET['i2'];
3. echo $book1, "-", $book2;
```

则代码运行的输出结果如下：

```
PHP&MySQL Web 应用 - PHP+MySQL Web 应用
```

习题 7

一、选择题

1. 按自然顺序比较两个字符串大小的函数是（　　）。

    A. strcmp   B. strnatcmp

    C. compareString   D. compareStringWithNatural

2. 能够将字符串 $x 开始部分的数字字符去除的函数是（　　）。

    A. rtrim($x,"0..9")   B. rtrim($x,"0-9")

   C. ltrim($x,"0..9")   D. ltrim($x,"0-9")

 3. 假设 $x 的值如下（采用 UTF-8 编码）。

```
$x="北京八达岭长城";
```

则可以返回字符串"八达岭"的函数是（ ）。

   A. substr($x,2,3)   B. substr($x,6,9)

   C. mb_substr($x,3,3)   D. mb_substr($x,6,9)

 4. 假设 $x、$y 和 $z 的值如下：

```
$x="abc123abc";
$y=array("bc", "y1");
$z="xy";
```

则能够返回字符串"axxy23axy"的函数是（ ）。

   A. str_replace($x, $y, $z)   B. str_replace($x, $z, $y)

   C. str_replace($y, $x, $z)   D. str_replace($y, $z, $x)

 5. 假设 $x 的值如下。

```
$x="one|two|three|four";
```

则能基于定界符"|"对上述字符串进行分隔的函数是（ ）。

   A. implode("|", $x)   B. implode($x, "|")

   C. explode("|", $x)   D. explode($x, "|")

二、程序题

1. 写出下面 PHP 代码运行的输出结果。

（1）

```
//假设代码文件采用 UTF-8 字符集
$str="您好 hello\t\n";
echo strlen($str), "-", mb_strlen($str), "-", mb_strlen(trim($str));
```

（2）

```
$arr1=array("img12.png", "img10.png", "img2.png", "img1.png");
usort($arr1, "strnatcmp");
print_r($arr1);
```

（3）

```
//假设代码文件采用 UTF-8 字符集
$str="PHP 教程 PHP 教程";
echo strpos($str, "HP"), "-", strpos($str, "HP", -9), "-";
echo strrpos($str, "HP"), "-", strrpos($str, "HP", -9);
```

（4）

```
$email="user@example.com";
$len=strlen($email);
$p=strpos($email, "@");
echo substr($email, $p+1), "-", substr($email, 0, -($len-$p));
```

(5)

```
$x='apple';
echo substr_replace ($x, 'x', 1, 2);
```

(6)

```
$search=array('A', 'B', 'C');
$replace=array('AB', 'BC', 'CD');
$subject='AB';
echo str_replace($search, $replace, $subject);
```

2. 根据要求写 PHP 代码。

（1）有一字符串 $str，试编写代码去除字符串尾部的所有数字字符。

（2）有一个字符串 $str，其值是用符号♯分隔的一组英文单词。试编写代码把各单词取出放入一个新创建的数组 $arr 中。

（3）有一个数组 $arr，其中每个元素存放着一个英文单词。试编写代码把各单词取出并用"%"将其连接成一个字符串 $str。

（4）编写一个自定义函数：

```
endwith(string $substring, string $string): bool
```

函数测试字符串 string 是否以子串 substring 结尾，若是函数返回 true，否则返回 false。

（5）编写一个自定义函数 reverse。函数接收一个字符串（可能包含汉字），返回参数字符串反转后的字符串。如参数字符串为"上海自来水"，返回字符串应该是"水来自海上"。

第8章 正则表达式

本章主题：

- 字符类。
- 元字符与转义序列。
- 选项模式与子模式。
- 量词。
- 断言。
- PHP 模式匹配函数。

正则表达式（Regular Expression，RE）是一个从左到右匹配目标字符串的模式，可以用于验证某个字符串或子串是否具有特定的格式，或者执行更复杂的子串搜索或替换操作。目前，很多工具软件、应用软件、编程语言和脚本语言都支持正则表达式。

PHP 支持两种正则表达式：Perl 兼容正则表达式（Perl Compatible Regular Expressions，PCRE）和可移植操作系统接口（Portable Operating System Interface，POSIX）扩展正则表达式。这里介绍 Perl 兼容正则表达式及其使用。

一个 PCRE 正则表达式（模式）放置在定界符之间，前后定界符要一致，可以使用除字母、数字、空白字符和"\"之外的字符。经常使用的定界符是"/"。例如，/food/是一个模式，可以匹配所有包含 food 的字符串。

本章首先介绍 PCRE 正则表达式的各种语法成分及其用法，然后介绍 PHP 中使用正则表达式的相关函数。

8.1 字符类

一个字符类在目标字符串中匹配一个单独的字符。字符类包括一般字符类和特殊字符类。

1. 一般字符类

一般字符类由"[]"表示，"[]"内是可以匹配的字符集合。例如一般字符类[abc]可以匹配字母 a、b 或 c。

"[]"内开始处也可以出现符号"^"，表示"相反""排除"的意思，此时"[]"内应该列出不能匹配的任何字符。例如，一般字符类[^abc]可以匹配除字母 a、b 和 c 之外的任何字符。

"[]"内还可以用"-"表示范围。例如，一般字符类[A-Z]可以匹配任何一个大写英文字母。表 8-1 给出了一般字符类的语法及其含义。

表 8-1　一般字符类的语法及含义

一般字符类	含　义
[...]	字符集合。匹配所包含的任意一个字符。例如，'[abc]'可以匹配"plain"中的'a'
[^...]	反向字符集合。匹配未包含的任意字符。例如，'[^abc]'可以匹配"plain"中的'p'

续表

一般字符类	含 义
[<char1>-<char2>]	字符范围。匹配指定范围内的任意字符。例如，'[a-z]'可以匹配任意小写字母
[^<char1>-<char2>]	排除式字符范围。匹配任何不在指定范围内的任意字符。例如，'[^a-z]'可以匹配任何非小写字母字符

2. 特殊字符类

特殊字符类除"."之外，其他都以"\"跟一个特定字母组成，表示相应的某类字符，如"\d"表示数字类，可以匹配任何一个数字。

除"."之外，其他特殊字符类既可以出现在"[]"内（一般字符类），也可以出现在"[]"外。"."作为特殊字符类只能出现在"[]"外，匹配除"\n"外的任何单个字符，如果出现在"[]"内（一般字符类），则表示"."本身。

特殊字符类及其含义如表8-2所示。其中，单词字符指的是任意字母、数字和"_"，也就是任意可以组成 Perl 单词的字符。

表 8-2　特殊字符类及其含义

特殊字符类	含 义
.	出现在"[]"外，匹配除"\n"外的任何单个字符。例如，"a.c"可以匹配 abc、acc、a2c、a-c、a#c 等
\w	匹配包括"_"的任何单词字符，等价于[A-Za-z0-9_]
\W	匹配任何非单词字符，等价于[^A-Za-z0-9_]
\d	匹配一个数字字符，等价于[0-9]
\D	匹配一个非数字字符，等价于[^0-9]
\s	匹配任何空白字符，包括空格、制表符、换页符等，但不包括"\v"，等价于[\n\r\f\t]。说明："[]"内最后包含一个空格
\S	匹配任何非空白字符。等价于[^\n\r\f\t]

【例 8-1】 使用字符类。代码如下：

```
1. echo preg_match("/111[abc]999/", "other111h999other");          //输出：0
2. echo preg_match("/111[^a-z]999/", "other111W999other");         //输出：1
3. echo preg_match("/111[\s.]999/", "other111s999other");          //输出：0
4. echo preg_match("/111\s.999/", "other111\r\t999other");         //输出：1
5. echo preg_match("/\w\d.\s\d/", "othera12 3other");              //输出：1
6. echo preg_match("/\w\d.\s\d/", "othera12\s3other");             //输出：0
```

在该例中，preg_match 是一个 PHP 的模式匹配函数。其中，第 1 个参数指定一个正则表达式，第 2 个参数指定要验证的字符串。若要验证的字符串与指定的正则表达式相匹配，则函数返回 1，否则函数返回 0。

8.2 元字符与转义序列

元字符是正则表达式语言保留的、具有特定语法作用的字符。转义序列是以"\"开头的字符序列，用以匹配某个字符。

1. 元字符

在正则表达式中，每个元字符有其特殊含义。如果要匹配这些字符本身，一般可以在这些字符前面

加"\"。元字符包括"-""＄""（""）""＊""＋""?""．""[""{""|""\""^"。

（1）元字符"-"用在"[]"内，表示字符范围。如果出现在"[]"外，则该字符没有特殊的语法作用，加或不加"\"都表示这些字符本身。

（2）元字符"＄""（""）""＊""＋""?""．""[""{""|"用在"[]"外。其中，"．"和"["在前面已经介绍，其他符号会在后面陆续介绍。如果出现在"[]"内，这些字符没有特殊的语法作用，加或不加"\"都表示这些字符本身。

（3）元字符"\"和"^"既可用在"[]"外，也可用在"[]"内。其中，"\"表示转义字符，"^"在"[]"内表示"相反""排除"的意思，在"[]"外表示一个断言。无论是在"[]"内还是在"[]"外，一般可分别用"\\"或"^"匹配这两个字符本身。

2. 转义序列

在正则表达式中，转义序列是指由"\"开头的字符序列，用于匹配特定的字符。前面介绍的除"．"之外的特殊字符类就属于转义序列，例如"\d"用于匹配任何一个数字字符。

这里介绍另外两种转义序列。

（1）匹配元字符。元字符在特定的上下文中都有其特定的语法作用，但是如果在这些元字符前加上"\"，则形成了转义序列，这样在任何上下文中，该转义序列都匹配元字符本身。也就是说，在任何上下文中，只要在任何非数字字母字符前加"\"，就会形成转义序列，用于匹配该字符本身。

（2）匹配非打印字符。与字符串中用一些特定的转义序列来表示一些非打印字符一样，正则表达式也指定了一些特定的转义序列，用于匹配一些非打印字符。例如，转义序列"\n"用于匹配一个换行符。

也就是说，可以用由字符码值组成的转义序列匹配对应的字符。例如转义序列\012 或\xA 同样可以匹配换行符。

表 8-3 给出了上述两种转义序列的内容。

表 8-3　正则表达式中的转义序列

转义序列	匹配的字符
\非数字字母字符	匹配该非数字字母字符
\f	匹配一个换页符，即\x0c
\n	匹配一个换行符，即\x0a
\r	匹配一个回车符，即\x0d
\t	匹配一个制表符，即\x09
\v	匹配一个垂直制表符，即\x0b
\e	匹配一个 Esc 字符，即\x1b
\<octal>	由 3 位八进制码指定的字符，如\101 匹配一个字母 A
\x<hex>	由 1 位或 2 位十六进制码指定的字符，如\x41 匹配一个字母 A
\c<char>	匹配由<char>指明的控制字符，如\cM 匹配一个 Control-M

由于正则表达式也被表示成字符串，所以要区分字符串中的转义序列和正则表达式中的转义序列。在具体处理时，PHP 解释器会先把字符串中的转义序列表示为相应的字符，然后正则表达式解释器再用正则表达式中的转义序列去匹配目标字符串中的相应字符。例如，在一个用双引号字符串表示的正

则表达式中有 4 个"\"，PHP 解释器首先会将其表示为两个"\"，然后正则表达式解释器会再用其去匹配单个"\"。

【例 8-2】　转义元字符和转义序列。代码如下：

```
1. echo preg_match('/a\n\x30\[/', 'a\n0[');          //输出：0
2. echo preg_match('/a\n\x30\[/', "a\n0[");          //输出：1
3. echo preg_match("/a\n\x30\[/", 'a\n0[');          //输出：0
4. echo preg_match("/a\n\x30\[/", "a\n0[");          //输出：1
5. echo preg_match('/a\\\n\x30\[/', 'a\n0[');        //输出：1
6. echo preg_match("/a\\\n\x30\[/", 'a\n0[');        //输出：0
```

在该例中，第 5 行代码中的正则表达式字符串是一个单引号字符串，经处理字符串中的转义序列后得到的正则表达式应该是/a\\n\x30\[/。然后正则表达式解释器会用它去匹配目标字符串。在该例中，转义序列"\\"匹配一个"\"，转义序列\x30 匹配数字 0，转义序列"\["匹配字符"["。

8.3　选项模式与子模式

字符类、转义序列等用于匹配特定字符，而选项模式与子模式则属于模式的结构成分。

1. 选项模式

选项模式是指提供多个可选模式，只要有一个模式能够匹配即告成功。

选项模式用"|"表示，即在两个可选模式之间用"|"分隔。匹配的处理从左到右尝试每一个可选模式，并且使用第一个成功匹配的。

例如，模式"/com|edu|net/"可以匹配"com"、"edu"或"net"。

2. 子模式

子模式是模式的一部分。子模式以"()"为定界符，并且可以嵌套。将一个模式中的一部分标记为子模式主要有以下两个作用。

(1) 将选项模式局部化。例如，模式"/cat(arcat|erpillar|)/"可以匹配"cat"、"cataract"或"caterpilla"。

注意：其中的子模式中有 3 个可选项，最后一个可选项为空。

(2) 除了可以保存和获取整个模式的匹配结果，还能够保存和获取各子模式的匹配结果。

有关子模式的语法格式及其含义如表 8-4 所示。

表 8-4　子模式的语法及其含义

子　模　式	含　　义
(<pattern>)	捕获式子模式，所获取的子模式匹配结果会保存在相应的数组中
(?:<pattern>)	非捕获式子模式，所获取的子模式匹配结果不会进行存储
\<num>	后向引用，匹配之前第 num 个已保存的子模式匹配结果

不仅整个模式的匹配结果能够保存，各子模式的匹配结果也可以保存。但在实际应用中，并不是所有的子模式匹配结果都需要保存。在子模式定义的"("后面紧跟字符串"?:"，会使得该子模式的匹配结果不被保存，称为非捕获子模式。

在匹配过程中，先有子模式的匹配，后有整个模式的匹配。后向引用是指引用之前保存下来的某个子模式匹配结果来匹配当前的目标内容。在后向引用中，num 应是一个大于 0 的整数，且之前至少有 num 个已保存的子模式匹配结果。

【例 8-3】 选项模式与子模式。代码如下：

```
1. echo preg_match('/industry|industries/', 'industries');    //输出: 1
2. echo "<br />";
3. $ret=preg_match('/industr(y|ies)/', '123 industries 456', $result);
4. print_r($ret);                                //输出: 1
5. echo "<br />";
6. print_r($result);                    //输出: Array ([0]=>industries [1]=>ies)
7. echo "<br />";
```

在该例中，第 3 行代码中的 preg_match 函数的参数不仅包含模式和目标字符串，还包括第 3 个参数 $result。参数 $result 用于存储模式和子模式的匹配结果，其类型是一个数组，其中第 1 个元素（索引为 0）保存着整个模式的匹配结果，后面各元素根据子模式出现的先后次序依次保存各子模式的匹配结果。若子模式出现嵌套，那么外部子模式的匹配结果保存在前面，内部子模式的匹配结果保存在后面。

【例 8-4】 非捕获子模式与后向引用。代码如下：

```
1. //非捕获子模式
2. $ret=preg_match('/(?:red|white) (king|queen)/', 'the white queen', $result);
3. print_r($ret);          //输出: 1
4. echo "<br />";
5. print_r($result);       //输出: Array ([0]=>white queen [1]=>queen )
6. echo "<br />";
7. //后向引用
8. $ret=preg_match('/(sens|respons)e and \1ibility/', 'sense and sensibility', $result);
9. print_r($ret);          //输出: 1
10. echo "<br />";
11. print_r($result);       //输出: Array ([0]=>sense and sensibility [1]=>sens )
```

在该例中，第 2 行代码中的模式"/(?:red|white)（king|queen)/"匹配目标字符串"the white queen"的结果将是如下数组：

```
array("white queen","queen")
```

其中，第 1 个元素是整个模式的匹配结果，第 2 个元素是第 2 个子模式的匹配结果。第 1 个子模式是一个非捕获匹配，其匹配结果没有被保存。

第 8 行代码中，模式"/(sens|respons)e and \1ibility/"将会匹配"sense and sensibility"和"response and responsibility"，但不会匹配"sense and responsibility"。

注意：模式中"\"后是数字 1，是一个后向引用。

8.4 量词

量词用于指定重复次数，出现在要重复的内容后面。可以重复的内容如下。

（1）单独字符。

（2）字符类。

（3）转义序列。

（4）后向引用。

（5）子模式。

表 8-5 列出了各种量词的语法及其含义。默认情况下，量词都是"贪婪"的，也就是说，它们会在不

导致模式剩余部分匹配失败的前提下,尽可能多地匹配字符(直到最大允许的匹配次数)。当一个量词紧跟"?"时,它就会成为"非贪婪"的,它不再尽可能多地匹配,而是尽可能少地匹配。注意,"?"本身也是量词,表示 0 次或 1 次。所以此处"?"有两种含义及相应的用法。

表 8-5 量词的语法及其含义

量　词	含　义
*	匹配 0 次或更多次。例如,'xy * z'可以匹配"xz"、"xyz"、"xyyz"等。"*"等价于{0,}
+	匹配 1 次或更多次。例如,'xy+z'可以匹配"xyz"、"xyyz"等。"+"等价于{1,}
?	匹配 0 次或 1 次。例如,'do(es)? '可以匹配"do"和"does"。"?"等价于{0,1}
{<n>}	严格匹配 n 次。例如,'xy{2}z'可以匹配"xyyz"
{<n>,}	至少匹配 n 次。例如,'xy{2,}z'可以匹配"xyyz"、"xyyyz"、"xyyyyz"等
{<n>,<m>}	至少匹配 n 次、最多匹配 m 次。例如,'xy{2,3}z'可以匹配"xyyz"、"xyyyz"
?	该字符紧跟在其他量词(*、+、?、{n,}、{n,m})后面时,形成"非贪婪"匹配

【例 8-5】 使用量词。代码如下:

```
1. $s="agoogooogle";
2. //范围量词{n,m}
3. $ret=preg_match('/g[a-z]{2,3}g/', $s, $result, PREG_OFFSET_CAPTURE);
4. print_r($ret);              //输出: 1
5. print_r($result);          //输出: Array ([0] =>Array ([0] =>goog [1] =>1 ) )
6. //固定次数量词{n}
7. $ret=preg_match('/g[a-z]{3}g/', $s, $result, PREG_OFFSET_CAPTURE);
8. print_r($ret);              //输出: 1
9. print_r($result);          //输出: Array ([0] =>Array ([0] =>gooog [1] =>4 ) )
10. //量词 *
11. $ret=preg_match('/g[a-z] * g/', $s, $result, PREG_OFFSET_CAPTURE);
12. print_r($ret);              //输出: 1
13. print_r($result);          //输出: Array ([0] =>Array ([0] =>googoooog [1] =>1 ) )
14. //非贪婪匹配
15. $ret=preg_match('/g[a-z] * ?g/', $s, $result, PREG_OFFSET_CAPTURE);
16. print_r($ret);              //输出: 1
17. print_r($result);          //输出: Array ([0] =>Array ([0] =>goog [1] =>1 ) )
```

在该例中,preg_match 函数的参数不仅包含模式、目标字符串,以及存放匹配结果的 $result 数组,还指定了第 4 个参数。如果将该参数指定为 PREG_OFFSET_CAPTURE,则结果数组 $result 中的每个元素都是一个数组,这些数组都包含两个元素,其中,第 1 个元素存放匹配的子串,第 2 个元素存放该子串在目标字符串中的位置。

8.5 断言

一个断言是对当前匹配位置之前或之后的字符的一个声明,它本身不会匹配或消耗目标字符串中的任何字符。

断言可分为简单断言和复杂断言,这里介绍常见的几种断言。简单的断言代码有^、$、\b 和\B 等。复杂的断言以子模式方式编码,包括肯定式预查断言(?=<pattern>)和否定式预查断言(?!<pattern>),如表 8-6 所示。

表 8-6 断言

断　言	
^	匹配目标字符串的开始位置，例如，模式'/^The/'表示目标字符串应该以'The'开头
$	匹配目标字符串的结尾位置，例如，模式'/no$/'表示目标字符串应该以'no'结尾
\b	匹配单词边界，例如，模式'/ic\b/'可以匹配"economic"或"economic."中的'ic'
\B	匹配非单词边界，例如，模式'/ic\B/'可以匹配"which"中的'ic'
(?=<pattern>)	肯定式预查，检测子模式是否匹配，但不改变当前匹配点，即预查不消耗字符。这里，子模式是一个非捕获匹配
(?!<pattern>)	否定式预查，检测子模式是否不匹配，但不改变当前匹配点，即预查不消耗字符。这里，子模式是一个非捕获匹配

【例 8-6】 使用断言。代码如下：

```
1. //开始与结尾断言
2. $ret=preg_match ('/^[a-zA-Z_]\w*$/', "x123_");
3. print_r($ret);                //输出: 1
4. //单词边界断言
5. $subject="The backslash character has several uses";
6. $ret=preg_match ('/\bha/',$subject, $result, PREG_OFFSET_CAPTURE);
7. print_r($ret);                //输出: 1
8. print_r($result);            //输出: Array ([0]=>Array ([0]=>ha [1]=>24 ) )
9. //肯定式预查
10. $ret=preg_match ('/Windows(?=95|98|NT|2000)\d/', "Windows2000T", $result);
11. print_r($ret);               //输出: 1
12. print_r($result);           //输出: Array ([0]=>Windows2 )
13. //否定式预查
14. $ret=preg_match ('/Windows(?!95|98|NT|2000)\d/', "WindowsNT", $result);
15. print_r($ret);               //输出: 0
```

在该例中，第 10 行代码执行时的模式匹配过程中，模式'/Windows(?=95|98|NT|2000)\d/'包含一个肯定式预查断言，其作用是目标字符串中的 Windows 是否能匹配模式中的 Windows，要看其后的内容是否是 95、98、NT 或 2000。由于目标字符串中 Windows 后面的内容是 2000，所以上述匹配是成功的。因为预查并不消耗字符，所以接下来要看目标字符串中的 2 是否与模式相匹配。由于模式后续是"\d"，即要求是数字，所以匹配成功。

8.6 PHP 模式匹配函数

下面介绍几个利用 PCRE 正则表达式（模式）进行字符串或子串格式验证以及子串搜索和替换操作的 PHP 函数。

1. preg_grep 函数

该函数实现批量匹配，即可以验证多个字符串是否匹配指定模式，格式如下：

```
preg_grep(string $pattern, array $array, int $flags=0): array|false
```

该函数用于返回一个数组，数组包含输入数组 array 中与指定模式 pattern 相匹配的元素。返回数组各元素使用原来数组 array 中相应元素的键名进行索引。

flag 是一个可选参数。若将其设置为 PREG_GREP_INVERT，函数返回输入数组 array 中与正则表达式 pattern 不匹配的元素。

如果执行失败，函数返回 false。

【例 8-7】　使用 preg_grep 函数。代码如下：

```
1. $input=array("apple", "apply", "like", "ambition");
2. $result1=preg_grep('/^a/', $input);
3. print_r($result1);           //输出: Array ([0]=>apple [1]=>apply [3]=>ambition )
4. echo "<br />";
5. $result2=preg_grep('/^a/', $input, PREG_GREP_INVERT);
6. print_r($result2);           //输出: Array ([2]=>like )
```

2. preg_match 函数

该函数在 8.5 节已经频繁使用。它能验证某个字符串是否匹配指定模式，并能返回匹配的结果及其位置。其格式如下：

```
preg_match(
    string $pattern,
    string $subject,
    array &$matches=null,
    int $flags=0,
    int $offset=0
): int|false
```

该函数执行时，若目标字符串 subject 与模式 pattern 相匹配，函数返回 1，否则返回 0；如果执行失败，则函数返回 false。

如果指定参数 matches，则该参数将被所匹配的结果所填充。元素 matches[0]保存与整个 pattern 相匹配的子串，元素 matches[1]保存与 pattern 中第 1 个捕获子模式相匹配的子串，以此类推。

参数 flags 可以被设置为以下标记值的组合。

(1) PREG_OFFSET_CAPTURE：使用该标记时，参数数组 matches 中的每个元素将是一个包含两个元素的数组。其中，第 1 个元素存放匹配的子串，第 2 个元素存放该子串在目标字符串 subject 中的位置。

(2) PREG_UNMATCHED_AS_NULL：使用该标记时，无内容匹配的子模式会报告为 null；未使用该标记时，则报告为空串。

默认情况下，从目标字符串 subject 的首字节开始搜索和匹配模式。若指定 offset，则从索引值为 offset 的字节开始搜索和匹配。

【例 8-8】　使用 preg_match 函数。代码如下：

```
1. $p='/(a)(b)*(c)/';
2. $s='abc/ac';
3. preg_match(
4.     $p, $s, $r, PREG_UNMATCHED_AS_NULL|PREG_OFFSET_CAPTURE, 3
5. );
6. var_dump($r);
```

下面是代码运行的呈现结果（格式有所调整）：

```
array(4) {
    [0]=>array(2){[0]=>string(2) "ac"[1]=>int(4) }
    [1]=>array(2){[0]=>string(1) "a"[1]=>int(4) }
```

```
    [2]=>array(2){[0]=>NULL [1]=>int(-1) }
    [3]=>array(2){[0]=>string(1) "c"[1]=>int(5) }
}
```

3. preg_match_all 函数

该函数用于实现全范围匹配,即可以在目标字符串中找出能与指定模式匹配的所有子串。其格式如下:

```
preg_match_all(
    string $pattern,
    string $subject,
    array &$matches=null,
    int $flags=0,
    int $offset=0
): int|false
```

该函数执行时,返回模式 pattern 与目标字符串 subject 完整匹配的次数。如果执行失败,则函数返回 false。

该函数的格式与函数 preg_match 相同,功能也类似。二者的不同的是,preg_match 函数在发现第一个匹配结果时就停止搜索,而 preg_match_all 函数在找到第一个匹配结果后会继续搜索,直至搜索完整个目标字符串 subject。

参数 flags 可以被设置为以下标记值的组合。

(1) PREG_PATTERN_ORDER:该值是默认值。matches[0]是一个保存着所有与指定模式匹配的子串的数组,matches[1]是一个保存着所有与第一个子模式匹配的子串的数组,以此类推。

(2) PREG_SET_ORDER:matches[0]是一个保存着第 1 次匹配时与指定模式及其各子模式相匹配的各子串的数组,matches[1]是一个保存着第 2 次匹配时与指定模式及其各子模式相匹配的各子串的数组,以此类推。

(3) PREG_OFFSET_CAPTURE:每个匹配结果将保存在一个包含两个元素的数组中,其第 1 个元素保存着匹配串本身,第 2 个元素保存着该匹配串在目标字符串 subject 中的位置。

(4) PREG_UNMATCHED_AS_NULL:使用该标记时,无内容匹配的子模式会报告为 null;未使用该标记时,则报告为空串。

注意:不能同时使用 PREG_PATTERN_ORDER 和 PREG_SET_ORDER。

默认情况下,从目标字符串 subject 的首字节开始搜索和匹配模式。若指定 offset,则从索引值为 offset 的字节开始搜索和匹配。

【例 8-9】 使用 preg_match_all 函数。代码如下:

```
1. $pattern='/ax.y-(13|24)b/';
2. $subject="startax/y-24btttaxuy-13bend";
3. preg_match_all($pattern, $subject, $result, PREG_SET_ORDER);
4. print_r($result);
5. echo "<br />";
6. preg_match_all(
7.     $pattern, $subject, $result, PREG_SET_ORDER|PREG_OFFSET_CAPTURE
8. );
9. print_r($result);
```

下面是代码运行的输出结果(格式有所调整):

```
Array(
    [0]=>Array(
```

```
        [0]=>ax/y-24b
        [1]=>24
    )
    [1]=>Array(
        [0]=>axuy-13b
        [1]=>13
    )
)
Array (
    [0]=>Array (
        [0]=>Array( [0]=>ax/y-24b [1]=>5 )
        [1]=>Array ( [0]=>24 [1]=>10 )
    )
    [1]=>Array(
        [0]=>Array( [0]=>axuy-13b [1]=>16 )
        [1]=>Array( [0]=>13 [1]=>21 )
    )
)
```

4. preg_replace 函数

该函数用于实现匹配并替换,其格式如下:

```
preg_replace(
    string|array $pattern,
    string|array $replacement,
    string|array $subject,
    int $limit=-1,
    int &$count=null
): string|array|null
```

该函数执行时,在目标字符串 subject 中搜索与模式 pattern 相匹配的所有子串,并用 replacement 替换,函数返回替换后新的字符串。如果执行失败,函数返回 null。

参数 pattern 可以是单个模式也可以是数组模式。如果是数组,则各模式会依次对目标字符串 subject 进行搜索、匹配和替换操作。

参数 replacement 可以是单个替换串,也可以是替换串数组。如果该参数是单个替换串,而参数 pattern 是一个模式数组,则针对所有模式的所有匹配项都由该字符串替换。如果该参数和参数 pattern 都是数组,则针对某个模式的所有匹配项都由该参数数组中对应的元素替换。如果该参数数组的元素个数小于参数 pattern 数组的元素个数,则针对额外模式的所有匹配项都由空串替换。

在参数 replacement 中还可以包含 $n 或 $｛n｝,它表示与第 n 个子模式相匹配的内容。也就是说,可以用匹配的内容本身作为替换内容。其中,n 的取值范围是 0～99。若为 0,则表示与整个模式相匹配的内容。

参数 subject 可以是单个目标串,也可以是目标串数组。如果是数组,则对每个目标串都进行上述搜索、匹配和替换过程。函数返回替换后新的字符串数组。

如果指定参数 $limit,则对每一对 subject 和 pattern 至多替换 limit 个匹配串,如果省略参数 $limit 或将其设置为 -1,则替换所有的匹配串。

如果指定参数 count,将会被填充为完成的总的替换次数。

【例 8-10】 使用 preg_replace 函数。代码如下:

```
1. $patterns=array('/a/', '/b/', '/c/');
2. $replacements=array("1", "2", "3");
3. $subject="abcxaybzc";
4. $result=preg_replace($patterns, $replacements, $subject);
5. print_r($result);                                    //输出: 123x1y2z3
6. $result=preg_replace('/aa(x.y)ee/', '|${1}|', "aaax-yeee");
7. print_r($result);                                    //输出: a|x-y|e
```

注意: 在第 6 行代码中,如果用双引号字符串表示第 2 个参数,则其中的" $ "前应加"\",如"|\ ${1}|"。

5. preg_split 函数

该函数实现匹配并分隔,其格式如下:

```
preg_split(
    string $pattern,
    string $subject,
    int $limit=-1,
    int $flags=0
): array|false
```

其中,参数 pattern 用于指定定界字符串的模式。

该函数用于依据定界字符串将目标字符串 subject 分隔成若干子串,并保存在一个数组中返回。如果执行失败,函数返回 false。

如果指定参数 limit,则至多返回 limit 个子串,其中最后一个子串包含目标字符串中后续所有内容。如果省略参数 limit 或将其设置为-1,则返回所有的子串。

参数 flags 可以被设置为以下标记值的组合。

(1) PREG_SPLIT_NO_EMPTY:仅返回非空子串。

(2) PREG_SPLIT_DELIM_CAPTURE:除了由定界字符串分隔产生的子串,定界字符串中与捕获子模式匹配的子串也会被返回。

(3) PREG_SPLIT_OFFSET_CAPTURE:不仅返回子串,也返回该子串的位置。所以返回的结果数组的每个元素都是一个数组,这些数组包含两个元素,其中,第 1 个元素保存着子串,第 2 个元素保存着子串在目标字符串中的位置。

【例 8-11】 preg_split 函数。代码如下:

```
1. $subject1="Hi,i am a student";
2. $result1=preg_split('/[\s,]+/', $subject1);
3. print_r($result1);
4. echo "<br />";
5. $subject2="cat | dog : elephant";
6. $result2=preg_split('/\s+([|:]+)\s+/', $subject2, -1, PREG_SPLIT_DELIM_CAPTURE);
7. print_r($result2);
```

下面是代码运行的输出结果:

```
Array ( [0]=>Hi [1]=>i [2]=>am [3]=>a [4]=>student )
Array ( [0]=>cat [1]=>| [2]=>dog [3]=>: [4]=>elephant )
```

8.7　实战: 使用正则表达式

当表单数据提交到服务器后,可以利用正则表达式等技术对数据是否符合格式等基本要求进行检测。

打开之前已经创建的 xk 项目，继续教务选课系统管理员子系统相关功能的实现。

8.7.1　检测登录数据

登录数据包括用户名和密码，不能为空。作为管理员登录，用户名是 4 位数字组成的职工号。密码约定为长度为 6～12、由单词字符组成的字符串。

首先在 ls_admin 文件夹下创建名为 checkLogonData.php 的文件，并在其中定义用于检测登录表单数据的同名函数。该函数对各登录表单数据依次进行检测，并把检测出的错误信息存放在相应的变量里。代码如下：

```
1. function checkLogonData(): bool {
2.     global $user, $pw, $userErr, $pwErr;
3.     $flag=true;
4.     if (preg_match('/^\d{4}$/',$user) <>1) {
5.         $userErr="用户名格式不正确";
6.         $flag=false;
7.     }
8.     if (preg_match('/^\w{6,12}$/',$pw) <>1) {
9.         $pwErr="密码格式不正确";
10.        $flag=false;
11.    }
12.    return $flag;
13. }
```

在 ls_admin 文件夹下创建 ce7.php 文件，用于调用和测试上述函数。代码如下：

```
1. include "checkLogonData.php";
2. $user="1234";
3. $pw="12345";
4. $ret=checkLogonData();
5. if (!$ret) {
6.     echo "userErr:",$userErr,"<br />";
7.     echo "pwErr:",$pwErr,"<br />";
8. } else {
9.     echo "OK";
10. }
```

8.7.2　检测课程数据

通过课程表单提交的数据及基本格式要求如下。

（1）课程号：长度为 10 个字符，前 9 位为数字，最后一位为字母 A 或 B。

（2）课程名：不能为空，且不超过 20 个字符。

（3）学分：取 1～6 中的数字。

（4）负责教师：通过教师选择列表选择，只要选择即可。

首先在 ls_admin 文件夹下创建名为 checkCourseData.php 的文件，并在其中定义用于检测课程表单数据的同名函数。该函数对各课程表单数据依次进行检测，并把检测出的错误信息存放在相应的变量里。代码如下：

```
1. function checkCourseData(): bool {
2.     global $cn, $cname, $credit, $tn, $cnErr, $cnameErr, $creditErr, $tnErr;
3.     $flag=true;
```

```
4.      if (preg_match('/^\d{9}(A|B)$/',$cn)<>1) {
5.          $cnErr="课程号格式不正确";
6.          $flag=false;
7.      }
8.      if (empty($cname)) {
9.          $cnameErr="课程名不能为空";
10.         $flag=false;
11.     }elseif (mb_strlen($cname)>20) {
12.         $cnameErr="课程名不能超过 20 个字符(汉字)";
13.         $flag=false;
14.     }
15.     if (preg_match('/^[1-6]$/',$credit)<>1) {
16.         $creditErr="学分只能取 1~6 的一位数字";
17.         $flag=false;
18.     }
19.     if (empty($tn)) {
20.         $tnErr="请选择负责教师";
21.         $flag=false;
22.     }
23.     return $flag;
24. }
```

在 ls_admin 文件夹下创建 ce8.php 文件，用于调用和测试上述函数。代码如下:

```
1. include "checkCourseData.php";
2. $cn="123456789A";
3. $cname="";
4. $credit="7";
5. $ret=checkCourseData();
6. if (!$ret) {
7.     echo "cnErr:",$cnErr,"<br />";
8.     echo "cnameErr:",$cnameErr,"<br />";
9.     echo "creditErr:",$creditErr,"<br />";
10.    echo "tnErr:",$tnErr;
11. } else {
12.    echo "OK";
13. }
```

习题 8

一、选择题

1. 与正则表达式'/abc[\w.]xyz/'相匹配的字符串是(　　　　)。

   A. abcd.xyz   B. 12abcdxyz3   C. 12abc9#xyz3   D. 12abc-xyz3

2. 与正则表达式"/abc\\.?123/"相匹配的字符串是(　　　　)。

   A. abc123   B. abc0123   C. abcd123   D. abc\.123

3. 与正则表达式'/.**123\d/'相匹配的字符串是(　　　　)。

   A. ******123   B. *****_1234   C. ******123d   D. _*1234

4. 与正则表达式'/a(xy|01)$/'相匹配的字符串是(　　　　)。

   A. a012   B. aaa012   C. aaaxy   D. aaax0

5. 有正则表达式'/1[01]{2,5}0/',能与之相匹配且匹配次数为 2 的字符串是(　　　　)。

  A. 1011111100000101111   B. 1011111010011110111

  C. 1001111110000100111   D. 10101010101110101

二、程序题

1. 写出下面 PHP 代码运行的输出结果。

（1）

```
$a=preg_match("/111[\w\D]999/", "111w111,999");
$b=preg_match("/a\n\x30[/", 'a\n0[');
echo $a.$b;
```

（2）

```
preg_match('/(blue|white) (?:sky|ocean)/', 'the blue sky', $result);
print_r($result);
```

（3）

```
$a=preg_match('/x\d*y/', '123x123y123');
$b=preg_match('/x\d+y/', '123xd+y123');
echo $a.$b;
```

（4）

```
$a=preg_match('/^[a-zA-Z_]\w*$/', "^awww");
$b=preg_match('/^[a-zA-Z_]\w*$/', "_123_");
echo $a.$b;
```

（5）

```
$pattern='/expression(?=s).{3}/';
$subject='the expression expressions Language';
preg_match($pattern, $subject, $result, PREG_OFFSET_CAPTURE);
print_r($result);
```

2. 根据要求写 PHP 代码。

（1）写出一个能匹配身份证号码（18 位）的正则表达式。

（2）写出一个能匹配电子邮件地址的正则表达式。

（3）有一个数组 $arr，其中每个元素存放着一个单词。请利用 preg_grep 函数把所有以字母 a 开头、以字母 x 结尾、长度不超过 7 个字母的单词从数组 $arr 取出并保存到一个新的数组 $ret 中。

（4）有一个字符串 $string，请利用 preg_replace 函数把该字符串中所有的 HTML 标签去除。

（5）有一个字符串 $str，其值为一段英文（各单词之间可能会用空白符号或","""."分隔）。请利用 preg_split 函数把其中各单词取出放入一个新的数组 $arr 中。

第9章 使用数组

本章主题：

- 创建和初始化数组。
- 操作数组元素。
- 遍历数组。
- 数组排序。
- 计数与统计。
- 变量与数组元素的转换。

在 PHP 中，数组是元素的有序集合，每个元素都是一个键-值对，也称为映射。键用于索引数组元素，可以是整数也可以是字符串，一个数组各元素不能有重复的键。值也称为数组元素的值，可以是任意类型。

通常情况下，把键为整数的数组称为数字索引数组，把键为字符串的数组称为关联数组。

一个数组的元素的整数键不一定从 0(或 1)开始，也不一定是连续的，甚至整数和字符串可以混合使用，即有些元素的键是整数，有些元素的键是字符串。

数组元素的值可以是任意类型。如果一个数组的元素的值本身就是数组，就可以形成多维数组。

在 PHP 中，不要求一个数组各元素的值具有相同的类型。例如，有些元素的值是整数，其他一些元素的值是字符串；有些元素的值是标量类型的，其他一些元素的值是数组。

本章介绍数组创建、数组元素的操作以及数组的遍历与排序等内容，同时也会介绍一些涉及数组操作的 PHP 内置函数。

9.1 创建和初始化数组

通常情况下，可以利用 array 语句创建数组并指定数组的各初始元素，其语法格式如下：

```
array([[<key>]=><value>, [[<key>]=><value>,]* ])
```

也可以用更简短的语法，即用"[]"代替 array()创建并初始化数组。

每个 key=>value 定义一个元素(键-值对)，各元素之间用","分隔。最后一个元素的后面的","可有可无。

指定一个元素时，键是可以省略的。此时，PHP 将使用之前已经被使用的最大的整数键加 1 作为该元素的键。如果前面的元素没有使用过整数键，则该元素的键自动取 0。

一个数组各元素的键不能相同。如果指定了具有相同键的多个元素，则后面的元素将覆盖前面的元素。

【例 9-1】 创建数组。代码如下：

```
1. /* 创建一个包含 3 个元素的数组,每个元素的键是水果名,值是水果的价格 */
2. $prices=array("apple"=>12.5, "orange"=>9.8, "banana"=>15.2);
3. print_r($prices);
4. /* 创建一个包含书名的数组,第 1 个元素的键为 0,第 3 个元素的键为 6 */
```

```
5. $books=["数据库原理", 5=>"操作系统", "Java 教程"];
6. print_r($books);
```

下面是代码运行的输出结果：

```
Array( [apple]=>12.5 [orange]=>9.8 [banana]=>15.2 )
Array( [0]=>数据库原理 [5]=>操作系统 [6]=>Java 教程 )
```

如果指定的键是以下类型的数据，PHP 将强制将其转换成整数。

- 包含有效十进制整数格式的字符串。如键"8"被转换成 8。
- 浮点数。丢弃小数部分，如 8.7 被转换成 8。
- 布尔值。true 转换成 1，false 转换成 0。

例如，下面的代码创建一个数组：

```
$array=array(2=>"a", "2.5"=>"b", 2.5=>"c", "2"=>"d");
print_r($array);                    //输出：Array( [2]=>d [2.5]=>b )
```

其中，第 1、3、4 个元素的键经自动转换后都是整数 2，后面的值覆盖前面的值，所以元素的最终值是 "d"。第 2 个元素的键是字符串"2.5"，因为不是整数格式，所以不会被转换。数组最终包含两个元素，第 1 个元素的键是整数 2，第 2 个元素的键是字符串"2.5"。

一个数组元素的值可以是标量类型数据，也可以是数组本身，这样就能形成二维数组和多维数组。多维数组可以使用嵌套的 array 来创建。

【例 9-2】 创建二维数组。下面的代码创建了一个二维数组，外层数组的每个元素表示一本图书，内层数组的各元素表示某图书的各属性，包括书名、单价和出版社。代码如下：

```
1. $books=array(array("数据库原理", 36.50, "高等教育出版社"),
2.      array("操作系统", 32.00, "清华大学出版社"),
3.      array("程序设计", 35.00, "电子工业出版社")
4. );
5. print_r($books);
```

下面是代码运行的输出结果：

```
Array( [0]=>Array( [0]=>数据库原理 [1]=>36.5 [2]=>高等教育出版社 )
       [1]=>Array( [0]=>操作系统 [1]=>32 [2]=>清华大学出版社 )
       [2]=>Array( [0]=>程序设计 [1]=>35 [2]=>电子工业出版社 )
)
```

9.2　操作数组元素

下面介绍对数组元素的操作，包括数组元素的访问、添加、修改和删除，以及用于测试数组元素是否存在的若干函数。

9.2.1　访问数组元素

可以通过"[]"访问数组元素，其格式如下：

```
<array>[<key>]
```

在访问数组元素时，如果指定的键不存在，那么 PHP 系统将产生一个 Warning 错误，访问结果是 null。利用下面的函数可以测试一个数组是否存在某个键或值。

（1）array_key_exists 函数，其格式如下：

```
array_key_exists(string|int $key, array $array): bool
```

该函数用于检测指定的 key 是否为数组 array 的某个元素的键，若是函数返回 true，否则函数返回 false。

（2）in_array 函数，其格式如下：

```
in_array(mixed $needle, array $haystack, bool $strict=false): bool
```

该函数用于检测指定的 needle 是否为数组 haystack 的某个元素的值，若是，则函数返回 true；否则函数返回 false。

参数 strict 是可选的，默认值为 false，此时采用相等比较（＝＝）。若将其设置为 true，则采用全等比较（＝＝＝）。

（3）array_search 函数，其格式如下：

```
array_search(mixed $needle, array $haystack, bool $strict=false): int|string|false
```

该函数用于检测指定的 needle 是否为数组 haystack 的某个元素的值，若是，则函数返回该元素的键；否则函数返回 false。若数组中存在多个元素都具有该值，则函数返回其中第一个元素的键。

注意：上述函数只在指定数组的第一维检测元素键或值，不会对内层数组进行检测。

【例 9-3】 访问和测试数组元素。下面的代码涉及的数组是一个不规则的多维数组。外层数组包含三个元素，前两个元素的值是标量类型数据，第三个元素的值本身是一个二维数组。代码如下：

```
 1. $arr=array(
 2.     5=>"x",
 3.     "x"=>5,
 4.     "y"=>array(
 5.         "a"=>array("b" =>10),
 6.     )
 7. );
 8. //访问数组元素
 9. var_dump($arr["x"]);                        //输出: int(5)
10. var_dump($arr["y"]["a"]["b"]);              //输出: int(10)
11. //检测元素键
12. var_dump(array_key_exists(5, $arr));        //输出: bool(true)
13. var_dump(array_key_exists("a", $arr));      //输出: bool(false)
14. //检测元素值
15. var_dump(in_array(5, $arr));                //输出: bool(true)
16. var_dump(in_array(10, $arr));               //输出: bool(false)
17. //检测元素值，返回键
18. var_dump(array_search(5, $arr));            //输出: string(1) "x"
19. var_dump(array_search(10, $arr["y"]["a"])); //输出: string(1) "b"
```

9.2.2 修改、添加或删除数组元素

利用"[""]"既可以访问数组元素，也可以修改数组元素或添加数组元素，这只需要将值赋给指定的元素即可。格式有两种。

格式 1：

```
<array>[<key>]=<value>;
```

格式 2：

```
<array>[]=<value>;
```

格式 1 用于将数组元素＜array＞[＜key＞]的值替换成＜value＞。如果数组中原先没有该元素，则就添加这样一个元素。

格式 2 用于在数组中添加一个元素，元素的值为＜value＞，键为数组之前已经被使用的最大的整数键加 1，或者为 0。

与之相反，使用 unset 语句可以删除一个数组元素，甚至整个数组。例如：

```
unset($arr['y']);          //删除数组 arr 中键为'y'的元素
unset($arr);               //删除整个数组 arr
```

【例 9-4】　修改、添加或删除数组元素。代码如下：

```
1. $arr=array('x'=>'111');
2. $arr['x']='aaa';
3. $arr['y']='bbb';
4. $arr[]='ccc';
5. print_r($arr);                //输出: Array( [x]=>aaa [y]=>bbb [0]=>ccc )
6. unset($arr["x"]);
7. print_r($arr);                //输出: Array( [y]=>bbb [0]=>ccc )
8. unset($arr);
9. var_dump(isset($arr));        //输出: bool(false)
```

9.2.3　在数组头部或尾部操作元素

array_unshift 和 array_shift 函数可以分别在数组头部插入和删除元素，array_push 和 array_pop 函数可以分别在数组的尾部添加和删除元素。

1. array_unshift 函数

该函数用于在参数数组 array 的头部插入一个或多个元素，其格式如下：

```
array_unshift(array&$array, mixed ...$values): int
```

该函数执行后，新插入元素的键是数值键，与数组中原先已存在的数值键一起，重新设置为从 0 开始的连续整数。数组中原有的字符串键不变。最后，函数返回插入元素后数组的元素个数。

2. array_shift 函数

该函数用于从参数数组 array 的头部删除一个元素，其格式如下：

```
array_shift(array&$array): mixed
```

该函数执行后，第一个元素被删除后，数组中其他数值键被重新设置为从 0 开始的连续整数。函数返回被删除元素的值。若数组原先是空的，函数返回 null。

【例 9-5】　在数组头部添加和删除元素。代码如下：

```
1. $arr=array("f"=>1, 5=>6);
2. //在头部添加元素
3. $n=array_unshift($arr, 10, "x");
4. echo $n;              //输出: 4
5. print_r($arr);        //输出: Array ( [0]=>10 [1]=>x [f]=>1 [2]=>6 )
6. //删除头部元素
7. $a=array_shift($arr);
8. echo $a;              //输出: 10
9. print_r($arr);        //输出: Array( [0]=>x [f]=>1 [1]=>6 )
```

3. array_push 函数

该函数用于在参数数组 array 的尾部添加一个或多个元素，其格式如下:

```
array_push(array &$array, mixed ... $values): int
```

该函数执行后，新添加元素的键是数值键，从数组原有的最大数值键加 1 开始设置。如果原先没有数值键元素，则新添加元素的键从 0 开始设置。最后，函数返回添加元素后数组的元素个数。

若仅添加一个元素，更好的方法是采用 $array[]= $value1 的形式。

4. array_pop 函数

该函数用于从参数数组 array 的尾部删除一个元素，其格式如下:

```
array_pop(array &$array): mixed
```

该函数执行后，会返回被删除的元素的值。若数组原先是空的，则返回 null。

【例 9-6】 在数组尾部添加和删除元素。代码如下:

```
1. $arr=array("f"=>1, 5=>6);
2. //在尾部添加元素
3. $n=array_push($arr, 10, "x");
4. echo $n;                      //输出: 4
5. print_r($arr);               //输出: Array( [f]=>1 [5]=>6 [6]=>10 [7]=>x )
6. //删除尾部元素
7. $a=array_pop($arr);
8. echo $a;                      //输出: x
9. print_r($arr);               //输出: Array( [f]=>1 [5]=>6 [6]=>10 )
```

9.3 遍历数组

前面已介绍过 foreach 语句可以遍历数组。这里先介绍数组指针移动和访问当前元素的若干函数，然后介绍使用 for、while 语句及 array_walk 函数遍历数组的方法。

9.3.1 数组指针

每个数组有一个内部指针，数组指针所指的元素称为该数组的当前元素。当创建一个数组时，数组指针初始指向第一个元素。使用下面的函数可以移动数组指针的位置。

```
next(array &$array): mixed
```

用于移动参数数组的内部指针至下一个元素，并返回下一个元素的值。

```
prev(array &$array): mixed
```

用于移动参数数组的内部指针至上一个元素，并返回上一个元素的值。

```
reset(array &$array): mixed
```

用于移动参数数组的内部指针至第一个元素，并返回第一个元素的值。

```
end(array &$array): mixed
```

用于移动参数数组的内部指针至最后一个元素，并返回最后一个元素的值。

上面的这些函数的共同特点如下: 首先移动数组指针，然后返回指针所指当前元素的值。如果指针移出了数组的范围(如指向了最后一个元素的后面位置、第一个元素的前面位置),或者数组为空(不含任何元素),那么函数将返回 false。

下面的函数可以返回当前元素的键或值。

```
current(array $array): mixed
```

用于返回参数数组 array 当前元素的值。如果数组为空,或者数组指针所指位置超出了数组的范围,则返回 false。

```
key(array $array): int|string|null
```

用于返回参数数组 array 当前元素的键。如果数组为空,或者数组指针所指位置超出了数组的范围,则返回 null。

当调用上述函数返回一个数组元素的值为 false 时,分为两种情况:一是该元素的值就是 false,二是数组内部指针已经移出了数组范围。可以调用 key 函数获得该元素的键,若返回值是 null,则是后一种情况。

9.3.2　使用 for 语句遍历数组

如果数组各元素的键是从 0 开始的连续整数,即类似于一般计算机语言中的数组,那么可以使用 for 语句进行遍历。

【例 9-7】　用 for 语句遍历连续整数键数组。代码如下:

```
1. $fruit=array('apple', 'banana', 'cranberry');
2. $c=count($fruit);
3. for ($i=0; $i<$c; $i++) {
4.     echo $fruit[$i]."<br />";
5. }
```

其中,count 函数用于返回参数数组 fruit 的元素个数。

9.3.3　使用 while 语句遍历数组

如果数组各元素的键不是整数或者不是连续的整数,则可以使用 while 语句结合数组指针移动等函数来访问数组各元素。

【例 9-8】　用 while 语句遍历数组。代码如下:

```
1. $fruit=array('apple', 'b' =>'banana', 'cranberry');
2. reset($fruit);                               //重置指针
3. while (($key=key($fruit))!==null) {          //指针指向具体元素
4.     echo $key."=>".current($fruit)."<br />"; //输出该元素的键和值
5.     next($fruit);                            //指针移到下一位置
6. }
```

下面是代码运行的输出结果:

```
0=>apple
b=>banana
1=>cranberry
```

9.3.4　用回调函数处理数组各元素

array_walk 函数可以自动遍历数组,并调用一个回调函数来处理数组中的各元素。其格式如下:

```
array_walk(array &$array, callable $callback, mixed $arg =null): bool
```

其中,参数 array 用于指定要被遍历处理的数组,参数 callback 用于指定处理各数组元素的回调函数。函数返回 true。

回调函数一般是用户自定义函数,至少定义两个形参。第 1 个形参接收当前要被处理的数组元素的值,第 2 个形参接收当前要被处理的数组元素的键。如果 array_walk 函数指定可选参数 arg,回调函数可以定义第 3 个形参,用于接收该参数值。

一般情况下,回调函数仅能修改数组元素的值,而不应该试图更改数组元素的键,也不应该更改数组的结构,例如添加元素、重新排序元素等。如果希望回调函数修改数组元素的值,则其第 1 个形参应定义为按引用传递。

【例 9-9】 使用 array_walk 函数。代码如下:

```
1. //用作回调函数。由于要修改元素的值,第 1 个参数采用引用传递
2. function alter(&$value, $key, $prefix) {
3.     $value="$prefix: $value";
4. }
5. $fruits=array("a"=>"orange", "b"=>"banana", "c"=>"apple");
6. array_walk($fruits, 'alter', 'fruit');
7. print_r($fruits);
```

下面是代码运行的输出结果:

```
Array( [a]=>fruit: orange [b]=>fruit: banana [c]=>fruit: apple )
```

9.4　数组排序

数组排序是指对数组各元素进行排序。PHP 提供了许多函数,可以根据元素的值或键对数组进行升序或降序排序,也可以实现随机排序和反向排序。另外,还能够根据用户自定义对数组进行特定的排序。

9.4.1　sort 函数

sort 函数用于根据元素值对数组的各元素进行升序排序。排序后,各元素的键重新设置为从 0 开始的连续整数。最后,函数返回 true。其格式如下:

```
sort(array &$array, int $flags =SORT_REGULAR): bool
```

其中参数说明如下。

参数 array 表示数组名。

可选参数 flags 指定排序时的数据比较特性,其可能的取值如下。

SORT_REGULAR：默认值。正常比较(不改变类型)。

SORT_NUMERIC：数值化比较。

SORT_STRING：字符串化比较。

SORT_LOCALE_STRING：基于当前场所的字符串化比较。

SORT_NATURAL：自然顺序比较。

SORT_FLAG_CASE：能与 SORT_STRING 或 SORT_NATURAL 组合,以便比较时不区分字母大小写。

注意：在排序混合类型的数组时,sort 函数可能会产生不可预期的结果。

【例 9-10】 使用 sort 函数排序数组。代码如下：

```
1. $a=array(11, 19, 15, 30, -1, 28);
2. sort($a);
3. echo "<br />正常比较顺序：<br />";
4. print_r($a);
5. $b=$c=array(11, -1, "ch1", "2ch2", "10", "12");
6. sort($b, SORT_NUMERIC);
7. echo "<br />数值化比较顺序：<br />";
8. print_r($b);
9. sort($c, SORT_STRING);
10. echo "<br />字符串比较顺序：<br />";
11. print_r($c);
12. $d=array("item1", "item10", "item3", "item20", "item2");
13. sort($d, SORT_NATURAL);
14. echo "<br />自然顺序：<br />";
15. print_r($d);
```

下面是代码运行的输出结果。

正常比较顺序：

```
Array( [0]=>-1 [1]=>11 [2]=>15 [3]=>19 [4]=>28 [5]=>30 )
```

数值化比较顺序：

```
Array( [0]=>-1 [1]=>ch1 [2]=>2ch2 [3]=>10 [4]=>11 [5]=>12 )
```

字符串比较顺序：

```
Array( [0]=>-1 [1]=>10 [2]=>11 [3]=>12 [4]=>2ch2 [5]=>ch1 )
```

自然顺序：

```
Array( [0]=>item1 [1]=>item2 [2]=>item3 [3]=>item10 [4]=>item20 )
```

9.4.2 asort 和 ksort 函数

asort 函数的格式如下：

```
asort(array &$array, int $flags=SORT_REGULAR): bool
```

该函数用于根据元素值对参数数组 array 的各元素进行升序排序。排序时，各元素的键和值保持关联。函数返回 true。

ksort 函数的格式如下：

```
ksort(array &$array, int $flags=SORT_REGULAR): bool
```

该函数用于根据元素键对参数数组 array 的各元素进行升序排序。排序时，各元素的值和键保持关联。函数返回 true。

如同 sort 函数，asort 和 ksort 函数也可以通过设置可选参数 flags 来改变排序的行为。

【例 9-11】 使用 asort 函数和 ksort 函数。代码如下：

```
1. $a=$b=array("apple"=>12.5, "orange"=>9.8, "banana"=>15.2);
2. asort($a);
3. print_r($a);
```

```
4. ksort($b);
5. print_r($b);
```

下面是代码运行的输出结果：

```
Array( [orange]=>9.8 [apple]=>12.5 [banana]=>15.2 )
Array( [apple]=>12.5 [banana]=>15.2 [orange]=>9.8 )
```

9.4.3　降序排序

前面介绍的 sort、asort 和 ksort 函数有一个共同的特点，即都是对参数数组各元素进行升序排序。与此相应，rsort、arsort 和 krsort 函数可以对参数数组各元素进行降序排序。

rsort 函数的格式如下：

```
rsort(array &$array, int $flags =SORT_REGULAR): bool
```

函数 rsort 用于按元素值对参数数组 array 的各元素进行降序排序。排序后，各元素的键重新设置为从 0 开始的连续整数。

arsort 函数的格式如下：

```
arsort(array &$array, int $flags =SORT_REGULAR): bool
```

函数 arsort 用于按元素值对参数数组 array 的各元素进行降序排序。排序时，各元素的键和值保持关联。

krsort 函数的格式如下：

```
krsort(array &$array, int $flags =SORT_REGULAR): bool
```

函数 krsort 用于按元素键对参数数组 $array 的各元素进行降序排序。排序时，各元素的值和键保持关联。

9.4.4　随机排序和反向排序

下面介绍另外两种排序：随机排序和反向排序。

1. 随机排序

随机排序由 shuffle 函数实现，该函数对参数数组 array 的各元素进行随机排序。格式如下：

```
shuffle(array &$array): bool
```

排序后，各元素的键重新设置为从 0 开始的连续整数。若排序成功，则函数返回 true；否则函数返回 false。

2. 反向排序

反向排序由 array_reverse 函数实现，该函数返回一个内容与参数数组相同但顺序相反的数组。格式如下：

```
array_reverse(array $array, bool $preserve_keys =false): array
```

其中，可选参数 preserve_keys 的默认值是 false。在这种情况下，各元素原来的整数键被丢弃，而被重新设置为从 0 开始的连续整数。各元素的字符串键被保留。

如果将 preserve_keys 设置为 true,则整数键和字符串键都将被保留。

9.4.5 用户自定义排序

在实际应用中,系统预定的排序方式不一定能满足需求。有时也可能有其他的排序需求,例如,要对各字符串根据其长度进行排序。这时需要用户自定义排序。

要实现自定义排序,首先需要自定义一个比较函数。比较函数接收两个参数值、实现对两个值的比较,并返回大于 0、等于 0 或小于 0 的整数,分别表示第 1 个参数值大于、等于和小于第 2 个参数值。

然后利用相应的排序函数完成数组的自定义排序。能完成自定义排序的函数包括 usort、uasort 和 uksort,这 3 个函数的格式如下:

```
usort(array &$array, callable $callback): bool
uasort(array &$array, callable $callback): bool
uksort(array &$array, callable $callback): bool
```

这 3 个函数与之前介绍的 sort、asort 和 ksort 函数分别相对应,功能相似,只是它们都需要指定一个比较函数,并根据该函数来比较两个数组元素的大小。

【例 9-12】 根据字符串长度对数组中各字符串元素进行排序。代码如下:

```
1. //自定义比较函数:根据长度决定两个字符串的大小
2. function compare(string $x, string $y): int {
3.     if (strlen($x)==strlen($y)) {
4.         return 0;
5.     } elseif(strlen($x)<strlen($y)) {
6.         return -1;
7.     } else {
8.         return 1;
9.     }
10. }
11. //调用 usort、uasort 函数,利用自定义的比较函数排序数组
12. $a=$b=array("computer", "one", "city", "people");
13. usort($a, "compare");
14. print_r($a);
15. uasort($b, "compare");
16. print_r($b);
```

下面是代码运行的输出结果:

```
Array( [0]=>one [1]=>city [2]=>people [3]=>computer )
Array( [1]=>one [2]=>city [3]=>people [0]=>computer )
```

有时,需要对多维数组进行排序。当多维数组中的元素是一个数组时,也可以借助自定义排序,即先定义一个比较函数,可以比较两个内部数组的大小,然后再利用相应的自定义排序函数实现对多维数组的排序。

9.5 其他数组操作

本节介绍其他一些数组操作,包括计数与统计、变量与数组元素的转换等内容。

9.5.1 计数与统计

下面介绍 count、array_count_values 和 array_sum 这 3 个 PHP 内置函数。

1. count 函数

该函数用于返回数组中元素的个数，其格式如下：

```
count(array $value, int $mode=COUNT_NORMAL): int
```

其中，可选参数 $mode 的取值如下。

COUNT_NORMAL：默认值。仅统计最外层数组的元素个数。

COUNT_RECURSIVE：递归统计各层数组的元素个数。

【例 9-13】 使用 count 函数。代码如下：

```
1. $food=array('fruits'=>array('orange', 'banana', 'apple'),
2.    'veggie'=>array('carrot', 'collard', 'pea'));
3. echo count($food);                              //输出: 2
4. echo count($food, COUNT_RECURSIVE);             //输出: 8
```

该函数执行时，第 1 次调用是正常计数，返回外层数组的元素个数，即两个内部数组。第 2 次调用是递归计数，首先外层数组的元素个数为 2，而两个内部数组的元素个数都为 3，总数为 8。

注意：sizeof 函数是 count 函数的别名，具有相同的功能。

2. array_count_values 函数

该函数用于对数组中所有的值计数，其格式如下：

```
array_count_values(array $array): array
```

该函数执行时，会返回一个关联数组，其元素的键是参数数组 array 中元素的值，相应的值是该键作为元素值在参数数组中出现的次数（频度）。

若参数数组出现非整数或字符串的元素值，函数不会进行统计，而会产生一个 Warning 错误。

【例 9-14】 使用 array_count_values 函数。代码如下：

```
1. $a=array(1, "hello", 1, "world", "hello");
2. $b=array_count_values($a);
3. print_r($b);          //输出: Array ([1]=>2 [hello]=>2 [world]=>1)
```

3. array_sum 函数

该函数对数组中所有的值求和，其格式如下：

```
array_sum(array $array): int|float
```

该函数执行时，会计算参数数组 array 中各元素值的和，并返回一个整数或浮点数。若参数数组是空数组，则返回 0；若为非数值型元素值，函数会将其转换成数值（大多数情况为 0），对内部数组的元素值不会进行递归累加。

【例 9-15】 使用 array_sum 函数。代码如下：

```
1. $a=array(5, "hello", 3, "12", array(2, 8), 10);
2. $sum=array_sum($a);
3. echo $sum;                                       //输出: 30
```

该函数执行时，字符串"12"会被转换成数值进行累加，内部数组中的 2 和 8 不会进行累加。

9.5.2　变量与数组元素的转换

这里介绍 list 语句、compact 和 extract 函数。

1. list 语句

该语句用于把数组中的值赋给一组变量。

假设有如下数组：

```
$array=[0=>"a", "x"=>"d", 2=>"b", 1=>"c", "y"=>"e"];
```

一般情况下，可以把数组中键为 0、1、2、…的元素值依次赋给 list 中列出的变量。如下面的语句

```
list($v1, $v2, $v3) =$array;
```

会把数组中键为 0 的元素值"a"赋给变量 v1，把键为 1 的元素值"c"赋给变量 v2，把键为 2 的元素值"b"赋给变量 v3。也可以缺位赋值。例如，下面的语句

```
list($v1, , $v2) =$array;
```

会把数组中键为 0 的元素值"a"赋给变量 v1，跳过键为 1 的元素，把键为 2 的元素值"b"赋给变量 v2。也可以把指定键的元素值赋给指定的变量。例如下面的语句

```
list(1=>$v1, 0=>$v2, "x"=>$v3) =$array;
```

会把数组中键为 1 的元素值"c"赋给变量 v1，把键为 0 的元素值"a"赋给变量 v2，把键为"x"的元素值"d"赋给变量 v3。

2. compact 函数

该函数可以基于一个或多个变量创建一个数组返回，其格式如下：

```
compact(array|string $var_name, array|string ...$var_names): array
```

其中，每个参数都可以是表示变量名的字符串，函数会为每个变量在结果数组中添加一个相应的元素，元素的键是变量名，值是变量值。函数中的参数也可以是数组，这时函数将递归处理该数组中的元素，即数组中的元素值也应该是某个变量的名称，函数将基于该变量名在结果数组中添加一个相应的元素。

如果参数字符串或参数数组中元素值不是某个变量名，则跳过该参数（或元素），并产生一个 Warning 错误。

【例 9-16】 使用 compact 函数。代码如下：

```
1. $a1="北京";
2. $a2="上海";
3. $a3="广州";
4. $a4="深圳";
5. $aa=array("a1", "a2");
6. $result=compact("a3", $aa, "a4");
7. print_r($result);
```

下面是代码运行的输出结果：

```
Array([a3]=>广州 [a1]=>北京 [a2]=>上海 [a4]=>深圳 )
```

3. extract 函数

该函数基于数组元素创建变量，其格式如下：

```
extract(array &$array, int $flags =EXTR_OVERWRITE, string $prefix =""): int
```

其中，参数说明如下。

（1）参数数组 array 应该是一个关联数组，函数会基于数组元素创建变量，元素的键作为变量名，元素的值作为变量值。函数返回成功创建的变量数。元素的键可能是一个非法的变量名（如数值键，以数字开头的字符串等），也可能原先已有同名的变量（冲突）。

（2）参数 flags 决定如何处理变量名冲突和非法的变量名的情况，其可能的取值如下。

EXTR_OVERWRITE：默认值。若出现变量名冲突，覆盖原有变量。

EXTR_SKIP：若出现变量名冲突，保留原有变量。

EXTR_PREFIX_SAME：若出现变量名冲突，新建变量名前添加指定前缀。

EXTR_IF_EXISTS：仅当出现变量名冲突时，覆盖原有变量；其他情况跳过。

EXTR_PREFIX_IF_EXISTS：仅当出现变量名冲突时，创建新变量，变量名前添加指定前缀。

EXTR_PREFIX_ALL：考虑所有元素，所有新建变量名添加指定前缀。

EXTR_PREFIX_INVALID：考虑所有元素，但仅在非法变量名前添加指定前缀。

EXTR_REFS：以引用方式提取变量，即数组元素与新产生的变量引用相同的内存单元。该值可以独立使用或与上面任何值配合使用。

除非将 flags 指定为 EXTR_PREFIX_ALL 或 EXTR_PREFIX_INVALID，其他情况函数将忽略非法变量名的元素。

（3）参数 $prefix 用于指定新建变量的前缀，前缀和键名之间用下画线连接。如果添加前缀后的变量名仍然是非法的，跳过该元素。该参数仅在参数 flags 取 EXTR_PREFIX_SAME 等值时有效。

【例 9-17】 使用 extract 函数。代码如下：

```
1. $input=array("a"=>10, 20, "b"=>30, 40, "c"=>50);
2. $n=extract($input);
3. echo "新建{$n}个变量: \$a=$a, \$b=$b, \$c=$c";
4. echo "<br/>";
5. $n=extract($input, EXTR_PREFIX_INVALID, "x");
6. echo "新建{$n}个变量: \$a=$a, \$x_0=$x_0, \$b=$b, \$x_1=$x_1, \$c=$c";
```

下面是代码运行的输出结果：

```
新建 3 个变量: $a=10, $b=30, $c=50
新建 5 个变量: $a=10, $x_0=20, $b=30, $x_1=40, $c=50
```

9.6 实战: 呈现数据表格

教务选课系统管理员子系统包含呈现各种数据表格的功能，如课程信息表格、教师信息表格、开课信息列表等。打开之前已经创建的 xk 项目，继续相关功能的实现。

9.6.1 课程信息表格

呈现课程信息表格，包括课程号、课程名、学分和教师等信息，如图 9-1 所示。

首先在外部样式表文件 xk.css 中添加、定义用于呈现数据表格的一些规则。代码如下：

```
1. /* 数据表格呈现规则 */
2. table {border-width:0; margin:10px 0; border-collapse:collapse; font-size:14px}
3. tr {height:30px}
4. th {text-align:left}
5. thead {
6.     color:#458994;
7.     border-top:1px solid #458994;                    /* 表头部分有宽度为 1px 的上边框线 */
```

```
8.        border-bottom:2px solid #458994           /* 表头部分有宽度为2px的下边框线 */
9. }
10. tfoot {
11.       color:#458994;
12.       border-top:1px solid #458994              /* 表脚部分有宽度为1px的上边框线 */
13. }
```

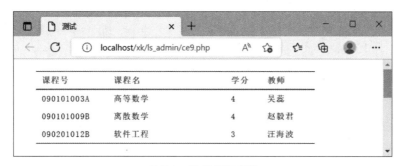

图 9-1　课程信息表格

然后在 ls_admin 文件夹下创建名为 outputCourses.php 的文件,并在其中定义用于呈现课程信息表格的同名函数。要呈现的课程信息包含在数组中,作为参数传递给函数。代码如下:

```
1. function outputCourses(array $courses): void {
2.     echo <<<_THEAD
3.         <table>
4.         <thead>
5.             <tr>
6.                 <th style="width: 120px; padding-left: 10px">课程号</th>
7.                 <th style="width: 200px">课程名</th>
8.                 <th style="width: 60px">学分</th>
9.                 <th style="width: 80px">教师</th>
10.            </tr>
11.        </thead>
12.        <tbody>
13.    _THEAD;
14.    for ($i=0; $i<count($courses); $i++) {
15.        $course=$courses[$i];
16.        echo <<<_TBODY
17.            <tr>
18.                <td style='padding-left:10px'>{$course['cn']}</td>
19.                <td class="c2">{$course['cname']}</td>
20.                <td>{$course['credit']}</td><td>{$course['tname']}</td>
21.            </tr>
22.        _TBODY;
23.    }
24.    echo <<<_TFOOT
25.        </tbody>
26.        <tfoot><tr style="height:10px"><td colspan="4"></td></tr></tfoot>
27.        </table>
28.    _TFOOT;
29. }
```

最后可以在 ls_admin 文件夹下创建 ce9.php 文件,用于调用和测试上述函数。代码如下:

```
1. include "pre_suf_fix.php";
```

```
 2. include "outputCourses.php";
 3. prefix();
 4. echo "<div style='width:90%; margin:20px auto; min-height:400px'>";
 5. $courses=[
 6.     ["cn"=>"090101003A", "cname"=>"高等数学", "credit"=>"4", "tname"=>"吴蕊"],
 7.     ["cn"=>"090101009B", "cname"=>"离散数学", "credit"=>"4", "tname"=>"赵毅君"],
 8.     ["cn"=>"090201012B", "cname"=>"软件工程", "credit"=>"3", "tname"=>"汪海波"]
 9. ];
10. outputCourses($courses);
11. echo "</div>";
12. suffix();
```

9.6.2 教师信息表格

呈现教师信息表格，包括职工号、姓名、所属部门和是否管理员等信息，如图 9-2 所示。

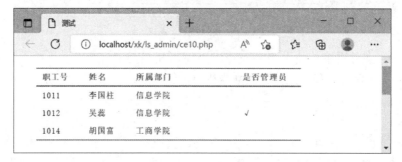

图 9-2 教师信息表格

在 ls_admin 文件夹下创建名为 outputTeachers.php 的文件，并在其中定义用于呈现教师信息表格的同名函数。要呈现的教师信息包含在数组中，作为参数传递给函数。代码如下：

```
 1. function outputTeachers(array $teachers): void {
 2.     echo <<<_THEAD
 3.         <table>
 4.             <thead>
 5.             <tr>
 6.                 <th style="width:80px; padding-left:10px">职工号</th>
 7.                 <th style="width:80px">姓名</th>
 8.                 <th style="width:180px">所属部门</th>
 9.                 <th style="width:100px">是否管理员</th>
10.             </tr>
11.         </thead>
12.         <tbody>
13.         _THEAD;
14.         for ($i=0; $i<count($teachers); $i++) {
15.             $teacher =$teachers[$i];
16.             $admin =$teacher['admin']=="是" ? "√" : "";
17.             echo <<<_TBODY
18.                 <tr>
19.                     <td style="padding-left:10px">{$teacher['tn']}</td>
20.                     <td>{$teacher['tname']}</td><td>{$teacher['dept']}</td>
                        <td>$admin</td>
21.                 </tr>
22.             _TBODY;
```

```
23.              }
24.              echo <<<_TFOOT
25.              </tbody>
26.          <tfoot><tr style="height: 10px"><td colspan="4"></td></tr></tfoot>
27.          </table>
28.      _TFOOT;
29. }
```

然后可以在 ls_admin 文件夹下创建 ce10.php 文件,用于调用和测试上述函数。代码如下:

```
1.  include "pre_suf_fix.php";
2.  include "outputTeachers.php";
3.  prefix();
4.  echo "<div style='width:90%; margin:20px auto; min-height:400px'>";
5.  $teachers =[
6.      ["tn"=>"1011", "tname"=>"李国柱", "dept"=>"信息学院", "admin"=>"否"],
7.      ["tn"=>"1012", "tname"=>"吴蕊", "dept"=>"信息学院", "admin"=>"是"],
8.      ["tn"=>"1014", "tname"=>"胡国富", "dept"=>"工商学院", "admin"=>"否"]
9.  ];
10. outputTeachers($teachers);
11. echo "</div>";
12. suffix();
```

9.6.3 开课信息列表

呈现指定学期的开课信息列表,包含课程、任课教师、状态(选课、教学、结课)、选课人数等信息,如
图 9-3 所示。

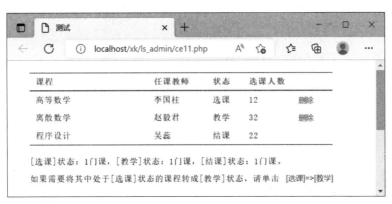

图 9-3 开课信息列表

开课信息列表不仅以表格形式显示相关信息,还可以产生以下两种 POST 请求。

(1) 处于"选课"和"教学"状态的开课课程右侧会有一个"删除"按钮,单击该按钮将产生一个
POST 请求,并包含名称为 term(当前学期)、id(开课号)的请求参数。按钮的名称指定为 Q4。

(2) 单击"[选课]=>[教学]"按钮,将产生一个 POST 请求,并包含名称为 term(当前学期)的请
求参数。按钮的名称指定为 Q5。

在 ls_admin 文件夹下创建名为 scheduleList.php 的文件,并在其中定义用于呈现开课信息列表的
同名函数。代码如下:

```
1. function scheduleList() {
```

```
2.       global $term;
3.       $schedules = getScheduleData();
4.       if (empty($schedules)) {
5.           echo <<<_NO
6.               <div><span>无开课信息!</span></div>
7.           _NO;
8.           return;
9.       }
10.      echo <<<_FORM1
11.          <table>
12.          <thead>
13.              <tr>
14.                  <th style="width:200px; padding-left:10px">课程</th>
15.                  <th style="width:100px">任课教师</th>
16.                  <th style="width:60px">状态</th>
17.                  <th style="width:80px">选课人数</th>
18.                  <th style="width:60px"></th>
19.              </tr>
20.          </thead>
21.          <tbody>
22.      _FORM1;
23.      $cnt1=$cnt2=$cnt3=0;
24.      for ($i=0; $i<count($schedules); $i++) {               //处理各开课信息
25.          $sstatus=""; $del="";
26.          $status=$schedules[$i]['status'];
27.          if ($status==='1') { $sstatus='选课'; $cnt1++; }
28.          elseif ($status==='2') { $sstatus='教学'; $cnt2++; }
29.          else { $sstatus='结课'; $cnt3++; }
30.          //为状态为1或2的开课信息,在其右端设置一个删除按钮
31.          if ($status==='1' || $status==='2') {
32.              $url=$_SERVER['SCRIPT_NAME'];
33.              $id=$schedules[$i]['id'];
34.              $del="<form action='$url' method='POST' style='margin: 0'>"
35.                  ."<input type='hidden' name='id' value='$id' />"
36.                  ."<input type='hidden' name='term' value='$term' />"
37.                  ."<input type='submit' class='text' name='Q4' value='删除'/>"
38.                  ."</form>";
39.          }
40.          echo <<<_FORM2
41.              <tr>
42.                  <td style="padding-left:10px">{$schedules[$i]['cname']}</td>
43.                  <td>{$schedules[$i]['tname']}</td><td>$sstatus</td>
44.                  <td>{$schedules[$i]['num']}</td>
45.                  <td>$del</td>
46.              </tr>
47.          _FORM2;
48.      }
49.      echo <<<_FORM3
50.          </tbody>
51.          <tfoot><tr style="height:10px"><td colspan="4"></td></tr></tfoot>
52.          </table>
53.          <div>
54.              [选课]状态: {$cnt1}门课, [教学]状态: {$cnt2}门课, [结课]状态: {$cnt3}门课
55.          </div>
56.      _FORM3;
```

```
57.    if ($cnt1>0) {                                    //当有"选课"状态的开课信息时处理
58.        $url=$_SERVER['SCRIPT_NAME'];
59.        echo <<<_FORM5
60.    <span>
61.        如果需要将其中处于[选课]状态的课程转成[教学]状态,请单击
62.    </span>
63.    <form action='$url' method='POST' style='display: inline-block'>
64.        <input type='hidden' name='term' value='$term'/>
65.        <input type='submit' class='text' name='Q5' value='[选课]=>[教学]' />
66.    </form>
67.        _FORM5;
68.    }
69. }
```

提示：

（1）文字形式的提交按钮是通过 CSS 规则产生的呈现效果,可参见 3.6.2 节引入的有关表单的呈现规则。

（2）上述两种请求所涉及的请求参数是通过隐藏域提供的。隐藏域可以把当前请求-响应中存在的数据传递到下一次的请求-响应过程中。

在 ls_admin 文件夹下创建名为 getScheduleData.php 的文件,并在其中定义用于获取开课课程数据的同名函数。代码如下：

```
1. function getScheduleData(): array {
2.    $schedules=[
3.        ["id"=>"2","cname"=>"高等数学","tname"=>"李国柱","status"=>"1","num"=>"12"],
4.        ["id"=>"5","cname"=>"离散数学","tname"=>"赵毅君","status"=>"2","num"=>"32"],
5.        ["id"=>"6","cname"=>"程序设计","tname"=>"吴蕊","status"=>"3","num"=>"22"],
6.    ];
7.    return $schedules;
8. }
```

目前该函数返回的开课课程数据是固定的,在后续章节将重新定义该函数。

可以在 ls_admin 文件夹下创建 ce11.php 文件,用于调用和测试上述函数。代码如下：

```
1. include "pre_suf_fix.php";
2. include "scheduleList.php";
3. include "getScheduleData.php";
4. prefix();
5. echo "<div style='width:90%; margin:20px auto; min-height:400px'>";
6. $term="2022-2023-1";
7. scheduleList();
8. echo "</div>";
9. suffix();
```

习题 9

一、选择题

（1）有以下数组：

```
array(1=>"one", "a"=>"two", "three", "b"=>"four")
```

其中第 3 个元素"three"的键是（　　　）。

    A. 无　　　　　　　　　　B. 0　　　　　　　　　　C. 2　　　　　　　　　　D. 随机指定

（2）下面的代码创建了一个包含两个元素的数组（　　　）。

```
$arr=array("10"=>10, 20);
```

    A. 第 1 个元素的键为"10"，第 2 个元素无键

    B. 第 1 个元素的键为"10"，第 2 个元素的键为 0

    C. 第 1 个元素的键为 10，第 2 个元素的键为 0

    D. 第 1 个元素的键为 10，第 2 个元素的键为 11

（3）检测数组中是否存在指定值的元素并返回 true 或 false 的函数是（　　　）。

    A. in_array　　　　　B. array_search　　　　C. array_key_exists　　　D. array_value_exists

（4）可以在数组头部插入元素的函数是（　　　）。

    A. array_push　　　　B. array_pop　　　　C. array_shift　　　　D. array_unshift

（5）下面的函数都可以对数组中的元素进行排序。排序后，各元素的键能重新设置为从 0 开始的连续整数的函数是（　　　）。

    A. asort　　　　　　　B. rsort　　　　　　　C. ksort　　　　　　　D. krsort

二、程序题

1. 写出下面 PHP 代码运行的输出结果。

（1）

```
$arr=[];
$arr[]="aaa";
$arr[]="bbb";
$arr[1]="ccc";
echo array_shift($arr),"-", array_shift($arr), "-", count($arr);
```

（2）

```
$alpha='abcdefghijklmnopqrstuvwxyz';
$letters=array(15, 7, 15);
for ($i=0; $i<3; $i++) {
    echo $alpha[$letters[$i]];
}
```

（3）

```
define("STOP_AT", 1024);
$result=array();
for ($idx=1; $idx<STOP_AT; $idx*=2) {
    $result[] =$idx;
}
echo $result[8],"-", array_search(256,$result);
```

（4）

```
$arr=["x"=>"orange", 1=>"banana", "y"=>"apple", 0=>"raspberry"];
sort($arr);
list($x, $y)=$arr;
echo $x, "-", $y;
```

（5）

```
$a=array(1, "hello", 1, "world", "hello");
$b=array_count_values($a);
print_r($b);
```

2. 根据要求写 PHP 代码。

（1）测试数组 $arr 中是否包含键为"x"的元素，若存在输出该元素的值。

（2）测试数组 $arr 中是否包含值为"y"的元素，若存在输出首个值为"y"的元素的键。

（3）按元素值对数组 $arr 各元素进行字符串化排序。排序时，要求各元素的键和值保持关联。

（4）$books 是一个二维数组，存储了一些图书的书名、出版社和单价。

```
$books=array(array("数据库原理", "高等教育出版社", 36.50),
             array("操作系统", "清华大学出版社", 32.00),
             array("Java 程序设计", "电子工业出版社", 35.00)
);
```

现在请按图书单价对各图书进行降序排序。

（5）定义以下函数，其功能是返回矩阵 xmn 的转置矩阵 ynm。

```
transpose(array x): array
```

这里用二维数组表示矩阵。假设函数参数 x 是一个 m 行 n 列的二维数组，那么函数返回值 y 就是一个 n 行 m 列的二维数组。无论是 x 还是 y，其外层数组和内层数组各元素的键都是从 0 开始的连续整数。

第 10 章 面向对象编程(上)

本章主题:

- 类的定义与对象创建。
- 访问控制。
- 魔术方法__get 和__set。
- 构造方法与析构方法。
- 只读型实例变量。
- 静态类成员。
- 类的自动加载。

面向过程的程序设计侧重于对客观世界的实体的行为进行抽象,而把表示实体状态的属性置于一个被动、附属并相对分离的地位。面向对象的程序设计则把实体的属性和行为作为一个整体加以抽象。与面向过程的程序设计相比,面向对象程序设计无论是在思维方式上还是在编程技术上都有很大区别。

本章首先介绍类、对象和封装性等概念,以及类的简单声明和对象的创建和使用,然后依次介绍类成员的访问控制、魔术方法__get 和__set、构造方法与析构方法、只读型实例变量,最后介绍静态类成员、类常量,以及类的自动加载等内容。

10.1 类的定义与对象的创建

本节首先介绍类和对象的概念,然后介绍如何定义类,以及如何基于类创建实例对象、如何访问对象的实例变量和调用对象的实例方法。

10.1.1 概念

在面向对象程序设计中,类和对象是两个最基本的概念。很好地理解这两个概念是学习和掌握面向对象程序设计的基础。

1. 对象

对象(Object)是对客观世界里的任何实体的抽象。被抽象的实体可以是具体的物,也可以指某些概念,如一名学生、一台计算机、一门课、一个长方形等。

实体有属性和行为:属性表示实体的静态特征,所有属性的组合反映实体的状态;行为表示实体的动态特征,实体的行为可能会影响或改变实体的状态。客观世界里的任何实体往往都有丰富的属性和复杂的行为。抽象的目的是要从这些丰富和复杂的属性和行为中选择和提炼出为解决问题所需要的属性和方法。

对象是对客观世界实体进行抽象形成的软件模型,由数据和方法两部分组成。数据(变量、数组)对应于属性,用于表示对象的状态。方法是对行为的抽象,用于表示对象所具有的操作或所能够提供的服务。

对象是数据与方法的封装体。通过封装,对象可以对外界隐藏它的数据结构和方法的具体实现算法,而只把方法的格式信息(方法名、形参)和行为信息(功能)露在封装界面上。外界要使用一个对象,并不需要了解对象内部的实现细节,而只需知道对象封装界面上的信息,即该对象能够提供哪些服务。

2. 类

类(Class)是对一类相似对象的描述,这些对象具有相同的属性和行为、相同的变量(数据结构)和方法实现。类定义就是对这些变量和方法实现进行声明和描述。类好比一类对象的模板,有了类定义后,就可以基于类生成所需的对象,称为类的实例。这里,类是一种数据类型,而类的一个实例对象是这种类型的一个数据。

因为类的每个实例共用相同的方法,所以在程序运行时,不管基于这个类产生了多少个实例,类中定义的每个方法的代码在内存中只需要一个副本。另外,类的各个实例虽然采用相同的变量来表示状态,但它们在变量上的取值完全可以不同。这些对象一般有着不同的状态,且彼此间相对独立。也就是说,类中定义的实例变量在内存中可能有多个副本,每个副本属于某个实例。

类应该提供对象封装的机制。在类的定义中,可以指定每个对象露在封装界面上的信息是什么、隐藏在封装界面里的内容是什么。这主要是通过访问修饰符来实现的,用 public(公共的)修饰的变量和方法可以被外界访问或调用;用 private(私有的)修饰的变量和方法则不能被外界访问或调用。根据对象封装性的要求,实例变量一般用 private 修饰,而方法通常用 public 修饰。一般来说,这样定义的类也更能满足易修改、易维护、易重用的要求。

10.1.2 定义类

类的定义出现在 PHP 标签内。类的定义使用关键字 class,后面跟着类名,然后是类体。类体以"{"开始,以"}"结束,内含成员变量定义、构造方法、析构方法和成员方法定义。格式如下:

```
[final|abstract] class <类名>{
    [<成员变量定义>]*
    [<构造方法>]
    [<析构方法>]
    [<成员方法定义>]*
}
```

用关键字 final 修饰的类称为最终类,最终类是不能被扩展的。用关键字 abstract 修饰的类称为抽象类,抽象类通常会包含抽象方法,而且需要被扩展。一个类不能同时用关键字 final 和 abstract 修饰。

成员变量包括实例变量和静态变量,成员方法包括实例方法和静态方法。本节主要介绍用于存储对象状态的实例变量和用于表示对象行为的实例方法,关于静态变量、静态方法以及构造方法和析构方法将在后面各节分别介绍。

【例 10-1】 定义一个名为 Fruit 的类表示水果,其中包含两个实例变量,分别表示水果的种类名和颜色;一个实例方法,可以输出该水果的颜色和种类名。代码如下:

```
1. class Fruit {
2.     private string $name='banana';
3.     private string $color='yellow';
4.     function show(): void {
5.         echo 'a ' . $this->color . ' ' . $this->name;
6.     }
7. }
```

该类定义了两个实例变量(name 与 color)和一个实例方法(show)。

成员变量在定义时可以初始化其值,但初始化表达式必须是常量或常量表达式。其中,两个实例变量都指定了一个初始值。此外,这两个实例变量都声明了类型,称为类型化的成员变量。类型化的成员变量没有默认的初值,在访问前必须要初始化或显式赋值,否则会抛出 Fatal 错误(Error)。

与定义函数一样,定义方法也使用关键字 function。

注意：方法与函数是两个完全不同的概念。实例方法表示对象的行为,实例方法代码往往会访问甚至改变对象的状态(实例变量)。

类名和方法名都可以是任何非 PHP 保留字的合法标识符。一个合法类名和方法名以字母或"_"开头,后面跟着若干字母、数字或"_"。与函数名一样,类名和方法名也不区分大小写。

在 PHP 中,一个类中不允许出现两个同名的方法,即使它们有不同数目的形参。也就是说,PHP 不支持方法重载(overload)。但利用 PHP 中的魔术方法__call 可以产生方法重载的效果。

在类体内,要访问实例变量或调用实例方法,可以通过 $this、使用对象成员访问运符算->进行。其一般格式如下：

```
$this-><实例变量名>                    //实例变量名不含$
$this-><实例方法名>([<实参表>])
```

其中,$this 是一个伪变量,只能出现在类体内的对象上下文(实例方法)中,表示对所在类的当前对象(或者说是调用对象)的引用。

从运行时的角度考虑,实例变量和实例方法都属于对象。实例变量存储对象的状态,实例方法表示对象具有的行为。离开了对象,实例变量是不存在的,实例方法是没有意义的,也是无法调用的。所以,实例变量和实例方法必须通过对象访问和调用。当通过某个对象调用一个实例方法时,该对象就称为当前对象。

在 Fruit 类中,实例方法 show 中的代码就通过此格式访问了实例变量 $color 和 $name。其中,$this->color 和 $this->name 分别表示访问当前对象的 $color 变量值和 $name 变量值。

10.1.3 创建和使用对象

一旦定义好了一个类,就可以使用实例创建表达式创建这个类的实例。实例创建表达式的一般格式如下：

```
new <类名>([<参数列表>])
```

其中,<参数列表>是一个可选项,如果要使用该选项,那么类定义中就需要有相应的构造方法。在没有介绍构造方法之前,可以暂时不考虑该选项。

实例创建表达式用于创建指定类的一个实例对象。其具体功能如下。

(1) 为实例对象分配内存空间。

(2) 创建并初始化实例变量。

(3) 返回对该实例对象的一个引用。

例如,下面的代码

```
$a=new Fruit();
$a->show();
```

用于创建 Fruit 类的一个实例对象,并把对该对象的引用赋给变量 $aFruit,然后调用该对象的 show()方法。

对一个对象的引用值,除了可以判断其类型之外,并没有其他的操作可言。但是对对象的实例变量的访问以及对对象的实例方法的调用都需要通过该引用值进行。包含对象引用值的变量(如 $a),是对象类型变量,也可称为引用类型变量。

对象类型的变量持有该种类型的一个对象的引用,而不是整个对象的拷贝。这是对象类型变量与其他类型变量的一个很大不同。图10-1说明了对象类型变量的按值赋值和按引用赋值的情形。

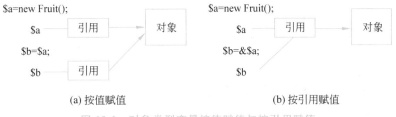

(a) 按值赋值　　　　　　　　　　　　　(b) 按引用赋值

图 10-1　对象类型变量按值赋值与按引用赋值

在默认情况下,当调用一个函数或方法并向其传递一个对象时,传递的自然是对象的引用;当函数或方法返回一个对象时,返回的也是对象的引用。

在类体外,要访问对象的实例变量或调用对象的实例方法,应通过对象引用、使用对象成员访问运算符->进行。其一般格式如下:

```
<引用类型变量名>-><实例变量名>                               //实例变量名不含$
<引用类型变量名>-><实例方法名>([<实参表>])
```

基于一个类可以根据需要创建任意数量的实例,每个实例拥有属于自己的实例变量。例如,下面的代码:

```
$fruitone=new Fruit();
$fruittwo=new Fruit();
```

创建了 Fruit 类的两个实例 $fruitone 和 $fruittwo,两个实例都有自己的实例变量 $color 和 $name,两者之间相互独立。

可以使用运算符==、!=、===和!==对两个对象进行比较。当两个对象基于同一类创建且各实例变量的值相等,则两个对象是相等的(==),但两个对象并不全等(===)。只有当比较的两个对象的确是同一个对象时,全等比较(===)才成立。例如:

```
var_dump($fruitone==$fruittwo);                               // true
var_dump($fruitone===$fruittwo);                              // false
$tmp=$fruitone;
var_dump($fruitone==$tmp);                                    // true
var_dump($fruitone===$tmp);                                   // true
```

其中,变量 $fruitone 和 $fruittwo 引用两个不同的对象,但这两个对象都是 Fruit 类的实例,且各实例变量具有相同的取值。第3行代码把 $fruitone 变量的引用值赋给 $tmp 变量,这样两个变量具有相同的引用值,引用同一个对象。

【例 10-2】　定义一个表示长方形名为 Rectangle 的类,其中,getArea()方法计算并返回长方形的面积,getPerimeter()方法计算并返回长方形的周长。代码如下:

```
1. class Rectangle {
2.     private int $width, $height;
3.     function set(int $w, int $h): void {
4.         $this->width=$w;
5.         $this->height=$h;
6.     }
7.     function getArea(): int {
8.         return $this->width * $this->height;
9.     }
```

```
10.    function getPerimeter(): int {
11.        return 2 * ($this->width +$this->height);
12.    }
13. }
14. $r1=new Rectangle();
15. $r1->set(10, 15);
16. $r2=new Rectangle();
17. $r2->set(20, 12);
18. echo "area1=", $r1->getArea();
19. echo " perimeter1=", $r1->getPerimeter(), "</br />";
20. echo "area2=", $r2->getArea();
21. echo " perimeter2=", $r2->getPerimeter();
```

下面是代码运行的输出结果：

```
area1=150 perimeter1=50
area2=240 perimeter2=64
```

在该例中，第 1～13 行代码是对 Rectangle 类的定义，第 14～21 行代码演示了对该类的使用。

10.2　访问控制

本节介绍访问修饰符以及魔术方法__get 和__set。访问修饰符用于指定成员变量或成员方法的访问级别，魔术方法__get 和__set 则可以使私有变量的读取和设置变得更加方便。

10.2.1　访问修饰符

在声明类成员和构造方法时，可以指定访问修饰符控制其访问级别。在 PHP 中，访问修饰符有 3 个，对应着以下 3 种访问级别。

private：私有的，仅能在所在类内被访问。

protected：受保护的，能在所在类及其子类内被访问。

public：公共的，能在所有位置被访问。

在 PHP 中，对实例变量来说，没有默认的访问级别。在声明实例变量时，必须选择其中一个访问修饰符修饰。对成员方法来说，默认的访问级别是公共的。也就是说，如果在声明成员方法时没有指定访问修饰符，则默认为 public。

通常情况下，用于修饰成员变量的各种修饰符应放置在变量名或其类型名之前，但各修饰符的前后次序无关紧要；用于修饰成员方法的各种修饰符应放置在关键字 function 之前，但各修饰符的前后次序无关紧要。

为体现对象的封装性，实例变量通常被定义为私有的，而对外公开的实例方法通常被定义成公共的。

【例 10-3】　使用访问修饰符。代码如下：

```
1. class AccessModifier {
2.     private string $a='aaa';
3.     public string $b='bbb';
4.     private function getInfo(): string {
5.         return $this->a.'-'.$this->b;
6.     }
7.     public function showInfo(): void {
```

```
 8.          echo $this->getInfo();
 9.      }
10. }
11. $obj=new AccessModifier();
12. echo $obj->b,'<br/>';
13. echo $obj->showInfo();
```

在该例中,变量 a 和方法 getInfo()是私有的,只能在类体内被访问。变量 b 和方法 showInfo()是公共的,既可以在类体内被访问,也可以在类体外被访问。

下面是代码运行的输出结果:

```
bbb
aaa-bbb
```

也可以利用 foreach 语句遍历对象的实例变量。此时依赖于实例变量的可访问性,即 foreach 语句只能遍历对象中可访问的实例变量。

【例 10-4】　利用 foreach 语句遍历对象中的实例变量。代码如下:

```
 1. class Traversal {
 2.      private string $a='aaa';
 3.      public string $b='bbb';
 4.      function show(): void {
 5.          foreach($this as $key=>$value) {
 6.              echo $key.'-'.$value.'<br/>';
 7.          }
 8.      }
 9. }
10. $obj=new Traversal();
11. $obj->show();
12. echo '------------------<br/>';
13. foreach($obj as $key=>$value) {
14.      echo $key.'-'.$value.'<br/>';
15. }
```

下面是代码运行的输出结果:

```
a-aaa
b-bbb
------------------
b-bbb
```

在该例中,成员方法 show()中的 foreach 语句可以遍历当前对象的所有属性,即 $a 和 $b。类体外的 foreach 语句只能遍历对象 obj 中公共属性,即 $b。

10.2.2　魔术方法__get 和__set

为了体现对象的封装性,在定义类时,实例变量通常被定义为私有的。但在有些情况下,需要频繁访问实例变量,如果为每个私有的实例变量都定义相应的 get 方法和 set 方法,代码就会显得非常臃肿。此时可以考虑在类体内定义魔术方法__get 和__set。

(1)当脚本代码试图设置对象的一个实例变量值时,如果该实例变量是不可访问(甚至是不存在)的,那么 PHP 系统将调用对象的__set 方法(如果存在)。

__set 方法应该声明两个形参,第一个形参用于接收正要被设置的实例变量的名称,第二个形参用于接收要被设置的目标值。其格式如下：

```
public __set(string $name, mixed $value): void
```

__set 方法体可以完成对指定实例变量的赋值。

（2）当脚本代码试图读取对象的一个实例变量值时，如果该实例变量是不可访问（甚至是不存在）的，那么 PHP 系统将调用对象的 __get 方法（如果存在）。

__get 方法应该声明一个形参，该形参将接收正被访问的实例变量的名称。其格式如下：

```
public __get(string $name): mixed
```

__get 方法体可以直接返回该实例变量的值，也可以进行适当的控制和处理。

【例 10-5】 使用 __set 和 __get 魔术方法。代码如下：

```
1. class Magic {
2.     private string $tn, $tname, $dept;
3.     function __set(string $propName, mixed $propValue): void {
4.         $this->$propName=$propValue;
5.     }
6.     function __get(string $propName): mixed {
7.         if(isset($this->$propName)) {
8.             return $this->$propName;
9.         } else {
10.            return null;
11.        }
12.    }
13.    function __toString(): string {
14.        return "职工(".$this->tn.",".$this->tname.",".$this->dept.")";
15.    }
16. }
17. $obj=new Magic();
18. $obj->tn="0901"; $obj->tname="刘绍军"; $obj->dept="信息学院";
19. echo "职工号: ", $obj->tn, "<br />";
20. echo "姓名: ", $obj->tname, "<br />";
21. echo "所属部门: ", $obj->dept, "<br />";
22. echo "-------------------------------------------<br />";
23. echo $obj;
```

下面是代码运行的输出结果：

```
职工号: 0901
姓名: 刘绍军
所属部门: 信息学院
-------------------------------------------
职工(0901,刘绍军,信息学院)
```

在该例中，实例变量 $tn、$tname 和 $dept 都是私有的，所以类体外是无法正常访问的。这里利用魔术方法 __set 和 __get 实现对这些变量的设置和读取。第 18 行代码通过隐含调用 __set 方法完成对各实例变量的设置，第 19～21 行代码通过隐含调用 __get 完成对各实例变量值的读取。

__toString() 也是一个魔术方法，它会在当对象要被转换为字符串时被自动调用。该方法必须返回一个字符串，否则将发生一个 Fatal 错误。一般来说，__toString() 方法应该返回一个能反映对象当前状态的字符串。

第 23 行代码输出变量 $obj 的值，由于 $obj 是一个对象，而不是一个字符串，所以它会被先转换成字符串,然后再输出。此时,PHP 系统将自动调用该对象的__toString()方法,并以该方法的返回值作为对象转换成字符串的结果。

注意:在 PHP 中,魔术方法的方法名都是以"__"(两个下画线)开头的。开发人员在定义类的成员方法时,一般不应以"__"为前缀。

10.3　构造方法与析构方法

PHP 支持构造方法与析构方法,它们也是 PHP 魔术方法。

10.3.1　构造方法

当用 new 表达式创建类的实例时,若该类定义有一个构造方法,PHP 系统会自动调用类的构造方法。构造方法用以初始化实例对象的状态,即初始化实例变量。

构造方法的方法名固定为__construct。由于构造方法是在 new 表达式计算中被自动调用的,只是创建实例的整个过程中的一个环节,所以构造方法不能声明返回类型,否则会产生 Fatal 错误。

【例 10-6】　使用构造方法。代码如下:

```
1. class Complex {
2.     private float $r, $i;
3.     function __construct(float $r, float $i) {
4.         $this->r = $r;
5.         $this->i = $i;
6.     }
7.     function add(Complex $c): Complex {
8.         return new Complex($this->r+$c->r, $this->i+$c->i);
9.     }
10.    function __toString(): string {
11.        return $this->r.'+'.$this->i.'i';
12.    }
13. }
14. $c1=new Complex(1, 2);
15. $c2=new Complex(3, 4);
16. $c3=$c1->add($c2);
17. echo $c3;
```

下面是代码运行的输出结果:

```
4+6i
```

在该例中,Complex 类定义有构造方法,其中包含两个形参。这样,当用 new 表达式创建该类的实例时,也应该相应地提供两个实参。在创建实例的过程中,构造方法被自动调用,各实参会传递给相应的形参。

构造方法的常规操作是将接收到的参数值赋给相应的实例变量。这种代码的书写很枯燥。PHP允许将构造方法的参数提升为实例变量。当构造方法的参数带访问修饰符时,PHP 会同时把它当作构造方法参数和实例变量。利用这一特性,可以将上述例子的第 2~6 行代码改写成如下:

```
function __construct(private float $r, private float $i) { }
```

注意:此时无须在类体内再定义相应的实例变量。当参数值传递到构造方法时,既是对构造方法形参的赋值,也是对实例变量的赋值。

当提升构造方法参数时,构造方法体可能是空的,也可以有代码,即它不影响构造方法体的执行。另外,构造方法参数的提升可以是混合的,即有些参数提升为实例变量了,而有些参数则不提升。上述例子的第 2～6 行代码也可以改写成如下:

```
private float $i;
function __construct(private float $r, float $i) {
    $this->i = $i;
}
```

10.3.2　只读型实例变量

可以使用关键字 readonly 声明只读型的实例变量。只有类型化的实例变量才可以声明为只读的,试图把非类型化的实例变量声明为只读,会产生一个 Fatal 错误。不支持只读型的类变量。

在声明只读型实例变量时,不能指定初始化表达式,否则会产生一个 Fatal 错误。通常,应该在构造方法体中为只读型实例变量赋值。只读型实例变量只能赋值一次,试图修改只读型实例变量的值,会抛出一个 Fatal 错误(Error)。

默认情况下,只读型实例变量是公共的。也就是说,如果在声明只读型实例变量时没有指定访问修饰符,则默认为 public。

【例 10-7】　定义一个 Person 类,其中包含一个名为 name 的只读型实例变量,以及一个名为 age 的实例变量。代码如下:

```
1. class Person {
2.     readonly string $name;
3.     function __construct(string $name, public int $age) {
4.         $this->name = $name;
5.     }
6. }
7. $person1 = new Person("李明", 18);
8. echo $person1->name, "-", $person1->age, "<br/>";
9. $person2 = new Person("郝梅", 20);
10. echo $person2->name, "-", $person2->age, "<br/>";
11. $person1->age = 25;
12. echo $person1->name, "-", $person1->age;
```

下面是代码运行的输出结果:

```
李明-18
郝梅-20
李明-25
```

在该例中,只读实例变量 name 没有指定访问修饰符,默认为公共的。实例变量 age 是通过提升构造方法参数来定义的,也是公共的。

每个对象创建后,其 name 实例变量的值是不可更改的,而 age 实例变量的值是可以更改的。

10.3.3　析构方法

PHP 也提供析构方法的特性。与构造方法在创建实例时自动被调用相对应,析构方法在对象被销毁前被自动调用。通常,一个对象在失去所有引用或脚本执行结束时被销毁。

析构方法的固定名称为 __destruct。与构造方法一样,析构方法也不能声明返回类型,否则会产生 Fatal 错误。

【例 10-8】 使用析构方法。代码如下：

```
1. class Destruct {
2.     function __construct() {            //构造方法
3.         echo "对象正被创建<br/>";
4.     }
5.     function __destruct() {             //析构方法
6.         echo "对象将被销毁<br/>";
7.     }
8. }
9. echo "start...<br/>";
10. $obj=new Destruct();
11. echo "processing...<br/>";
12. $obj=null;
13. echo "end!<br/>";
```

下面是代码运行的输出结果：

```
start...
对象正被创建
processing...
对象将被销毁
end!
```

在该例中，第 10 行代码创建 Destruct 类的一个实例，其中的构造方法会被自动隐含调用。第 12 行代码将 null 值赋给变量 $obj，使之前创建的对象失去了唯一对其的引用，此时，PHP 系统会自动隐含调用类中定义的析构方法。

10.4 静态类成员

这里介绍静态类成员，包括静态变量、静态方法以及类常量。

10.4.1 静态变量与静态方法

类的静态成员属于类。静态是指这些变量和方法不由类的各实例专属，而由类的所有实例共享。

要把一个变量或方法定义成静态的，只需用关键字 static 修饰它们。默认情况下，静态成员都是公共的。也就是说，如果在声明静态变量和静态方法时没有指定访问修饰符，则默认为 public。

与实例成员不同，静态成员可以通过类名、使用范围解析运算符"::"(也称为双冒号操作符)进行访问和调用。格式如下：

```
<类名>::<静态变量名>                                    //静态变量名包括$
<类名>::<静态方法名>([<实参表>])
```

一般情况下，在所在的类内可以通过关键字 self、使用范围解析运算符"::"进行访问和调用。除能访问静态成员外，还可以在实例方法内调用类的实例成员方法。格式如下：

```
self::<静态变量名>                                      //静态变量名包括$
self::<静态方法名>([<实参表>])
self::<实例方法名>([<实参表>])                          //仅在实例方法内使用
```

【例 10-9】 使用静态变量和静态方法。计算两个整数的最大公约数。代码如下：

```
1. class StaticDemo {
2.     static int $m, $n;
```

```
3.      static function gcd(): int {
4.          $m=StaticDemo::$m;                              //或$m=self::$m;
5.          $n=StaticDemo::$n;                              //或$n=self::$n;
6.          $r=$m % $n;
7.          while ($r!==0) {
8.              $m=$n;
9.              $n=$r;
10.             $r=$m % $n;
11.         }
12.         return $n;
13.     }
14. }
15. StaticDemo::$m=20;
16. StaticDemo::$n=8;
17. echo StaticDemo::$m, "%", StaticDemo::$n, "=", StaticDemo::gcd();
```

下面是代码运行的输出结果：

```
20%8=4
```

在该例中，第 2 行定义的两个静态变量以及第 3 行开始定义的静态方法都没有用访问修饰符修饰。在默认情况下，它们的访问级别都是公共的。

类的静态成员属于类，但可以为该类的所有实例对象共享。通过实例对象、使用运算符"->"或"::"都可以访问静态方法。格式如下：

```
<引用类型变量名>-><静态方法名>([<实参表>])
<引用类型变量名>::<静态方法名>([<实参表>])
```

也可以通过实例对象、使用运算符"::"来访问静态变量，但不能通过实例对象、使用运算符"->"来访问静态变量。格式如下：

```
<引用类型变量名>::<静态变量名>                              //静态变量名包含 $
```

例如，在该例的最后添加以下两行代码也会获得相同的结果：

```
$obj=new StaticDemo();
echo $obj::$m, "%", $obj::$n, "=", $obj->gcd();
```

实例变量和实例方法属于实例对象。没有实例对象，就不存在实例变量，实例方法也是没有意义的。静态变量和静态方法属于类，没有实例对象，这些静态变量和静态方法同样是可以访问和调用的。

一般情况下，在实例方法体内，可以访问实例变量、调用其他的实例方法，也可以访问静态变量、调用静态方法；在静态方法体内，可以访问静态变量、调用其他的静态方法，但不能访问实例变量、调用实例方法。同样的道理，特殊变量 $this 也不能用于静态方法体内。

10.4.2 类常量

利用关键字 const 可以把在类中始终保持不变的值定义为常量，称为类常量。类常量定义于类体内、方法体外。与在类体外的常量一样，在定义和使用类常量时，其名称不需要使用" $ "。

在定义类常量时，不能使用关键字 static，但总是把它看作静态的，即是属于类的。默认情况下，类常量是公共的。也就是说，如果在声明类常量时没有指定访问修饰符，则默认为 public。

类常量不需要声明类型，类常量的类型由赋给它的值的类型决定。由关键字 final 修饰的类常量不能被子类覆盖。

【例 10-10】　使用类常量。代码如下：

```
1. class Constant {
2.     const SEC_PER_DAY=60 * 60 * 24;
3.     function getDays(): int {
4.         return (int)(time()/self::SEC_PER_DAY);
5.     }
6. }
7. $obj=new Constant();
8. $days=$obj->getDays();
9. echo Constant::SEC_PER_DAY, "<br />";
10. echo $days;
```

在该例中，getDays()方法的功能是计算并返回自 1970 年 1 月 1 日至当前时间大约经历的天数。

第 2 行定义了一个名为 SEC_PER_DAY 的常量。因为它是静态的，所以应该使用运算符“::”访问。因为它是公共的，所以既可以在类体内访问，也可以在类体外访问。

第 4 行代码演示了如何在类体内通过关键字 self 访问类常量。第 9 行代码演示了如何在类体外通过类名访问类常量。

10.5　类的自动加载

当脚本代码要使用用户自定义的类时，首先需要通过 include、require 等语句把类定义代码（文件）包含到当前脚本文件中来，这个过程也称为加载。如果需要加载的类很多，而这些类又定义在不同的文件中，那么脚本文件的开头就会出现很多的 include 或 require 语句。如果忘了加载所需的类，又将导致代码出错。

spl_autoload_register 函数可以注册任意数量的自动加载函数，这些自动加载函数形成一个队列。当脚本代码使用当前文件不存在的类时，会自动调用已经注册的各自动加载函数以加载所需要的类。spl_autoload_register 函数的格式如下：

```
spl_autoload_register(
    callable $autoload_function=?,
    bool $throw=true,
    bool $prepend=false
): bool
```

其中参数说明如下。

参数 autoload_function 用于指定要注册的自动加载函数。自动加载函数可以是普通函数，也可以是匿名函数，需要一个 string 型的形参，用于接收类名。

参数 throw 用于指定在无法成功注册指定的自动加载函数时，spl_autoload_register 函数是否抛出例外。

参数 prepend 用于指定将注册的自动加载函数加到队列尾还是队列头，默认值是队列尾。

假设类 MyClass1 和 MyClass2 分别定义在文件 MyClass1.php 和 MyClass2.php 中。下面的代码演示了如何注册自动加载函数，以及如何定义自动加载函数：

```
<?php
    spl_autoload_register(function ($class_name) {
        require_once $class_name . '.php';
    });

    $obj1=new MyClass1();
```

```
    $obj2=new MyClass2();
?>
```

此代码注册的是一个匿名的自动加载函数。当后面的脚本代码实例化类时,由于类定义在当前文件并不存在,因此系统会自动调用之前注册的自动加载函数,并把类名当作参数传进去。自动加载函数利用 require_once 语句试图把与类同名的 php 文件包含进来。

10.6 实战: 翻页导航栏

在管理员子系统中,教师信息和课程信息将借助翻页导航栏进行分页呈现。本节定义翻页导航栏类,并定义和注册一个类自动加载函数。

打开之前已经创建的 xk 项目,继续教务选课系统管理员子系统相关功能的实现。

10.6.1 定义翻页导航栏类

如图 10-2 所示,翻页导航栏除了显示第 1 页和最后一页的页码外,还会显示包含当前页页码在内的若干连续页码超链接。如果当前页页码为 1,超链接"上一页"不显示。如果当前页的页码为最后一个页码,超链接"下一页"不显示。

图 10-2　翻页导航栏示意图

单击某个页码超链接,将产生对指定资源的 GET 请求,并以单击的页码为请求参数,单击的页码将成为当前页页码。

下面是定义翻页导航栏类时涉及的几个关键变量及其含义。

(1) pageCount：总页数,如示意图中的 13。

(2) showPages：连续的页码超链接数,如示意图中的 5。可根据需要设置。

(3) currentPage：当前页码,如示意图中的 6。

(4) startPage：连续页码超链接的起始页码,如示意图中的 4。

(5) endPage：连续页码超链接的终止页码,如示意图中的 8。

(6) url：单击页码超链接产生 GET 请求的目标资源的 URL,其本身可以包含请求参数。

首先在外部样式表文件 xk.css 中添加、定义用于呈现翻页导航栏的一些规则。代码如下:

```css
1. /* 翻页导航栏呈现规则 */
2. .pager a {
3.     float:left; padding:5px; margin:0 5px; color:steelblue;
4.     border:1px solid #eeeeee; background-color:white;
5. }
6. .pager a:hover {
7.     border:1px solid steelblue; text-decoration:none;
8. }
9. .pager span {
10.     float:left; padding:6px; margin:0 6px; color:#458994
```

```
11. }
12. .pager span.current {
13.     font-weight:700
14. }
```

在源文件结点下创建名为 classes 的文件夹。接着在该文件夹下创建名为 Pager.php 的文件,并在其中定义同名的翻页导航栏类。代码如下:

```
1. class Pager {
2.     private int $pageCount;            //总页数
3.     private int $showPages;            //连续的页码超链接数
4.     private string $url;               //页码超链接要访问的页面的 URL(可以包含请求参数)
5.
6.     public function __construct(int $pageCount, int $showPages, string $url) {
7.         $this->pageCount=$pageCount;
8.         $this->showPages=$showPages;
9.         $this->url =$url;
10.    }
11.    /*
12.     * 功能:获得包含当前页码的若干连续页码的起始页码和终止页码
13.     * 参数: $currentPage: 当前页
14.     * 返回: pages[0]为起始页码,pages[1]为终止页码
15.     */
16.    function getBounds(int $currentPage): array {
17.        $startPage=$currentPage-(int)(($this->showPages-1)/2);
                                                               //初步的起始页码
18.        $endPage=$currentPage+(int)($this->showPages/2);    //初步的终止页码
19.        $s=0;                                               //起始页码的偏差
20.        if ($startPage<1) {
21.            $s=-$startPage+1;
22.            $startPage=1;
23.        }
24.        $e=0;                                               //终止页码的偏差
25.        if ($endPage>$this->pageCount) {
26.            $e=$endPage-$this->pageCount;
27.            $endPage =$this->pageCount;
28.        }
29.        $startPage=max($startPage-$e, 1);                   //调整起始页码
30.        $endPage=min($endPage+$s, $this->pageCount);        //调整终止页码
31.        $pages=array();
32.        array_push($pages, $startPage);
33.        array_push($pages, $endPage);
34.        return $pages;
35.    }
36.    /*
37.     * 功能:获得翻页导航栏(页码超链接)的 HTML 代码
38.     * 参数: $currentPage: 当前页码
39.     */
40.    function getLinks(int $currentPage): string {
41.        list($startPage, $endPage) =$this->getBounds($currentPage);
42.        $pageCount=$this->pageCount;
43.        $url=$this->url;
44.        if (strpos($url, "?")===false) { $pre ="?"; } else { $pre ="&amp;"; }
45.        $links="<div class='pager'>";
46.        if ($currentPage>1) {
```

```
47.              $prevPage=$currentPage-1;
48.              $links.="<a href='$url{$pre}p=$prevPage'>&lt;上一页</a>";
49.         }
50.         if ($startPage>1) {
51.              $links.="<a href='$url{$pre}p=1'>1</a>";
52.         }
53.         if ($startPage>2) {
54.              $links.="<span>…</span>";
55.         }
56.         for ($i=$startPage; $i<=$endPage; $i++) {
57.              if ($i==$currentPage) {
58.                   $links.="<span class='current'>$i</span>";
59.              } else {
60.                   $links.="<a href='$url{$pre}p=$i'>$i</a>";
61.              }
62.         }
63.         if ($endPage<$pageCount-1) {
64.              $links.="<span>…</span>";
65.         }
66.         if ($endPage<$pageCount) {
67.              $links.="<a href='$url{$pre}p=$pageCount'>$pageCount</a>";
68.         }
69.         if ($currentPage<$pageCount) {
70.              $nextPage =$currentPage+1;
71.              $links.="<a href='$url{$pre}p=$nextPage'>下一页 &gt;</a>";
72.         }
73.         $links.="<div style='clear: both'></div></div>";
74.         return $links;
75.    }
76. }
```

10.6.2　定义并注册类自动加载函数

在源文件结点下创建名为 lib 的文件夹，然后在该文件夹下创建名为 adminloader.php 的文件。代码如下：

```
1. define("PRE", "xk/classes/");
2. define("PATHS", [
3.     "Pager"=>PRE."Pager.php",
4. ]);
5. function adminloader(string $classname): void {
6.     $path=PATHS[$classname];
7.     require($path);
8. }
9. spl_autoload_register("adminloader");
```

代码定义了一个数组常量 PATHS，其每个元素指定一个类的路径。然后定义了一个名为 adminloader 的类自动加载函数，并利用 spl_autoload_register 函数注册了该类自动加载函数。

最后可以在 ls_admin 文件夹下创建 ce12.php 文件，用于调用测试上述翻页导航栏类和类自动加载函数。代码如下：

```
1. include 'xk/lib/adminloader.php';
2. include "pre_suf_fix.php";
```

```
 3. prefix();
 4. $num_rows=100;
 5. $pageSize=8;
 6. $pageCount=(int)ceil($num_rows/$pageSize);
 7. $currentPage=$_GET['p'] ?? 1;
 8. if ($currentPage<1) $currentPage=1;
 9. elseif ($currentPage>$pageCount) $currentPage=$pageCount;
10. $showPages=5;                                    //连续页码超链接数
11. $url=$_SERVER['SCRIPT_NAME'];
12. $pager=new Pager($pageCount, $showPages, $url);
13. echo $pager->getLinks($currentPage);            //输出翻页导航栏
14. suffix();
```

习题 10

一、选择题

1. 有以下类定义：

```
class Test {
    public int $m=1;
}
```

下面能够访问并输出实例变量 m 值的代码是(   )。

    A. echo $this->m;   B. echo $this->$m;

    C. $t=new Test(); echo $t->m;   D. $t=new Test(); echo $t->$m;

2. 有以下类定义：

```
class Test {
    static int $n =2;
}
```

下面能够访问并输出静态变量 m 值的代码是(   )。

    A. echo Test::n;   B. echo Test->$n;

    C. $t=new Test(); echo $t->$n;   D. $t=new Test(); echo $t::$n;

3. 有以下类定义：

```
class Test {
    private int $num=1;
    function __set(string $name, mixed $value): void {
        $this->$name=$value;
    }
    function __get($name): int {
        return $this->$name * 100;
    }
}
```

运行下面的代码将发生(   )。

```
$t=new Test();
$t->num=2;
echo $t->num;
```

A. 输出 2   B. 输出 100   C. 输出 200   D. 代码运行时出错

4. 有以下类定义:

```
class Test {
    function __construct(readonly int $a, private int $b) {
    }
}
```

并已创建该类的一个实例:

```
$t=new Test(10, 20);
```

下面能够正确运行的代码是(   )。

A. echo $t->a;   B. $t->a=11;   C. echo $t->b;   D. $t->b=21;

5. 运行下面的代码将发生(   )。

```
1. <?php
2.     class Test {
3.         function f1(): int {
4.             $a=self::ff1();
5.             return 1 +$a;
6.         }
7.         function f2(): int {
8.             return 2;
9.         }
10.        static function ff1(): int {
11.            $a =$this->f2();
12.            return 3 +$a;
13.        }
14.    }
15.    $obj=new Test();
16.    $obj->f1();
17. ?>
```

A. 输出 6   B. 第 4 行代码出错
C. 第 11 行代码出错   D. 第 16 行代码出错

二、编程题

1. 定义一个表示矩形的名为 Rectangle 的类。该类除需定义相应私有的实例变量外,还应实现以下构造方法和实例方法:

```
public __construct(int $w, int $h)      //将矩形的宽和高均设为 1
public getArea(): int                   //计算矩形的面积
public getPerimeter(): int              //计算矩形的周长
public __toString(): string             //以格式"Rectangle(w,h)"返回当前矩形的字符串表示
```

2. 定义 SavingsAccount 类。该类需定义一个私有的静态类变量 $annualInterestRate 以存储年利率、一个私有的实例变量 $savingsBalance 以存储储户当前的储蓄额,并实现以下方法:

```
public __construct(float $saving)                   //构造方法,初始化储蓄额
public calculateInterest(int $n): void              //计算储户 n 年的利息并加到储蓄额中
public static modifyInterestRate(float $rate): void //为 annualInterestRate 设置新值
public getSavingsBalance(): float                   //返回储户的储蓄额
```

3. 充电站可以为电动汽车充电。充电时间以小时为单位,充电的费用在一天的不同时间点(以小时

为单位)是不同的。BatteryCharger 类包含一个实例变量和两个实例方法,代码如下:

```
class BatteryCharger {
    private $rateTable =array(50, 60, 60, 60, 70, 80, 90, 100, 90, 90, 90, 100,
                             100, 100, 90, 90, 90, 100, 100, 90, 90, 80, 70, 60);
    function getChargingCost(int $startHour, int $chargeTime): int {
        ...                         //待实现
    }
    function getChargeStartTime(int $chargeTime): int {
        ...                         //待实现
    }
}
```

实例变量 rateTable 保存了不同时间点的充电费用(共 24 个数据),如 0 点的费用是 50,1 点的费用是 60,…,23 点的费用是 60 等。注意这些数据是可以改变的。

实例方法 getChargingCost()计算并返回从时间点 startHour 开始充电、连续充电 chargeTime 小时所需费用。

实例方法 getChargeStartTime()确定并返回一个起始充电时间点,以便连续充电 chargeTime 小时所需费用最低。若有两个起始充电时间点都能满足最低费用的要求,返回较小的起始充电时间点。

试实现上述两个方法。

第11章　面向对象编程(下)

本章主题:

- 继承。
- 覆盖。
- 签名兼容性。
- 抽象类。
- 接口。
- 例外处理。

继承是面向对象编程的基本特征之一,实现"一般"类与"特殊"类之间的关系。"特殊"类(子类)通过扩展"一般"类(超类),从"一般"类继承已有的代码,这样只需再定义其特有的变量和方法即可。继承为软件的可重用和可扩充提供了重要手段。

接口和类都属于 object 类型。接口中只能定义常量和抽象方法,而不能定义普通的成员变量,也不能给出方法的具体实现。方法代码可以在实现该接口的具体类中提供。PHP 只支持单重继承,即一个类只能有一个直接超类,但一个类可以有多个直接超接口。接口提供了与多重继承类似的功能,可以解决现实世界中存在的多重继承问题。

本章首先介绍子类的定义、变量和方法的覆盖,以及多态性等概念,然后介绍抽象类与抽象方法、接口等内容,最后介绍面向对象的错误处理机制——例外处理。

11.1　子类

继承是面向对象编程的基本特征,允许对一个已定义的类进行扩展、派生出一个新的类。新类称为被扩展类的直接子类,被扩展类称为新类的直接超类。子类继承直接超类的成员变量和方法,并可以定义自己的成员变量和方法。

11.1.1　定义子类

在 PHP 中,继承和扩展通过 extends 实现,其语法格式如下:

```
[final|abstract] class <类名>extends <直接超类名>{
    ...
}
```

extends 指定了被扩展的类,称为当前定义类的直接超类(或父类),而当前定义类称为被扩展类的直接子类。通常把一个类 A 称为另一个类 C 的子类,是指满足下面条件者之一。

类 A 是类 C 的直接子类。

存在一个类 B,类 A 是类 B 的子类,类 B 是类 C 的子类。

如果类 A 是类 C 的子类,那么类 C 反过来被称为类 A 的超类。一个类不能把自己作为超类。

在 PHP 中,继承只能是单重的,即 extends 只能指定一个直接超类。被指定的类必须是非 final 的,一个 final 类不能被扩展、不能有子类。

一个子类只能有一个直接超类;反之,一个类可以有许多直接子类。子类继承其直接超类中所有的非私有(即 public 或 protected)成员变量和成员方法。

可以把一个超类看作一个存储着其所有子类的共同方法代码的仓库,这些共同的方法代码可以被其所有子类继承。这是面向对象程序设计中一个重要的代码重用机制。

【例 11-1】 子类和继承。代码如下:

```
1. class BaseClass {
2.      private string $color;
3.      static string $fruit='apple';
4.      function set(string $color): void {
5.          $this->color=$color;
6.      }
7.      function get(): string {
8.          return $this->color;
9.      }
10. }
11. class ChildClass extends BaseClass {
12.      function show(): void {
13.          echo self::$fruit.'-'.$this->get();
14.      }
15. }
16. $obj=new ChildClass();
17. $obj->set('red');
18. $obj->show();
```

下面是代码运行的输出结果:

```
apple-red
```

在该例中,子类 ChildClass 的成员包括:

(1) 自身在类体内定义的实例方法 show()。

(2) 从直接超类 BaseClass 继承的静态变量 fruit、实例方法 set()和 get()。

虽然实例变量 color 并不被子类继承,但当创建子类的实例时,该变量仍然会被创建。这样当调用子类实例的 set()方法时,才可以为这个变量设置一个新的值。

11.1.2 继承构造方法

在 PHP 中,子类不仅可以继承直接超类的成员变量和成员方法,而且能够继承直接超类的构造方法和析构方法,只要满足以下要求。

(1) 子类自身没有定义构造方法和析构方法。

(2) 直接超类中的构造方法和析构方法是非私有的。

【例 11-2】 继承与构造方法。代码如下:

```
1. class Circle {
2.      private int $radius;
3.      function __construct(int $radius) {
4.          $this->radius =$radius;
5.      }
6.      function getRadius(): int {
7.          return $this->radius;
8.      }
```

```
 9. }
10. class Spheroid extends Circle {
11.     function getVolume(): float {
12.         return 4/3 * M_PI * pow($this->getRadius(),3);
13.     }
14. }
15. $s=new Spheroid(10);
16. printf("volume=%10.2f", $s->getVolume());
```

下面是代码运行的输出结果:

```
volume=4188.79
```

在该例中,子类 Spheroid 继承直接超类 Circle 中的构造方法。由于该构造方法带有一个形参,所以当用 new 表达式创建 Spheroid 类的实例时,也必须带一个实参。

11.1.3 类类型的兼容性

当一个函数或方法的形参类型声明为类时,那么传递给该参数的值应该是该类或其子类的实例,否则会抛出一个 Fatal 错误(TypeError)。

当一个函数或方法的返回类型声明为类时,那么其返回值应该是该类或其子类的实例,否则也会抛出一个 Fatal 错误(TypeError)。

【例 11-3】 假设例 11-2 的 Circle 类的定义代码存放在 classes 子目录的 Circle.php 文件中,Spheroid 类的定义代码存放在 classes 子目录的 Spheroid.php 文件中。定义了一个 test 函数,函数接收一个 Circle 对象 c 和一个缩放因子 f,并在对其圆半径进行缩放后,返回一个基于该圆半径的 Spheroid 对象。代码如下:

```
 1. spl_autoload_register(function ($class_name) {
 2.     require_once 'classes/' .$class_name.'.php';
 3. });
 4. function test(Circle $c, int $f): Spheroid {
 5.     $r=$c->getRadius();
 6.     $r*=$f;
 7.     return new Spheroid($r);
 8. }
 9. $c=new Circle(1);
10. $s=test($c, 2);
11. printf("volume=%10.2f", $s->getVolume());
```

下面是代码运行的输出结果:

```
volume=33.51
```

在该例中,系统内置函数 spl_autoload_register 用以注册一个自动加载器(函数)。当代码使用 Circle 和 Spheroid 这些当前文件并不存在的类时,该自动加载器会自动从 classes 子文件夹装载相应的类文件。

函数 test()的第 1 个参数的类型声明为 Circle,所以传递给该参数的值可以是 Circle 类的实例,也可以是其子类 Spheroid 的实例。函数 test 的返回类型声明为 Spheroid,所以函数只能返回 Spheroid 类的实例。

11.1.4 检测类型

下面介绍几个函数,可以检测对象的类或两个类之间是否存在继承关系。

1. get_class 函数

该函数用于返回对象的类的名字,其格式如下:

```
get_class(object $object =?): string
```

其中,参数 object 是该类的一个实例。

若在类体内调用该函数,则参数可以忽略,此时函数返回所在类的类名。若在类体外不带参数调用该函数,则函数抛出 Fatal 错误(Error)。

如果指定参数为 null 或指定参数不是一个对象,则函数抛出 Fatal 错误(TypeError)。

2. get_parent_class 函数

该函数用于返回直接超类名,其格式如下:

```
get_parent_class(object|string $object_or_class =?): string|false
```

其中参数 object_or_class 可以是对象或类名。

该函数可返回指定对象的类的直接超类名或指定类的直接超类名。如果在类体内调用该函数,则参数可以忽略,此时函数返回所在类的直接超类名;若在类体外不带参数调用该函数,则函数返回 false。

如果指定的参数对象的类没有直接超类,或指定的参数类没有直接超类,则函数返回 false。

如果指定参数为 null,或者指定参数不是一个对象,或者指定参数不是一个有效的类名,则函数抛出 Fatal 错误(TypeError)。

3. is_subclass_of 函数

该函数用于检测类与类之间是否存在子类型与超类型的关系,其格式如下:

```
is_subclass_of(mixed $object_or_class, string $class, bool $allow_string =true): bool
```

其中,参数 object_or_class 默认情况下可以是对象、类名或接口名。若参数 allow_string 设置为 false,则参数 object_or_class 只能指定对象。参数 class 用于指定类名或接口名。

函数执行时,会检测参数 object_or_class 指定的对象的类或类型是否为参数 class 指定的类型的一个子类型,若是,则函数返回 true;否则返回 false。

提示:如果要检测一个对象是否为指定类型或指定类型的某个子类的实例对象,可以使用运算符 instanceof。

【例 11-4】 使用检测函数。代码如下:

```
1. class C1 {}
2. class C2 extends C1 {}
3. class C3 extends C2 {}
4. $c1=new C1();
5. $c2=new C2();
6. $c3=new C3();
7. var_dump(get_class($c1));
8. echo "<br />";
9. var_dump(get_parent_class($c2), get_parent_class("C2"));
10. echo "<br />";
11. var_dump(is_subclass_of($c1,"C1"), is_subclass_of($c2,"C1"), is_subclass_of($c3,
        "C1"));
```

下面是代码运行的输出结果:

```
string(2) "C1"
string(2) "C1" string(2) "C1"
bool(false) bool(true) bool(true)
```

11.2　覆盖

子类除了继承直接超类的非私有成员，还可以定义自己的成员。当子类定义了与继承的成员同名的成员时，就出现了成员覆盖（override）。

11.2.1　变量覆盖

在 PHP 中，一个类中不允许有两个同名的成员变量。当子类定义了与从直接超类继承的成员变量同名的成员变量时，就出现了变量覆盖。此时，直接超类中的那个同名的成员变量因此而无法被子类继承。

变量覆盖必须满足以下条件。

（1）同是实例变量或同是静态变量。例如，直接超类中的被覆盖成员变量是实例变量，那么子类中的覆盖成员变量也必须是实例变量。

（2）具有相同的声明类型。若直接超类中的被覆盖成员变量声明了某种类型，则子类中的覆盖成员变量也必须声明为这种类型。

（3）访问级别可以变宽，但不能变窄。如果直接超类中被覆盖成员变量是 public 的，则子类中覆盖成员变量也必须是 public 的。如果被覆盖成员变量是 protected 的，则覆盖成员变量可以是 protected 或 public 的。

不满足以上任何一个条件，将产生一个 Fatal 错误。

在子类内，可以通过关键字 parent、使用范围解析运算符"::"访问直接超类中被覆盖的类变量（即静态变量），格式如下：

```
parent::<静态变量名>              //静态变量名包括$
```

11.2.2　方法覆盖

在 PHP 中，一个类中不允许有两个同名的成员方法。当子类定义了与从直接超类继承的成员方法同名的成员方法时，就出现了方法覆盖，或者说方法重写。此时，直接超类中的那个同名的成员方法因此而无法被子类继承。

方法覆盖必须满足以下条件。

（1）同是实例方法或同是静态方法。例如，直接超类中的被覆盖方法是实例方法，那么子类中的覆盖方法也必须是实例方法。

（2）遵循签名兼容性原则。详见 11.2.3 节。

（3）访问级别可以变宽，但不能变窄。如果直接超类中被覆盖方法是 public 的，则子类中覆盖方法也必须是 public 的。如果被覆盖方法是 protected 的，则覆盖方法可以是 protected 或 public 的。

不满足以上任何一个条件，将产生一个 Fatal 错误。

一个被声明为 final 的方法称为最终方法。直接超类中的最终方法可以被子类继承，但无法被子类覆盖，即无法被重写。试图覆盖 final 方法会产生一个 Fatal 错误。

在子类内，可以通过关键字 parent、使用范围解析运算符"::"调用直接超类中被覆盖的成员方法，格式如下：

```
parent::<静态方法名>([<实参表>])
parent::<实例方法名>([<实参表>])                    //仅在实例方法内使用
```

前面介绍过,直接超类的构造方法和析构方法可以被子类继承。既然能够被继承,那当然也就存在被覆盖的情况。当子类定义了自己的构造方法和析构方法时,直接超类中的构造方法和析构方法就被覆盖了。此时,子类代码可以使用上述类似的格式调用直接超类中被覆盖的构造方法或析构方法。

【例 11-5】　变量和方法覆盖。代码如下：

```
1.  class Base {
2.      protected int $a =10;
3.      function m(): void {
4.          echo "a=". $this->a ." from Base<br/>";
5.      }
6.      function display(): void {
7.          $this->m();
8.      }
9.  }
10. class Sub extends Base {
11.     protected int $a =100;
12.     function m(): void {
13.         echo "a=" . $this->a .' from Sub<br/>';
14.     }
15.     function show(): void {
16.         parent::m();
17.     }
18. }
19. $obj1=new Base();
20. $obj1->display();
21. echo "--------------------<br />";
22. $obj2=new Sub();
23. $obj2->display();
24. echo "--------------------<br />";
25. $obj2->show();
```

下面是代码运行的输出结果：

```
a=10 from Base
--------------------
a=100 from Sub
--------------------
a=100 from Base
```

在该例中,直接超类 Base 声明了一个实例变量 a、两个实例方法 m() 和 display(),子类 Sub 声明了一个实例变量 a、两个实例方法 m() 和 show()。这里,实例变量 a 和实例方法 m() 出现了覆盖的情况。子类 Sub 的成员除包括自身声明的实例变量 a、实例方法 m() 和 show(),还包括从直接超类继承的实例方法 display()。

第 19 行和第 20 行代码创建直接超类 Base 的一个实例对象 $obj1,然后调用该对象的实例方法 display()。此时,第 7 行代码调用的显然是定义于直接超类的 m() 方法,第 4 行访问的当然是定义于直接超类的实例变量 a。

第 22 行和第 23 行代码创建子类 Sub 的一个实例对象 $obj2,然后调用该对象的实例方法 display()。

由于$obj2是子类的实例而非直接超类的实例，所以在执行第 7 行代码时，将调用定义于子类的 m()方法，而不是定义于直接超类的 m()方法。第 13 行访问的当然也是定义于子类的实例变量 a。

第 7 行代码对 m()方法的调用，如果是通过直接超类对象调用的，那么实际调用的是定义于直接超类的 m()方法；如果是通过子类对象调用的，那么实际调用的是定义于子类的 m()方法。这种特性称为多态性，即同样的操作（方法调用代码）可以有不同的行为（调用不同的方法）。

第 25 行代码调用对象$obj2 的实例方法 show()，该方法通过关键字 parent 明确调用直接超类中被覆盖的 m()方法。尽管如此，第 4 行访问的仍然是定义于子类的覆盖变量 a，而不是定义于直接超类被覆盖变量 a。

11.2.3 签名兼容性原则

在方法覆盖中，子类中覆盖方法的签名必须与直接超类中被覆盖方法的签名相兼容，否则会产生Fatal 错误。例外的情况是，构造方法的覆盖不需要遵循此签名兼容原则。

签名兼容性表现如下。

（1）强制参数可以改为可选参数，即被覆盖方法中的一个强制参数（无默认值），在覆盖方法中可指定为可选参数（有默认值）。

（2）新参数为可选参数，即覆盖方法可以增加新的参数，但新参数必须是可选的（有默认值）。

（3）遵守协变与逆变规则。

协变规则是指子类中的覆盖方法可以比直接超类中的被覆盖方法返回更具体的类型。逆变规则是指子类中覆盖方法的参数可以比直接超类中被覆盖方法的参数声明更一般的类型。

以下类型变更被认为是变得更具体的情况。

- 从联合类型中删除类型。
- 在交集类型中添加类型。
- 类类型修改为子类类型。
- Iterable 修改为 array 或者 Traversable。

如果情况相反，则类型变更被认为是变得更一般了。

【例 11-6】 方法覆盖时的方法签名兼容性举例。包含两个类：Rectangle 是直接超类，表示矩形；PaintedRectangle 是子类，表示涂色矩形。代码如下：

```
1. //矩形类
2. class Rectangle {
3.     protected int $w, $h;
4.     function __construct(int $w, int $h) {
5.         $this->w=$w;
6.         $this->h=$h;
7.     }
8.     //创建一个相同状态的矩形返回
9.     function create(): Rectangle {
10.        return new Rectangle($this->w, $this->h);
11.    }
12.    //比较两个矩形的面积是否相等
13.    function compareArea(Rectangle $r): bool {
14.        $a1=$this->w * $this->h;
15.        $a2=$r->w * $r->h;
16.        return $a1===$a2;
17.    }
```

```
18. }
19. //涂色矩形类
20. class PaintedRectangle extends Rectangle{
21.     protected string $color;
22.     function __construct(int $w, int $h, string $c) {
23.         parent::__construct($w, $h);
24.         $this->color=$c;
25.     }
26.     //创建一个相同状态的涂色矩形返回
27.     function create(): PaintedRectangle {
28.         return new PaintedRectangle(
29.             $this->w,
30.             $this->h,
31.             $this->color
32.         );
33.     }
34.     //比较两个矩形的面积是否相等
35.     //若 flag 为 true,则比较两个涂色矩形的面积是否相等
36.     function compareArea(Rectangle $r, bool $flag =false): bool {
37.         if ($flag && !($r instanceof PaintedRectangle)) {
38.             return false;
39.         }
40.         $a1=$this->w * $this->h;
41.         $a2=$r->w * $r->h;
42.         return $a1===$a2;
43.     }
44. }
45. $r=new Rectangle(5, 8);
46. $pr=new PaintedRectangle(5, 8, 'green');
47. var_dump($r->compareArea($pr));
48. var_dump($pr->compareArea($r));
49. var_dump($pr->compareArea($r, true));
```

下面是代码运行的输出结果:

```
bool(true) bool(true) bool(false)
```

在该例中,包含以下 3 处方法覆盖。

(1) 构造方法:不需要考虑签名的兼容性原则,多了一个参数 c 是允许的。

(2) create()方法:返回类型由 Rectangle 更改为 PaintedRectangle,变得更为具体,符合协变规则。

(3) compareArea()方法:多了一个可选参数 flag,符合兼容性原则第 2 条,是允许的。

在 compareArea()方法中,如果将参数 flag 设置为强制参数,将违反兼容性原则第 2 条;如果将参数 Rectangle 更改为 PaintedRectangle,将违反逆变规则。两种情况都将导致代码运行产生 Fatal 错误。

11.3 抽象类和接口

抽象类可以包含已实现的具体方法,也可以包含未实现的抽象方法。接口只能包含未实现的抽象方法。一个类至多只能扩展一个类,但可以实现多个接口。

11.3.1 抽象类

一个用 abstract 修饰的类称为抽象类。抽象类不能被实例化,即不能用 new 表达式创建抽象类的

实例。一个抽象类通常会包含抽象方法。

抽象方法用关键字 abstract 修饰。抽象方法只有方法头，没有实现代码，方法体只有一个";"。任何一个类，如果它包含抽象方法，那么这个类就必须被声明为抽象的。

通常情况下，一个抽象类总是要被扩展产生子类，并由其适当的子类覆盖实现它的抽象方法。一个类既继承其超类中已经实现的方法，也继承其超类中没有实现的方法（即抽象方法）。一个类只有覆盖实现其超类中的所有抽象方法才能被定义成非抽象类，否则也只能被定义成抽象类。通常情况下，非抽象类也被称为具体（concrete）类。

抽象类不能被定义为 final，因为最终类不能被扩展。

抽象方法不能被定义为 private，因为私有方法不能被子类继承，所以无法被实现和覆盖。

【例 11-7】 使用抽象类。代码如下：

```
1. abstract class X {
2.     protected int $a=1;
3.     abstract function m1(): int;
4.     abstract function m2(): int;
5. }
6. abstract class Y extends X {
7.     protected int $b=10;
8.     function m1(): int { return $this->a +$this->b; }
9. }
10. class Z extends Y {
11.     private int $c=100;
12.     function m2(): int {return $this->a +$this->b +$this->c; }
13. }
14. $obj=new Z();
15. echo $obj->m1(), "<br />";
16. echo $obj->m2();
```

下面是代码运行的输出结果：

```
11
111
```

在该例中，类 X 是一个抽象类，其中包含两个抽象方法 m1() 和 m2()。类 Y 是类 X 的子类，其覆盖实现了方法 m1()，但没有实现继承的抽象方法 m2()，所以类 Y 只能是抽象类。类 Z 是类 Y 的子类，其覆盖实现了方法 m2()，并继承了已经实现的方法 m1()。由于类 Z 实现了从其超类中继承的所有抽象方法 m1() 和 m2()（m1() 的实现从超类 Y 中继承，m2() 的实现在类体内定义），所以它可以被定义为非抽象的。

【例 11-8】 定义了一个抽象超类 Shape，其中包含两个抽象方法和一个非抽象方法。两个子类（Rectangle_1 和 Circle_1）都继承了抽象超类中的非抽象方法并覆盖实现了其中的抽象方法。代码如下：

```
1. abstract class Shape {
2.     abstract function getArea(): float;
3.     function showArea(): void {
4.         printf("area=%6.2f<br />", $this->getArea());
5.     }
6.     abstract function resize(float $factor): void;
7. }
8. class Rectangle_1 extends Shape {
9.     private float $w, $h;
```

```
10.        function __construct(float $w, float $h) {
11.            $this->w=$w;
12.            $this->h=$h;
13.        }
14.        function getArea(): float {
15.            return $this->w*$this->h;
16.        }
17.        function resize(float $factor): void {
18.            $this->w*=$factor; $this->h*=$factor;
19.        }
20. }
21. class Circle_1 extends Shape {
22.        private float $r;
23.        function __construct(float $r) {
24.            $this->r=$r;
25.        }
26.        function getArea(): float {
27.            return M_PI*$this->r**2;
28.        }
29.        function resize(float $factor): void {
30.            $this->r*=$factor;
31.        }
32. }
33. $rec=new Rectangle_1(10, 20);
34. $rec->showArea();
35. $cir=new Circle_1(10);
36. $cir->showArea();
37. $cir->resize(0.2);
38. $cir->showArea();
```

下面是代码运行的输出结果：

```
area=200.00
area=314.16
area=12.57
```

与普通超类相同,抽象超类可以被看作一个存储着其所有子类的共同方法代码的仓库,这些共同的方法代码可以被其所有子类继承。在该例中,类 Rectangle_1 和类 Circle_1 中具有相同代码的方法showArea()被存放在了抽象超类 Shape 中。

与普通超类不同,抽象超类还可以被看作对其所有子类的共同行为的描述。例如,Shape 类除了声明了一个非抽象方法 showArea(),还声明了两个抽象方法：getArea()和 resize(),这就迫使其所有非抽象子类必须提供对这两个抽象方法的实现和覆盖。

11.3.2 定义接口

接口和类都是引用类型。与定义类相比较,定义接口使用关键字 interface。接口中只能定义常量和没有实现的抽象方法作为成员。接口定义的一般格式如下：

```
interface <接口名>[extends <直接超接口名表>] {
    [const <常量名>=<常量值>;]*
    [[public] function <方法名>(<形参表>)[:<返回类型>];]*
}
```

接口中的常量类似于类常量。在定义时，不能使用关键字 static 和访问修饰符，但总是把它看作静态和公共的。接口中定义的常量可以被子接口或实现接口的类继承。

接口中的方法本质上是抽象方法，但不需要用关键字 abstract 修饰。接口中的方法必须是公共的，关键字 public 可以写也可以省略。

一个接口可以有多个直接超接口，此时，各直接超接口名列在 extends 中。子接口继承各直接超接口的所有常量和方法，并可定义新的成员。

【例 11-9】 定义接口。代码如下：

```
1. interface I1{
2.     const EAST =1;
3.     function m1(): void;
4. }
5. interface I2 extends I1 {
6.     function m2(): void;
7. }
```

在该例中，定义了两个接口：I1 和 I2。接口 I2 继承了接口 I1 声明的成员，所以 I2 共包含 3 个成员：一个公共的常量 EAST 和两个公共的抽象方法 m1()、m2()。

11.3.3 实现接口

与抽象类一样，接口不能实例化。接口可以被相关类实现，此时接口为超类型，相关类为子类型。一个类只能继承一个类，但可以实现多个接口，这些接口在 implements 中列出。格式如下：

```
[abstract] class <类名>[extends <直接超类名>] implements <直接超接口名表>{
    ...
}
```

如果一个类指定有超接口，那么它就应该为超接口中的所有抽象方法提供实现，覆盖这些方法，否则就只能声明为 abstract。提供实现的覆盖方法可以是在这个类的类体中定义的，也可以是从它的父类中继承而来的。

【例 11-10】 假设原有 Circle 和 Rectangle 两个类，它们都声明有 getArea() 和 resize() 两个实例方法。代码如下：

```
1. class Circle {
2.     private float $r;
3.     function __construct(float $r) {
4.         $this->r=$r;
5.     }
6.     function getArea(): float {
7.         return M_PI*$this->r**2;
8.     }
9.     function resize(float $factor): void {
10.         $this->r*=$factor;
11.     }
12. }
13. class Rectangle {
14.     private float $w, $h;
15.     function __construct(float $w, float $h) {
16.         $this->w=$w;
17.         $this->h=$h;
```

```
18.    }
19.    function getArea(): float {
20.        return $this->w*$this->h;
21.    }
22.    function resize(float $factor): void {
23.        $this->w*=$factor;
24.        $this->h*=$factor;
25.    }
26. }
```

定义接口 IShape，其中声明了 getArea()、showArea() 和 resize() 3 个抽象方法。代码如下：

```
1. interface IShape {
2.    function getArea(): float;
3.    function showArea(): void;
4.    function resize(float $factor): void;
5. }
```

定义 Circle_1 类和 Rectangle_1 类，分别实现 IShape 接口。代码如下：

```
1. class Circle_1 extends Circle implements IShape {
2.    function showArea(): void {
3.        printf("area=%6.2f<br />", $this->getArea());
4.    }
5. }
6. class Rectangle_1 extends Rectangle implements IShape {
7.    function showArea(): void {
8.        printf("area=%6.2f<br />", $this->getArea());
9.    }
10. }
11. $r=new Rectangle_1(10, 20);
12. $r->showArea();
13. $c=new Circle_1(10);
14. $c->showArea();
15. $c->resize(0.2);
16. $c->showArea();
```

在该例中，Circle_1 类和 Rectangle_1 类在实现 IShape 接口的同时，分别扩展 Circle 类和 Rectangle 类。这样，它们就可以用从超类中继承的 getArea() 和 resize() 方法来实现接口中相应的抽象方法。

接口描述了所有实现该接口的类的共同行为。当一个非抽象类声明实现一个接口时，那么这个类就必须要实现该接口和其所有超接口中声明的抽象方法。

11.4 例外处理

例外处理是面向对象方法中的术语，是捕捉和处理代码中存在着的错误的一种机制和方法。

11.4.1 概述

在面向对象方法中，代码中的错误被称为例外。例外不是简单地由错误码来表示，而是由对象来表示，称为例外对象。当代码运行过程中发生例外时，就会创建一个相应类型的例外对象并抛出。合适的例外处理代码可以捕捉该例外对象并处理该例外。11.4.2 节将介绍如何用 try 语句捕捉和处理例外。

1. 例外类型

能够被当作例外对象抛出的只能是 Throwable 对象。Throwable 是接口，所以例外对象一定是实现 Throwable 接口的某个类的实例。图 11-1 给出了一些常见的例外类型及其实现和继承关系。

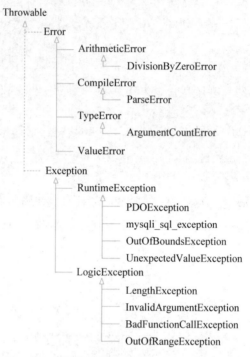

图 11-1 常见的例外类型及其实现和继承关系

图 11-1 中，Error 和 Exception 是实现 Throwable 接口的两个类，ArithmeticError 等是继承 Error 的子类，RuntimeException 和 LogicException 是继承 Exception 的子类，等等。

Throwable 接口定义了一些抽象方法，这些方法是所有例外类都必须实现的，或者说所有的例外对象都会具有这些方法。这些方法如下。

getCode()：返回例外的错误码。

getMessage()：返回描述例外的消息文本。

getFile()：返回产生例外对象的源文件的文件标识符。

getLine()：返回产生例外对象的代码在源文件中的行号。

例外的错误码和消息文本一般在创建例外对象时指定。Error 类和 Exception 类都提供了构造方法，它们的子类都可以继承这个构造方法。格式如下：

```
__construct(string $message ="", int $code =0, ?Throwable $previous =null)
```

其中，参数 message 用于指定例外的消息文本，默认值为空串；参数用于 code 指定例外的错误码，默认值为 0；参数 previous 用于指定之前的例外对象。例外被捕捉处理时也可能引发新的例外，在创建新的例外对象时，参数 previous 可以被指定为原先那个例外对象。

2. 例外的引发

自 PHP 7 以来，越来越多的代码错误以抛出例外对象的方式引发。例如，在算术运算中，如果除数为零，会抛出 DivisionByZeroError 型例外对象；在使用 explode 函数分隔字符串时，如果指定的分隔符为空串,将抛出 ValueError 型例外对象。这也意味着,程序员可以采用面向对象的方法对这种错误进行捕捉处理。

例外既可以在代码出现错误时由 PHP 解析器或运行系统引发,也可以在程序中用 throw 表达式显式引发。throw 表达式的语法格式如下:

```
throw <例外对象>
```

该表达式可以出现在表达式可以出现的任何地方,也可以在其末尾加";"后作为表达式语句使用。

例如,下面的语句引发一个 Exception 型例外,该例外的错误码取默认值 0,错误消息取默认值空串。

```
throw new Exception();
```

又如,下面表达式

```
$x>=0 OR throw new Exception("x 的值小于 0",1)
```

在计算时,首先判断变量 x 的值是否大于或等于 0,若是程序则继续往下运行,否则将会引发一个 Exception 型例外。该例外的错误码和错误消息在创建时明确指定。

在 PHP 中,传统的错误处理机制和面向对象的例外处理机制是并存的。当一个错误以抛出例外对象的方式引发时,就首先进入面向对象的例外处理机制,寻找合适的例外处理代码处理该例外。如果找不到合适的例外处理代码,就再把它作为一个 Fatal 错误,由传统的错误处理机制处理之。

11.4.2　捕捉例外

与其他的面向对象程序设计语言类似,PHP 也使用 try…catch…finally 语句来捕捉和处理可能引发的例外。该语句的语法格式如下:

```
try {
    //可能会引发或抛出例外的代码
} catch( <例外类型 1><例外引用变量>) {
    //<例外类型 1>例外的处理代码
} catch( <例外类型 2><例外引用变量>) {
    //<例外类型 2>例外的处理代码
}
…
finally {
    //总是要执行的代码
}
```

该语句包含 try、catch 和 finally 3 种子句。其中,try 子句有且只能有一个,catch 子句可以有多个,finally 子句至多有一个。一个 try 语句,除了 try 子句,至少有一个 catch 子句或 finally 子句。

1. try 和 catch 子句

try 子句包含一段可能要发生例外的代码,catch 子句则用于捕捉和处理 try 子句引发的例外。每个 catch 子句有一个参数,参数类型指明该子句能够捕捉的例外类型。如果子句指定的参数类型是所引发的例外对象的类或者是其超类,则说明 catch 子句能够捕捉该例外。

一旦 try 子句引发例外,且有 catch 子句能够捕捉该例外,那么运行系统将把例外对象传递给 catch 子句的参数变量,并将控制流转移到该 catch 子句,执行子句内的例外处理代码。之后,接着执行 try 语句后面的代码。

如果 try 子句内的代码没有发生任何例外,那么跳过所有 catch 子句,直接执行 try 语句后面的代码。

【例 11-11】 try 和 catch 子句举例。代码如下：

```
1. function func1(float $i, float $j): void {
2.     try {
3.         $x = $i/$j;
4.         echo "end processing.<br/>";
5.     } catch(DivisionByZeroError $ex) {
6.         $x = INF;
7.     }
8.     printf("%6.3f<br />", $x);
9.     echo "exit from func1.<br />";
10. }
11. func1(10, 4);
12. echo "----------------<br/>";
13. func1(10, 0);
```

下面是代码运行的输出结果：

```
end processing.
 2.500
exit from func1.
----------------
INF
exit from func1.
```

在该例中，包含一个 func1 函数，其中第 3 行代码可能会引发 DivisionByZeroError 例外，因为在做算术运算除时，除数是不能为零的。另外，INF 是预定义的常量，表示无穷大。

第 11 行代码第 1 次调用 func1 函数时，第 3 行代码没有抛出例外，第 4 行代码正常执行，然后跳过 catch 子句，执行 try 语句后面的第 8 行、第 9 行代码。

第 13 行代码第 2 次调用 func1 函数时，第 4 行代码抛出一个 DivisionByZeroError 型例外。此时，运行系统不再执行 try 子句的后续代码，而是寻找合适的 catch 子句处理该例外。显然，第 5 行的 catch 子句是能够捕捉该例外的，这样，运行系统就把之前抛出的例外对象赋给该 catch 子句定义的参数变量 ex，然后执行该 catch 子句的体，即第 6 行代码。执行完第 6 行代码，运行系统继续执行 try 语句后面的第 8 行、第 9 行代码。

提示：

（1）当发生例外时，如果 catch 子句捕捉到了例外，那么不管具体的例外处理代码如何（甚至不含任何语句），PHP 运行系统都认为该例外已被消除。

（2）当执行完例外处理代码后，控制流并不会回到例外发生处，而是执行 try 语句后面的代码（如果没有 finally 子句）。

2. 未捕捉到的例外

当 try 子句代码引发例外，而其 try 语句中又没有合适的 catch 子句能捕捉处理它，此时相当于 try 语句引发了该例外。未被捕捉处理的例外会"冒泡"式地往外传播。

（1）如果引发例外的代码出现在函数内，而函数体内又没有合适的 catch 子句能捕捉处理它，那么例外会向函数的调用处传播，即相当于函数调用语句引发了例外。

（2）如果引发例外的代码出现在被包含文件中，而文件内又没有合适的 catch 子句能捕捉处理它，那么例外会向包含文件传播，即相当于包含文件语句（include、require 等）引发了例外。

（3）如果引发例外的代码出现在主文件中，而文件内又没有合适的 catch 子句能捕捉处理它，另外也没有通过 set_exception_handler 函数设置全局的例外处理函数，那么运行系统会把该例外看作一个

Fatal 错误,采用传统的错误处理机制处理之。

【例 11-12】　未捕捉到的例外会"冒泡"式地往外传播。代码如下:

```
1. function func2(float $i, float $j): void {
2.     echo "enter func2.<br />";
3.     $x=$i/$j;
4.     printf("%6.3f<br />", $x);
5.     echo "exit from func2.<br />";
6. }
7. try {
8.     func2(10, 0);
9. } catch(DivisionByZeroError $ex) {
10.     echo "error message: " . $ex->getMessage() . "<br/>";
11. }
12. echo "complete the first call to func2.<br />";
13. func2(10, 0);
14. echo "complete the second call to func2.<br />";
```

下面是代码运行的输出结果:

```
enter func2.
error message: Division by zero
complete the first call to func2.
enter func2.
Fatal error: Uncaught DivisionByZeroError: Division by zero in ...
```

在该例中,首先从第 7 行的 try 语句开始执行,执行其中的第 8 行代码,调用函数 func2。函数内的第 3 行代码执行时会抛出 DivisionByZeroError 型例外。由于函数内没有任何 catch 可以捕捉该例外,所以该例外将从函数内往外抛出,后续代码(第 4 行和第 5 行)不再被执行。其效果相当于第 8 行的函数调用语句引发了该例外。而该语句引发的例外可以被第 9 行的 catch 子句捕捉处理,处理后继续执行 try 语句后面的第 12 行代码。

执行第 13 行代码再次调用函数 func2。由于提供的参数完全相同,函数的执行情况与第 1 次调用时的完全一样。当例外从函数内抛出时,相当于第 13 行的函数调用语句引发了该例外。由于该函数调用语句并不位于 try 子句内,并没有任何例外处理代码可以捕捉和处理该语句引发的例外,所以最后按传统的错误处理机制来处理该例外。

3. 多个 catch 子句

try 子句内的代码可能会发生多种类型的例外,而 try 语句也允许有多个 catch 子句,每个 catch 子句可以捕捉一种类型(包括子类型)的例外。当然,每次执行 try 语句时,至多只能抛出一个例外,相应地,至多只能有一个 catch 子句被执行。

当例外发生时,运行系统将按先后次序依次判断各 catch 子句,如果发现某个 catch 子句能够捕捉该例外,就执行其中的处理代码,而其后面的 catch 子句将被忽略。为此,处理子类型例外的 catch 子句一定要放在处理超类型例外的 catch 子句之前,否则,处理子类型例外的处理代码就没有机会被执行。

4. finally 子句

try 语句除了可以含 try 子句和 catch 子句外,还可以有 finally 子句。使用 finally 子句的好处是:控制流不管以何种原因离开 try 语句,都要先执行 finally 子句。所以,可以将那些无论是否发生例外、例外无论是否被捕捉都需要执行的代码放置在 finally 子句内。

控制流离开 try 语句的情况包括以下几种。
- try 子句代码正常执行,没有引发例外。
- try 子句代码执行时引发例外,但被 catch 子句捕捉处理。

- try 子句代码执行时引发例外，但没有 catch 子句能捕捉处理。
- try 子句代码执行时引发例外，且被 catch 子句捕捉，但在执行例外处理代码时又引发新的例外。

另外，因 return、break 或 continue 等跳转语句（不管是出现在 try 子句中，还是出现在 catch 子句中）要离开 try 语句时，同样需要先执行 finally 子句。

【例 11-13】 finally 子句举例。代码如下：

```
1. function func3(string $s): void {
2.     echo "enter func3.<br />";
3.     $a =100;
4.     try {
5.         $a =$a+$s;
6.     } catch(TypeError $ex) {
7.         $a =$a+substr($s,1);
8.     } finally {
9.         echo "a=$a<br />";
10.    }
11.    echo "exit from func3.<br />";
12. }
13. func3("a25");
14. echo "----------------<br />";
15. func3("ab25");
```

下面是程序的输出结果：

```
enter func3.
a=125
exit from func3.
----------------
enter func3.
a=100
Fatal error: Uncaught TypeError: Unsupported operand types: int +string in ...
```

该例代码中，第 5 行代码要做算术加运算，此时若有操作数为非数字开头的字符串，将引发 TypeError 型例外。

第 13 行代码第 1 次调用函数 func3，传递参数"a25"。函数执行时，第 5 行代码引发例外，并被后面的 catch 子句捕捉并处理。

第 15 行代码第 2 次调用函数 func3，传递参数"ab25"。函数执行时，第 5 行代码引发例外，并被后面的 catch 子句捕捉并处理，但第 7 行代码在处理例外时又引发了新的例外。该新引发的例外将从 try 语句抛出，继而再从函数抛出。

从结果可以看出，不管哪种情况 finally 子句总是会被执行，而 try 语句后的代码仅在 try 子句没有引发例外或者虽然引发例外但被捕捉处理时被执行。

习题 11

一、选择题

1. 下面有关继承的描述错误的是（　　　）。

　　A. 每个类至多只能有一个直接超类，但可以有多个直接超接口

　　B. 当创建子类实例时，直接超类中的私有实例变量也会被创建

　　C. 当创建子类实例时，直接超类中被覆盖的实例变量也会被创建

　　D. 当创建子类实例时，直接超类中被覆盖的静态变量是存在的

2. 有以下类和函数定义：

```
class C { public int $n=1; }
class B { public int $n=10; }
class A extends C { public int $n=100; }
function func(C $c): void {
    echo $c->n;
}
```

分别执行下面 3 条语句的结果是(　　)。

① func(new A());

② func(new B());

③ func(new C());

    A. 输出 1　　　　　　　　　　　　　B. 输出 10

    C. 输出 100　　　　　　　　　　　　D. 抛出 TypeError 型例外

3. 给定以下类和接口定义：

```
interface I {}
class A implements I {}
class B extends A {}
```

下面表达式中值为 false 的是(　　)。

    A. new B() instanceof I　　　　　　　B. is_subclass_of(new A(), "B")

    C. is_subclass_of(new B(), "I")　　　　D. is_subclass_of("B", "I")

4. 给定以下类定义：

```
class X {
    function func(int $a): string|bool {
        return true;
    }
}
```

下面子类定义正确的是(　　)。

    A.

```
class Y extends X {
    function func(float $a): string|false {
        return false;
    }
}
```

    B.

```
class Y extends X {
    protected function func(int $a): string|false {
        return false;
    }
}
```

    C.

```
class Y extends X {
    public function func(int|float $a): bool {
```

```
            return false;
        }
    }
```

D.

```
class Y extends X {
    function func(int $a, int $b): string {
        return $a.$b;
    }
}
```

5. 给定以下函数定义：

```
function func(): void {
    try {
        echo "1";
        problem();
    } catch(ValueError $ex) {
        echo "2";
        return;
    } catch(Error $ex) {
        echo "3";
        return;
    } finally {
        echo "4";
    }
    echo "5";
}
```

当调用该函数时，如果 problem() 函数抛出了 Error 类的一个实例，那么输出的内容将包括（　　）。
（多选）

    A. 1   B. 2   C. 3

    D. 4   E. 5

二、编程题

1. 假设已经定义有一个 A 类，其代码如下。

```
class A {
    private int $x;
    function setX(int $x): void {
        $this->x=$x;
    }
    function method(): int {
        return $this->x**2;                    //返回实例变量$x的平方
    }
}
```

现在请完善下面 MyClass 类的定义，按注释指定的要求实现其中 method() 方法。

```
class MyClass extends A{
    private int $y;
    function setY(int $y): void {
        $this->y=$y;
```

```
    }
    function method(): int {
        …                          //返回实例变量$x的平方与实例变量$y的平方的和
    }
}
```

注意：不要修改类的其他代码，也不要修改 MyClass 类中 method()方法的签名。

2. 假设已定义有表示圆的名为 Circle 的类，其代码如下：

```
class Circle {
    private int $radius;
    function __construct(int $r) {                //构造方法,设圆的半径设为 r
        $this->radius=$r;
    }
    function getArea(): float {                   //计算圆的面积
        return M_PI*$this->radius * * 2;          //预定义常量 M_PI(圆周率)
    }
    function getPerimeter(): float {              //计算圆的周长
        return 2*M_PI*$this->radius;
    }
}
```

现在请定义一个表示圆柱体的名为 Cylinder 的类，该类应该充分利用现有的 Circle 类，并实现以下构造方法和实例方法：

```
function __construct(int $r, int $h);            //设置圆柱的底圆半径及高
function getArea():float;                        //计算圆柱表面积
function getVolume(): float;                     //计算圆柱体积
```

注意：不要修改 Circle 类的定义。

第 12 章　MySQL 数据库基础

本章主题:

- 登录 MySQL 服务器。
- 数据库的创建与删除。
- MySQL 数据类型。
- 表的创建与删除。
- 数据的插入、更新和删除。
- 查询。

MySQL 是一种开源的关系型数据库管理系统。MySQL 数据库软件通常运行在客户-服务器(C/S)方式,包括一个多线程的 SQL 服务器,可以接受客户端程序、实用工具以及应用程序编程接口的访问。

MySQL 为包括 C、Java、PHP、Python 在内的编程语言和脚本语言提供了相应的应用程序编程接口(API),使得用这些语言编写的应用程序可以方便地访问 MySQL 数据库。目前,MySQL 是最常用的一种与 PHP 组合来开发动态网站和 Web 应用的数据库软件。

本章首先介绍使用 MySQL 监控程序访问 MySQL 服务器的方法,然后介绍 MySQL 数据库和表的创建、MySQL 数据类型等内容,最后介绍数据的插入、更新、删除和查询等语句及使用。

12.1　登录 MySQL 服务器

MySQL 服务器软件带有许多工具程序,用以实现数据库的管理功能。其中最常用的是命令行客户端程序 MySQL,也称为 MySQL 监控程序。利用该程序,可以交互式或批处理方式执行 SQL 语句,完成数据库的创建、维护和查询等任务。

下面,介绍利用 MySQL 监控程序登录 MySQL 服务器的方法。

要使用 MySQL 监控程序,首先需要登录 MySQL 服务器,确认用户身份。要登录 MySQL 服务器,可以在操作系统命令提示符窗口中输入以下 MySQL 命令:

```
mysql -h <host> -u <user> -p
```

其中,host 用于表示 MySQL 服务器所在的主机名,user 表示登录用户的用户名。若从本地登录,可省略 -h <host> 项。如果用户账户没有密码,可以省略 -p 项。

输入命令并按 Enter 键后,会提示输入密码,输入密码后按 Enter 键即可登录。在用户账户没有密码的情况下,若省略 -p 项,则按 Enter 键后即可直接登录;否则可在系统给出输入密码提示信息后,直接按 Enter 键登录。对于刚安装好的 MySQL 服务器,超级用户 root 是没有密码的。

下面的命令:

```
D:\MySQL8\bin>mysql -u root -p
Enter password:
Welcome to the MySQL monitor. Commands end with ; or \g.
Your MySQL connection id is 29
Server version: 8.0.28 MySQL Community Server -GPL
```

```
    ...
    Type 'help;' or '\h' for help. Type '\c' to clear the current input statement.
    mysql>
```

演示了以超级用户身份从本地登录 MySQL 服务器的场景。首先在操作系统命令提示符状态下输入 MySQL 命令,指定用户名。按 Enter 键后,提示输入密码。由于超级用户没有密码,所以直接按 Enter 键。如果一切正常,MySQL 服务器会返回有关连接成功和帮助使用的提示信息,最终将出现提示符 mysql>。

mysql>是 MySQL 监控程序的命令提示符状态,表明已在 MySQL 监控程序控制之下。此时,用户可以输入并执行 SQL 语句了。

在 MySQL 监控程序命令提示符状态下,可以输入 SQL 的 quit 语句:

```
mysql>quit;
Bye
D:\MySQL8\bin>
```

断开与 MySQL 服务器的连接,返回到操作系统命令提示符状态。

在 UNIX 系统中,也可以直接输入 control-D 断开与 MySQL 服务器的连接。

12.2　数据库的创建与删除

这里介绍如何创建、选择、查看和删除数据库。

12.2.1　创建数据库

创建数据库可以使用 CREATE DATABASE 语句创建一个指定名称的数据库。其语法格式如下:

```
CREATE DATABASE [IF NOT EXISTS] <db_name>
    [[DEFAULT] CHARACTER SET[=]<charset_name>]
    [[DEFAULT] COLLATE[=]<collation_name>]
    [[DEFAULT] ENCRYPTION[=]{'Y'|'N'}]
```

其中参数说明如下。

(1) IF NOT EXISTS 选项可使语句避免因试图创建已存在的数据库而引发错误。

(2) CHARACTER SET 选项用于指定数据库的默认字符集。字符集是字符的集合,包括每个字符的编码。

(3) COLLATE 选项用于指定数据库的默认排序规则。排序规则规定字符集内字符之间的大小比较以及各字符的排列次序,一个字符集可以有多种排序规则。

默认情况下,数据库的默认字符集为 utf8mb4,默认排序规则为 utf8mb4_0900_ai_ci。

提示:

① 在 MySQL 中,可以用 utf8mb3 或 utf8mb4 作为字符集名。其中,后者是前者的发展和扩充。而 utf8 目前只是作为 utf8mb3 的别名。以后的某个版本中,utf8mb3 可能会被移除,此时 utf8 可能就是 utf8mb4 的别名。

② 在 HTML 和 PHP 中并不区分 utf8mb3 和 utf8mb4,而是统一用 UTF-8 作为字符集名。另外,UTF 与 8 之间需要用"-"相连。

(4) ENCRYPTION 选项用于指定数据库是否启用加密。如果设置为'Y',那么以后在该数据库中创建的每个表,默认都会进行加密处理。该选项的默认值为'N'。

提示:为了能够启用加密功能,需要加载加密组件或插件。例如,可以在配置文件 my.ini 中添加以下两行，以加载 keyring_file 加密插件。

```
[mysqld]
early-plugin-load=keyring_file.dll
keyring_file_data=d:/MySQL80Data/mysql-keyring/keyring
```

其中，early-plugin-load 用于指定插件库文件，keyring_file_data 指定插件用以数据存储的文件。

【例 12-1】 创建一个名为 mydb 的数据库，该数据库的默认字符集为 utf8mb4，默认排序规则为 utf8mb4_0900_ai_ci，默认情况下不启用加密。代码如下：

```
CREATE DATABASE mydb
    CHARACTER SET=utf8mb4 COLLATE=utf8mb4_0900_ai_ci
    ENCRYPTION='N';
```

对一个已经创建的数据库，如果想查看创建它的 CREATE DATABASE 语句，可以调用 SHOW CREATE DATABASE 语句。例如：

```
SHOW CREATE DATABASE mydb;
```

12.2.2 选择当前数据库

默认情况下，很多 SQL 语句的操作对象都是当前数据库（也称为默认数据库）。刚创建的数据库并不会自动成为当前数据库。使用 USE 语句可以选择指定的数据库为当前数据库。该语句的格式如下：

```
USE <db_name>
```

【例 12-2】 选择 mydb 为当前数据库。

```
use mydb;
```

用于指定当前数据库并不妨碍访问其他数据库的内容。

下面的代码：

```
USE db1;
SELECT author_name,editor_name FROM author,db2.editor
    WHERE author.editor_id =db2.editor.editor_id;
```

用于访问 db1 数据库的 author 表以及 db2 数据库的 editor 表。

在任何时候，要想知道哪个数据库是当前数据库，可以使用下面的语句：

```
SELECT DATABASE();
```

12.2.3 显示数据库列表

可以使用 SHOW DATABASES 语句显示服务器上数据库名的列表，其基本格式如下：

```
SHOW DATABASES
```

语句能否列出服务器上所有的数据库名与当前用户账户的权限有关。如果用户账户具有全局级的 SHOW DATABASES 权限，语句就会列出服务器内所有的数据库。对于一般用户，语句只列出那些该用户账户具有某些操作权限的数据库。

12.2.4 删除数据库

可以使用 DROP DATABASE 语句删除一个数据库，其语法格式如下：

```
DROP DATABASE [IF EXISTS] <db_name>
```

语句删除指定的数据库。指定 IF EXISTS 选项可使语句避免因试图删除不存在的数据库而引发的错误。该语句可以删除当前数据库。删除当前数据库后,可以使用 USE 语句指定新的当前数据库。

使用这个语句必须谨慎,因为它将删除指定的整个数据库,包括该数据库的所有表及其数据。

12.3　MySQL 数据类型

在创建表时,需要为每列指定所需的数据类型。数据类型决定了数据的性质、取值范围和存储格式等。MySQL 提供了丰富的数据类型,包括数值型、日期和时间型、字符串型、空间类型和 JSON 类型等。这里介绍常用的数值型、日期和时间型以及字符串型 3 类。

12.3.1　数值型

数值型分为整型、定点型、浮点型和位值型。

1. 整型

整型用于表达整数,分为 TINYINT(微整型)、SMALLINT(小整型)、MEDIUMINT(中整型)、INT(整型)和 BIGINT(大整型)。每种又可分为有符号(默认)和无符号(UNSIGNED)两种。表 12-1 给出了这些类型的语法、存储需求和取值范围。

表 12-1　MySQL 整型

类　　型	字　节	取　值　范　围
TINYINT [UNSIGNED]	1	$-128 \sim 127$ 若指定 UNSIGNED,则为 $0 \sim 255$
SMALLINT [UNSIGNED]	2	$-32\,768 \sim 32\,767$ 若指定 UNSIGNED,则为 $0 \sim 65\,535$
MEDIUMINT [UNSIGNED]	3	$-8\,388\,608 \sim 8\,388\,607$ 若指定 UNSIGNED,则为 $0 \sim 16\,777\,215$
INT [UNSIGNED]	4	$-2\,147\,483\,648 \sim 2\,147\,483\,647$ 若指定 UNSIGNED,则为 $0 \sim 4\,294\,967\,295$
BIGINT [UNSIGNED]	8	$-2^{63} \sim 2^{63}-1$ 若指定 UNSIGNED,则为 $0 \sim 2^{64}-1$

2. 定点型和浮点型

定点型和浮点型一般都用来表达实数,包括 DECIMAL(定点型)、FLOAT(单精度浮点型)和 DOUBLE(双精度浮点型)。表 12-2 列出了它们的语法、存储需求和取值范围。

表 12-2　MySQL 定点型和浮点型

类　　型	字　节	取　值　范　围
DECIMAL [(<M>[,<D>])]	变长	M 是允许的总的数字位数(精度),最大值为 65。D 是允许的小数位数,最大值为 30。其中,M 指定的位数不包括小数点和符号若省略 D,默认值为 0。若省略 M,默认值为 10
FLOAT	4	$-3.402\,823\,466E+38 \sim -1.175\,494\,351E-38$ 0 $1.175\,494\,351E-38 \sim 3.402\,823\,466E+38$

续表

类　　型	字　节	取　值　范　围
DOUBLE	8	$-1.797\ 693\ 134\ 862\ 315\ 7E+308 \sim -2.225\ 073\ 858\ 507\ 201\ 4E-308$ 0 $2.225\ 073\ 858\ 507\ 201\ 4E-308 \sim 1.797\ 693\ 134\ 862\ 315\ 7E+308$

各种整型和 DECIMAL 型都是精确数值型,而 DOUBLE 型和 FLOAT 型是近似数值型。一般情况下,不应该对近似值做精确比较。

3. 位值型

位值型用来表达二进制值,也称为位值。表示位值型的语法格式如下:

```
BIT[(M)]
```

其中,M 表示值的位数,取值范围是 $1 \sim 64$。如果省略 M,则默认值为 1。其所需存储空间约为 $(M+7)/8B$。

位值文字的语法格式有两种。

格式 1:

```
b'<value>'
```

格式 2:

```
0b<value>
```

其中,value 是由 0 和 1 组成的二进制值。格式 1 中的前导字母 b 大小写无关紧要,但格式 2 中的前导 0b 区分大小写,不能写成 0B。

如果将长度小于 M 位的位值赋给 BIT(M)型列,则自动在值的左侧用 0 填充。例如,将 b'101'的值分配给 BIT(6)型列,实际赋的值为 b'000101'。

12.3.2　日期和时间型

涉及日期和时间的类型包括表示日期的 DATE 型,表示时间的 TIME 型,表示日期时间的 DATETIME 型和 TIMESTAMP 型,表示年份的 YEAR 型。表 12-3 列出了它们的语法、存储需求和取值范围。

表 12-3　MySQL 日期和时间型

类　　型	字　节	取　值　范　围
YEAR	1	'1901'~'2155'
DATE	3	'1000-01-01'~'9999-12-31'
TIME	3	'－838:59:59'~'838:59:59'
DATETIME	5	'1000-01-01 00:00:00'~'9999-12-31 23:59:59'
TIMESTAMP	4	'1970-01-01 00:00:01' UTC~'2038-01-19 03:14:07' UTC

提示:TIME、DATETIME 和 TIMESTAMP 3 种类型可以提供更加精确的时间,即指定秒的小数部分,精度最高可达微秒(6 位小数)。例如,类型 TIME(3)指定时间的秒可以有 3 位小数,这样时间的

精度可以达到毫秒。当然,根据精度不同,需要额外增加0~3B的存储空间。

1. 关于日期和时间型的说明

（1）与 DATETIME 型不同,TIMESTAMP 型保存的是 UTC 时间值(秒数)。当用户为 TIMESTAMP 型的列指定一个值时,MySQL 会先将其从当前时区转换为 UTC 然后再存储。当用户访问一个 TIMESTAMP 型列的值时,MySQL 会先将值由 UTC 转换为当前时区然后再返回。

（2）任何一种日期和时间型的列,都允许接收字符串或数值为其赋值。格式如下:

```
DATE: '2010-10-20',20101020。
DATETIME、TIMESTAMP: '2010-10-20 10:20:30',20101020102030。
TIME: '10:20:30',102030。
YEAR: '2010',2010。
```

（3）TIME 型用于保存时间。既可以用来表示一天中的某个时间,也可以用来表示两个事件的间隔时间。可以用下面格式的文字表示一个 TIME 值:

```
'12:30:50'
'100:10:10'
'-100:10:10'
'4 4:10:10'                          //4天又4小时10分10秒,相当于'100:10:10'
```

提示:

（1）默认的设置情况下,在做插入和更新操作时,如果为日期和时间型列提供了一个无效值(如 '2010-04-31'、'2022-02-29'、'11:60:21'等),或该值超出了其值域范围,系统将禁止执行该操作并产生一个错误。

（2）通过系统变量 sql_mode 对有关模式的重新设置,可以改变系统的这种默认行为。例如,当出现无效值时,可以将其置为"零"值等。

2. 自动初始化列和自动更新列

这里所说的自动初始化列和自动更新列是特别针对 TIMESTAMP 和 DATETIME 型列而言的。

自动初始化列是指当插入一行而没有为该列（TIMESTAMP 或 DATETIME 型）指定值时,该列将自动设置为当前日期时间。

在定义列时,通过指定 DEFAULT CURRENT_TIMESTAMP,可以将任何 TIMESTAMP 或 DATETIME 型列设置为自动初始化列。例如:

```
CREATE TABLE t1 (
    ts TIMESTAMP DEFAULT CURRENT_TIMESTAMP,
    dt DATETIME DEFAULT CURRENT_TIMESTAMP
);
```

自动更新列是指当更新某行其他列的值时,该列（TIMESTAMP 或 DATETIME 型）将自动更新为当前日期时间。需要注意的是,如果其他列的值并没有真正发生改变,那么该列的日期时间也不会自动更新。

在定义列时,通过指定 ON UPDATE CURRENT_TIMESTAMP,可将任何 TIMESTAMP 或 DATETIME 型列设置为自动更新列。例如:

```
CREATE TABLE t2 (
    ts TIMESTAMP ON UPDATE CURRENT_TIMESTAMP,
    dt DATETIME ON UPDATE CURRENT_TIMESTAMP
);
```

当然，也可以将任何 TIMESTAMP 或 DATETIME 型列设置为既是自动初始化列也是自动更新列。例如：

```
CREATE TABLE t3 (
    ts TIMESTAMP DEFAULT CURRENT_TIMESTAMP
        ON UPDATE CURRENT_TIMESTAMP,
    dt DATETIME DEFAULT CURRENT_TIMESTAMP
        ON UPDATE CURRENT_TIMESTAMP
);
```

12.3.3 字符串型

字符串型包括 CHAR、BINARY、VARCHAR、VARBINARY、BLOB、TEXT、ENUM 和 SET，如表 12-4 所示。

表 12-4　MySQL 字符串型

类 型	描 述
CHAR[(<M>)]	固定长度为 M 个字符的字符串。其中，M 的取值范围为 0～255。若省略 M，长度取 1，即 CHAR 相当于 CHAR(1)
BINARY[(<M>)]	固定长度为 M 字节的二进制字符串，其中，M 的取值范围为 0～255。若省略 M，长度取 1
VARCHAR(<M>)、VARBINARY(<M>)	最大长度为 M 个字符(字节)的可变长字符串或字节串。理论上，M 的取值范围为 0～65 535，但受列数和行的总字节数限制
TINYTEXT、TINYBLOB	微 TEXT(字符串)和微 BLOB(字节串)，支持的最大长度为 255 字节
TEXT、BLOB	TEXT(字符串)和 BLOB(字节串)，支持的最大长度为 65 535 字节
MEDIUMTEXT、MEDIUMBLOB	中 TEXT(字符串)和中 BLOB(字节串)，支持的最大长度为 16 777 215 字节
LONGTEXT、LONGBLOB	长 TEXT(字符串)和长 BLOB(字节串)，支持的最大长度为 4 294 967 295 字节
ENUM('member1', 'member2',…)	每个 ENUM 型预定义一个值列表，是最多可包括 65 535 个不同值。ENUM 型列的值只能是值列表中的某个值。如果列声明允许 NULL，则 NULL 是默认值。如果列声明为 NOT NULL，则值列表的第 1 个值为默认值
SET('member1', 'member2',…)	每个 SET 型预定义一个值列表，最多可包括 64 个不同值，每个值(字符串)本身不应该包含“,”。SET 型列的值只能由值列表中的 0 个或多个值组成，两个值之间用“,”分隔

1. 字符串与字节串

除 ENUM 和 SET 外，其他字符串类型大致可分为非二进制字符串和二进制字符串两大类。非二进制字符串简称为字符串，包括 CHAR、VARCHAR、TINYTEXT、TEXT、MEDIUMTEXT 和 LONGTEXT。二进制字符串简称为字节串，包括 BINARY、VARBINARY、TINTBLOB、BLOB、MEDIUMBLOB 和 LONGBLOB。

字符串类型的列具有字符集和排序规则的属性，即它们的字符取自特定或默认的字符集，它们的值能按特定或默认的排序规则排序。字节串类型的列不具有字符集和排序规则的属性，其列值只被看作字节串，对列值的比较和排序也只是根据其二进制码进行的。

CHAR 型和 VARCHAR 型的长度是以字符为单位的。例如，CHAR(5)表示长度是 5 字符，VARCHAR(5)表示最大长度是 5 字符。由于在不同的字符集中，字符编码所需的字节数是不一样的，如一个汉字在有些字符集中用 2 字节编码,在另一些字符集中用 3 字节编码,所以这两种类型列的实际列宽(字节数)往往大于指定的长度,且跟列所采用的字符集有关。

BINARY 型和 VARBINARY 型的长度是以字节为单位的。例如,BINARY(5)表示长度是 5 字节,VARBINARY(5)表示最大长度是 5 字节。由于一个字符可能占用 1 字节,也可能占用多字节,所以这两种类型列能够存放的字符数往往要少于指定的长度。

TEXT 可以被看作一种 VARCHAR,BLOB 可以被看作一种 VARBINARY。这里,TEXT、BLOB 与 VARCHAR、VARBINARY 之间的区别主要是实现技术和使用约束方面的不同。例如,TEXT 列和 BLOB 列的长度不受行的总宽度的限制,TEXT 列和 BLOB 列不能指定默认值等。各种 BLOB 之间和各种 TEXT 之间只是最大长度的不同,没有本质上的区别。

2. ENUM 型

ENUM 型的值是一个字符串,这个字符串应该从一组允许的值中选择。一个 ENUM 型列可取的所有值必须在创建表时在列定义中枚举出来。

实际存储时,ENUM 型列的每个值被自动存储为该值在这组枚举值中对应的索引号,例如'x-small'被存储为 1。当读取时,这些索引号又会被自动转换回相应的字符串。

【例 12-3】 ENUM 型的使用。

创建一个包含 ENUM 型列的 shirts 表,代码如下:

```
CREATE TABLE shirts (
    name VARCHAR(20), size ENUM('x-small', 'small', 'medium', 'large', 'x-large')
);
```

然后再用下面的语句往表中插入 3 条记录:

```
INSERT INTO shirts VALUES
    ('dress shirt','large'),('t-shirt','medium'),('polo shirt','small');
```

下面演示了对 shirts 表的查询及显示的结果:

```
SELECT * FROM shirts;
-------------------------------------
name                          size
-------------------------------------
dress shirt                   large
t-shirt                       medium
polo shirt                    small
-------------------------------------
```

如果查询时 ENUM 列的值出现在数值型上下文中,那么列值的索引号将被返回。下面的代码演示了这种情况:

```
SELECT name,size+0 FROM shirts;
-------------------------------------
name                          size+0
-------------------------------------
dress shirt                   4
t-shirt                       3
polo shirt                    2
-------------------------------------
```

3. SET 型

SET 型的值是一个字符串,这个字符串由预定义的一组值中的 0 个或多个值组成。各值之间用

"，"分隔。这组值需要在创建表时在列定义子句中列出来。例如：

```
CREATE TABLE table1 (column1 SET('one', 'two', 'three', 'four'));
```

在实际存储时，每个 SET 列值都会转换成一个数值存放，这里采用二进制编码的方式。例如上面这个例子，一共有 4 个成员，那么可以用 4 个二进制位来编码，其中最低位对应第 1 个成员，以此类推。如果一个列值中包含第 1 个成员，则最低位为 1，否则为 0。所以如果一个列值为'one,three'，那么实际存储为数值 5，用二进制表示即为 0101。当读取时，这些数值又会被自动转换回相应的字符串。

12.4　表的创建与删除

一个数据库通常包含若干表，每个表可以保存有关的数据。创建表就是要定义表的结构，即规定该表每一列的列名、可以存放的数据的类型以及相关的属性和约束等。本节介绍表的创建、删除等操作。

12.4.1　创建表

下面从基本语法格式、定义列和定义表级约束 3 方面介绍创建表的 SQL 语句的主要语法成分和功能。

1. 基本语法格式

创建表的 SQL 语句是 CREATE TABLE，其基本语法格式如下：

```
CREATE TABLE [IF NOT EXISTS][<db-name>.]<table-name>(
    {<column-definition>|<table-level-constraint>}
    [,{<column-definition>|<table-level-constraint>}]*
)[<table_option>]*
```

该语句用于在指定的数据库（db-name）中创建一个指定名称（table-name）的表。数据库名是可选项，若没有指定，将在当前数据库中创建表。如果指定的数据库不存在，或者没有指定数据库而当前数据库不存在，那么语句出错。

指定 IF NOT EXISTS 选项，可使语句避免因试图创建已存在的表而出错。

表名后是"()"，内含列定义和表级约束两种语法成分。"()"后是表选项。下面分别说明。

2. 定义列

定义一个表的主要工作是定义表中的各列，列定义（column-definition）的常用格式如下：

```
<col_name><data_type>
    [NULL | NOT NULL]
    [DEFAULT <default_value>]
    [AUTO_INCREMENT]
    [UNIQUE [KEY] | [PRIMARY] KEY]
    [COLLATE <collation_name>]
    [CONSTRAINT [<symbol>]] CHECK(<expr>) [[NOT] ENFORCED]
```

其中参数说明如下。

（1）col_name 用于指定列名，data-type 指定列的数据类型，它们是必选项，其他都是可选项，用于指定列的属性或约束。

（2）NULL|NOT NULL 用于指明列是否可以取 NULL 值。如果忽略该可选项，则默认设置为 NULL，即列可以取 NULL 值。

（3）DEFAULT 用于为列指定默认值。这里，各种 BOLB 型和各种 TEXT 型的列不能指定默认值。

（4）default_value 只能是常量，不能是函数或表达式。一个例外是，可以为 TIMESTAMP 或 DATETIME 型列指定默认值 CURRENT_TIMESTAMP。这里，CURRENT_TIMESTAMP 是一个 SQL 函数，它与 CURRENT_TIMESTAMP() 和 NOW() 函数具有相同的功能。

通常情况下，当向一个表插入一行时，应该指定该行在每一列上的相应值。如果某列具有默认值或可以取 NULL 值，那么也可以不为该列指定值。此时，该列将取默认值或 NULL 值。

（5）AUTO_INCREMENT 仅用于整型和浮点型列，称为自增列。自增列必须是索引的，且每个表一般只能有一个自增列。

当为自增列指定 NULL 值（推荐）或 0 值时，该列将设置为下一个序列值（通常为该列当前已有的最大值加 1）。自增列的序列值的初值为 1。

可以使用 SQL 函数 LAST_INSERT_ID() 获取最后插入的行在自增列上的取值。

（6）UNIQUE [KEY] 为该列建立一个唯一索引。对于唯一索引的列，除了 NULL 值（如果允许取 NULL 值），不允许存在其他相同的值。一个表可以包含多个唯一索引的列。

（7）[PRIMARY] KEY 为该列建立一个主索引。对于主索引的列（称为主键），不允许存在相同的值，且不允许取 NULL 值。如果主索引列没有指定 NOT NULL，则自动设置为 NOT NULL。一个表至多只能包含一个主索引。

如果主键由多列组成，则可以使用表级的 PRIMARY KEY（<col_name>[,<col_name>]*）子句来进行定义。

（8）COLLATE 用于指定列的排序规则。如果没有指定，则使用默认的排序规则。

（9）CHECK 用于定义一个 CHECK 约束。

（10）expr 用于指定约束条件，必须是一个布尔表达式。插入和更新时只有表达式的结果为 TRUE 或 NULL 值时才能成功，否则会出错。

（11）symbol 指定约束名。如果省略，系统会自动产生一个约束名。在 MySQL 中，一个数据库中同一类型的各约束名必须是唯一的。例如，一个数据库中各 CHECK 约束的约束名一定要互不相同。

（12）[NOT] ENFORCED 指明该约束是否是强制的。默认值是 ENFORCED，即是强制的。

3. 定义表级约束

有些数据完整性约束可以定义在列级，如单列主键。有些数据完整性约束则需要定义在表级，如多列主键。下面是定义表级约束（table-level-constraint）的常用格式：

```
{
    {INDEX|KEY}
        [<index_name>] (<col_name>[,<col_name>]*)
   |[CONSTRAINT [<symbol>]] PRIMARY KEY
        (<col_name>[,<col_name>]*)
   |[CONSTRAINT [<symbol>]] UNIQUE [INDEX|KEY]
        [<index_name>] (<col_name>[,<col_name>]*)
   |[CONSTRAINT [<symbol>]] FOREIGN KEY
        (<col_name>[,<col_name>]*)
        REFERENCES
            <tbl_name>(<r_col_name>[,<r_col_name>]*)
        [ON DELETE {CASCADE|SET NULL|RESTRICT|NO ACTION}]
        [ON UPDATE {CASCADE|SET NULL|RESTRICT|NO ACTION}]
   |[CONSTRAINT [<symbol>]] CHECK(<expr>) [[NOT] ENFORCED]
}
```

其中参数说明如下。

（1）INDEX｜KEY：创建一个普通索引，即非唯一索引。索引列在"（）"内列出，可以是一列，也可以是多列。

可以有选择地指定索引名 index_name。

（2）PRIMARY KEY：创建主索引，适合主键由多列组成的情况。主索引列在"（）"内列出。组成主键的所有列都必须是 NOT NULL。如果主键列没有指定 NOT NULL，则自动设置为 NOT NULL。

可以有选择地指定约束名 symbol。主索引的索引名总是 PRIMARY。

（3）UNIQUE [INDEX｜KEY]：创建一个唯一索引。索引列在"（）"内列出，可以是一列，也可以是多列。

可以有选择地指定约束名 symbol 和索引名 index_name。

（4）FOREIGN KEY…REFERENCES…：定义参照完整性约束。这里，symbol 指定约束名，col_name[,col_name] * 指定参照列，r_col_name[,r_col_name] * 指定被参照列。

在参照完整性约束中，参照列所在的表称为子表，在这里也就是当前正在创建的表。被参照列所在的表称为父表，在这里由 tbl_name 指定。参照列称为外键，被参照列通常是父表的主键。

数据的参照完整性约束是指子表中的一行在父表中应该有对应的行：子表中某行在参照列上的值与父表对应行在被参照列上的值应该相同，除非参照列上的值为 NULL。

为保证数据的参照完整性，服务器不允许在子表中插入（INSERT）或更新（UPDATE）行，使其在父表中没有对应的行。

ON DELETE 和 ON UPDATE 指定当删除父表中的行和更新父表中被参照列的值时，服务器应采取的动作。

- CASCADE：当删除父表中的行或更新主表中被参照列的值时，删除子表中所有对应行或相应更新子表中所有对应行在参照列上的值。
- SET NULL：当删除父表中的行或更新父表中被参照列的值时，将子表中所有对应行在参照列上的值设置为 NULL。
- RESTRICT：对在子表中有对应行的父表行，不允许删除或更新其在被参照列上的值。
- NO ACTION：在 MySQL 中，NO ACTION 和 RESTRICT 有相同的含义。

如果省略 ON DELETE 或 ON UPDATE，默认的动作是 RESTRICT。

在定义数据的参照完整性约束的同时，FOREIGN KEY 子句也会自动在参照列上创建一个与约束名（symbol）同名的非唯一索引。

（5）CHECK：不仅在列定义中可以声明 CHECK 约束，也可以在表级约束中声明 CHECK 约束。它们的主要区别是，列级 CHECK 中的条件表达式 expr 只能引用所在列，而表级 CHECK 中的条件表达式 expr 可以引用表中任何列，但自增列除外。

【例 12-4】 定义参照完整性约束和 CHECK 约束：

下面两条 CREATE TABLE 语句各创建了一个表。

```
CREATE TABLE parent(
    id INT PRIMARY KEY CHECK(id>0)                         //第一条语句
);

CREATE TABLE child(                                       //第二条语句
    id INT,
    parent_id INT,
```

```
        FOREIGN KEY(parent_id) REFERENCES parent(id)
    );
```

先看 CHECK 约束。第一条语句创建了 parent 表,该表仅含一个主键列 id,且定义了 CHECK 约束,规定其值只能取大于 0 的整数。

第二条语句创建了 child 表,该表包含两列,其中,列 parent_id 参照 parent 表中的主键列 id。这样,无论是对父表 parent 的删除或更新操作,还是对子表的插入和更新操作,都要确保子表中的一行在父表中应该有对应的行,除非其在 parent_id 列上的值为 NULL。

4. 指定表选项

指定合适的表选项(table_option)可以优化表的行为。在大多数情况下,不必指定它们中的任何一个,只用它们的默认值即可。下面列出几个常用的表选项:

```
{
    AUTO_INCREMENT [=] <value>
    | [DEFAULT] CHARACTER SET [=] <charset_name>
    | [DEFAULT] COLLATE [=] <collation_name>
    | ENCRYPTION [=] {'Y' | 'N'}
    | ENGINE [=] <engine_name>
}
```

其中参数说明如下。

(1) AUTO_INCREMENT:为自增列设置初值,默认值为 1。

(2) [DEFAULT] CHARACTER SET:设置表的默认字符集。

(3) [DEFAULT] COLLATE:设置表的默认排序规则。

(4) ENCRYPTION:启用或禁用 InnoDB 表的页面级数据加密。

(5) ENGINE:指定表的存储引擎,如 InnoDB(默认值)、MyISAM、NDB、MEMORY、CSV 等。

12.4.2　显示表列表和表结构

这里介绍显示表列表、表结构和表索引等语句。

1. 显示表列表

可以用 SHOW TABLES 语句显示指定数据库中所有表的表名列表:

```
SHOW TABLES [{FROM|IN} <db_name>][LIKE '<pattern>'|WHERE <expr>]
```

如果没有指定数据库(省略 FROM|IN 子句),语句会显示当前数据库中所有表的表名列表。

使用 LIKE 子句可以只显示匹配的表名,如 LIKE '%tbl%',只显示表的名称含 tbl 的表名。使用 WHERE 子句可以指定更通用的筛选条件,但往往需要知道结果表中相关列的列名。

2. 显示表结构

可以用 SHOW COLUMNS 语句显示指定表的基本结构,语法格式如下:

```
SHOW [FULL] COLUMNS {FROM|IN} <tbl_name>
[{FROM|IN} <db_name>]
    [LIKE '<pattern>'|WHERE <expr>]
```

该语句用于显示指定数据库中指定表的结构,即各列的列名、数据类型、NULL 设置、默认值以及索引等信息。如果指定 FULL 选项,语句还会显示排序规则、操作权限等信息。

如果没有指定数据库（省略{FROM|IN} ＜db_name＞子句），语句显示当前数据库中指定表的表结构。

3. 显示表索引

可以用 SHOW INDEX 语句显示指定表的索引信息，语法格式如下：

```
SHOW {INDEX|INDEXES} {FROM | IN} <tb_name>
[{FROM | IN} <db_name>]
    [WHERE <expr>]
```

该语句用于显示指定数据库中指定表的索引信息。如果没有指定数据库（省略{FROM|IN} ＜db_name＞子句），语句显示当前数据库中指定表的索引信息。

比较显示表结构 SHOW COLUMNS 语句和显示表索引 SHOW INDEX 语句，前者显示所有的列，后者只显示建有索引的列。对于多列非主键索引，前者只能显示其中第 1 列的索引信息，后者会显示所有列的索引信息，并能给出索引名以及各列在索引中的位置等信息。

4. 显示创建表的语句

语句 SHOW CREATE TABLE 显示用于创建指定表的 CREATE TABLE 语句，其语法格式如下：

```
SHOW CREATE TABLE <tbl_name>
```

因为写语句时，有些选项可以不写（MySQL 会采用默认的设置），有些关键字可这样写也可那样写，所以该语句显示的 CREATE TABLE 语句与在创建表时实际使用的 CREATE TABLE 语句相比可能会有形式上的差异。

12.4.3　删除表

可以使用 DROP TABLE 语句删除表，其语法格式如下：

```
DROP TABLE [IF EXISTS] <tbl_name>[,<tbl_name>]*
```

该语句用于删除当前数据库中指定的表。

注意：语句将永久性地删除整个表，包括表的结构及表中所有的数据。

如果表之间存在数据参照完整性约束，那么在子表被删除之前，父表不能被删除。但可以在一条 DROP TABLE 语句中同时删除父表和子表。

12.5　实战: 创建选课管理数据库

本节讲述如何创建教务选课系统所用的选课管理数据库，包括数据库的创建和各表的创建。

12.5.1　创建数据库

创建选课管理数据库（election_manage）的语句如下：

```
CREATE DATABASE election_manage
CHARACTER SET=utf8mb4 COLLATE=utf8mb4_0900_ai_ci
ENCRYPTION='N';
```

其中，有关字符集、排序规则以及加密项的设置都是取的默认值，因此可以省略。

12.5.2 创建表

该数据库包含学生表、教师表、课程表、开课表、学生选课表共 5 个表。在创建各表之前,应先选择选课管理数据库为当前数据库。

```
USE election_manage;
```

1. 学生表

创建学生表(student)的具体要求如表 12-5 所示。

表 12-5 学生表(student)

列 名	类 型	说 明
sn	CHAR(12)	学号(用户名),主键
spassword	VARCHAR(12)	口令,不能取 NULL 值
sname	CHAR(4)	姓名,不能取 NULL 值
gender	CHAR	性别(男或女)
birthday	DATE	出生日期
email	VARCHAR(28)	邮箱地址

创建学生表(student)的语句如下:

```
CREATE TABLE student (
    sn CHAR(12) PRIMARY KEY,
    spassword VARCHAR(12) NOT NULL,
    sname CHAR(4) NOT NULL,
    gender CHAR CHECK(gender='男' OR gender='女'),
    birthday DATE,
    email VARCHAR(28)
) ENGINE InnoDB;
```

如果某列既没有指定 NOT NULL 选项,也没有指定 DEFAULT 子句,则可以认为该列具有默认值 NULL。

2. 教师表

创建教师表(teacher)的具体要求如表 12-6 所示。

表 12-6 教师表(teacher)

列 名	类 型	说 明
tn	CHAR(4)	教师号(用户名),主键
tpassword	VARCHAR(12)	口令,不能取 NULL 值
tname	CHAR(4)	教师姓名,不能取 NULL 值
dept	VARCHAR(10)	所属部门,不能取 NULL 值
admin	CHAR	是否管理员(是或否),默认值为'否',不能取 NULL 值

创建教师表(teacher)的语句如下:

```
CREATE TABLE teacher (
    tn CHAR(4) PRIMARY KEY,
    tpassword VARCHAR(12) NOT NULL,
    tname CHAR(4) NOT NULL,
    dept VARCHAR(10) NOT NULL ,
    admin CHAR NOT NULL DEFAULT '否' CHECK(admin='是' OR admin='否')
) ENGINE InnoDB;
```

3. 课程表

创建课程表（course）的具体要求如表 12-7 所示。其中，outline 列用于存放课程大纲文件的扩展名。

表 12-7　课程表（course）

列　名	类　型	说　明
cn	CHAR(10)	课程号，主键
cname	VARCHAR(20)	课程名，不能取 NULL 值
description	VARCHAR(1000)	课程描述
credit	TINYINT UNSIGNED	学分，不能取 NULL 值
outline	VARCHAR(5)	课程大纲文件名的扩展名
tn	CHAR(4)	负责教师的教师号，不能取 NULL 值，外键

在项目的具体实施中，课程记录是由管理员添加的，但课程描述和课程大纲是由该课程的负责教师在系统中填写和上传的。系统需要把上传的大纲文件保存在项目文件夹下的特定子文件夹（如 files）中，文件的基本名改为课程号，文件的扩展名不变。文件扩展名同时保存到课程表的 outline 列。

创建课程表（course）的语句如下：

```
CREATE TABLE course(
    cn CHAR(10) PRIMARY KEY,
    cname VARCHAR(20) NOT NULL,
    description VARCHAR(1000),
    credit TINYINT UNSIGNED NOT NULL,
    outline VARCHAR(5),
    tn CHAR(4) NOT NULL,
    CONSTRAINT fk_tn1 foreign key(tn) references teacher(tn)
) ENGINE InnoDB;
```

4. 开课表

创建开课表（schedule）用以保存各学期的开课信息，其具体要求如表 12-8 所示。

表 12-8　开课表（schedule）

列　名	类　型	说　明
id	INT	开课号，自增列，主键
term	CHAR(11)	学期号，不能取 NULL 值，如"2022-2023-1"
cn	CHAR(10)	课程号，不能取 NULL 值，外键

续表

tn	CHAR(4)	任课教师号,不能取 NULL 值,外键
status	CHAR	课程状态,不能取 NULL 值,默认值为'1' 取值范围: '1'-选课,'2'-教学,'3'-结课

唯一键: term+cn+tn

创建开课表(schedule)的语句如下:

```
CREATE TABLE schedule (
    id INT AUTO_INCREMENT PRIMARY KEY,
    term CHAR(11) NOT NULL,
    cn CHAR(10) NOT NULL,
    tn CHAR(4) NOT NULL,
    status CHAR NOT NULL DEFAULT '1' CHECK(status IN ('1','2','3')),
    UNIQUE KEY uk (term, cn, tn),
    CONSTRAINT fk_cn FOREIGN KEY(cn) REFERENCES course(cn),
    CONSTRAINT fk_tn2 FOREIGN KEY(tn) REFERENCES teacher(tn)
) ENGINE InnoDB;
```

5. 学生选课表

创建学生选课表(election)用以保存学生的选课信息和成绩,其具体要求如表 12-9 所示。

表 12-9 学生选课表(election)

sn	CHAR(12)	学号,不能取 NULL 值,外键
id	INT	开课号,不能取 NULL 值,外键
score	DECIMAL(5,2)	成绩,取值范围: 0~100

主键: sn+id

创建学生选课表(election)的语句如下:

```
CREATE TABLE election (
    sn CHAR(12) NOT NULL,
    id INT NOT NULL,
    score DECIMAL(5,2) CHECK(score>=0 AND score<=100),
    PRIMARY KEY (sn, id),
    CONSTRAINT fk_sn FOREIGN KEY(sn) REFERENCES student(sn),
    CONSTRAINT fk_id FOREIGN KEY(id) REFERENCES schedule(id)
) ENGINE InnoDB;
```

12.6 数据的插入、更新和删除

定义好了表结构,就可以向表中插入(添加)数据行,需要时还可以更新(修改)表中的数据,或者删除表中的数据行。

12.6.1　插入数据

插入数据行的 SQL 语句是 INSERT。插入的方式包括插入完整的行、插入行的一部分、插入多行等，下面分别介绍这些方式。

1. 插入完整的行

要用 INSERT 语句向表中插入完整的一行，可以使用下面的格式：

```
INSERT [INTO] [<db_name>.]<tb-name>
    VALUES ({<expr>| DEFAULT}[,{<expr>| DEFAULT}]*)
```

除了指定表名，VALUES 后面的"()"内要给出插入行在各列的取值。MySQL 会把其中的第 1 个值保存在新行的第 1 列，第 2 个值保存在新行的第 2 列，以此类推。也就是说，使用此格式时，需要清楚表中各列的次序，VALUES 后面"()"内值的数目要与表中列的数目相等，且一一对应。

给每列指定的值可以是表达式，也可以是 NULL 或者 DEFAULT。如果指定为 NULL，那么该列应该允许取 NULL 值。如果指定为 DEFAULT，那么该列应该定义了默认值或者允许取 NULL 值。

【例 12-5】　在学生表 student 中插入记录。假定当前数据库为 election_manage。代码如下：

```
INSERT INTO student VALUES('202209031001','123456','胡文海','男',NULL,NULL);
INSERT INTO student VALUES('202209031002','123456','李红霞','女',NULL,NULL);
INSERT INTO student VALUES('202209031003','123456','刘永军','男',NULL,NULL);
```

在该例共有 3 条语句，每条语句插入一条记录。每条记录插入时，按表定义时的顺序指定了各列的值，其中最后两列（birthday、email）可以取 NULL 值。代码如下：

【例 12-6】　在教师表 teacher 中插入记录。假定当前数据库为 election_manage。代码如下：

```
INSERT INTO teacher VALUES('1011','333333','李国柱','信息学院',DEFAULT);
INSERT INTO teacher VALUES('1012','333333','吴蕊','信息学院','是');
INSERT INTO teacher VALUES('1013','333333','赵毅君','信息学院',DEFAULT);
```

在该例共有 3 条语句，每条语句插入一条记录。每条记录插入时，按表定义时的顺序指定了各列的值，其中最后一列（admin）定义有默认值。

2. 插入行的一部分

要用 INSERT 语句向表中插入一行的一部分，可以使用下面的格式：

```
INSERT [INTO] [<db_name>.]<tbl-name>(<col_name>[,<col_name>]*)
    VALUES ({<expr>| DEFAULT}[,{<expr>| DEFAULT}]*)
```

其中，除了在 VALUES 后面的"()"内给出值列表，还需要在表名后的"()"内给出列名列表。MySQL 会把值列表中第 1 个值保存在列名列表中的第 1 列，把值列表中第 2 个值保存在列名列表中的第 2 列，以此类推。这里，列名列表中各列的次序并不要求与表中各列的实际次序一致。

严格地说，该格式也是在表中插入完整的一行，只是语句只为其中的一些列指定了值，而让其他列取默认值或 NULL 值。要使用此格式，表中没有在列名列表中列出的列必须满足：可以取 NULL 值或者定义了默认值。如果定义了默认值，插入的新行在该列取默认值，否则取 NULL 值。

【例 12-7】　在课程表 course 中插入记录。假定当前数据库为 election_manage。代码如下：

```
INSERT course(cn,cname,credit,tn) VALUES('090201021A','程序设计',3,'1011');
INSERT course(cn,cname,credit,tn) VALUES('090201012B','软件工程',4,'1013');
INSERT course(cn,cname,credit,tn) VALUES('090101003A','高等数学',4,'1012');
```

在该例中,表名后面的"()"内的列出 4 个列名,VALUES 后面的"()"内应按此顺序列出各列的值。在 course 表中,除上面语句中列出的 4 列,另外两列(description、outline)都是可以取 NULL 值的。

要为所有列指定值也可以使用此格式,即在列名列表中列出数据表中所有的列。这种做法虽然有些烦琐,但有其好处:一是值与列名一一对应,不容易出现次序上的错误;二是当数据表中各列的次序发生变化时,语句代码仍然是有效的。

3. 插入多行

要用 INSERT 语句一次插入多行,可以使用下面的格式:

```
INSERT [INTO] [<db_name>.]<tbl-name>[(<col_name>[,<col_name>]*)]
    VALUES ({<expr>|DEFAULT}[,{<expr>|DEFAULT}]*)
    [,({<expr>|DEFAULT}[,{<expr>|DEFAULT}]*)]*
```

为向表中插入多行,可以在关键字 VALUES 后跟多个"()",两个"()"之间用","分隔,每个"()"内指定一行数据。

使用此格式时,可以给出列名列表,也可以省略列名列表。如果给出列名列表,那么应该给列出的各列按顺序指定值。如果省略列名列表,那么应该给所有的列按它们在数据表中的顺序指定值。

【例 12-8】　在开课表 schedule 中插入记录。代码如下:

```
INSERT INTO election_manage.schedule VALUES
    (NULL,'2022-2023-1','090201021A','1011',DEFAULT),
    (NULL,'2022-2023-1','090201021A','1012',DEFAULT),
    (NULL,'2022-2023-1','090201021A','1013',DEFAULT);
```

该语句插入了 3 条记录。语句省略了列名列表,各记录按表定义时的顺序指定了各列的值。

【例 12-9】　在选课表 election 中插入记录。假定当前数据库为 election_manage。代码如下:

```
INSERT INTO election(id,sn) VALUES
    (1,'202209031001'),(1,'202209031002'),(1,'202209031003');
```

该语句插入了 3 条记录。语句给出列名列表,各记录应按此顺序指定各列的值。表中还有一列(score)取 NULL 值。

12.6.2　更新数据

可以使用 SQL UPDATE 语句来更新表中的数据,其基本语法格式如下:

```
UPDATE [<db_name>.]<tbl_name>
    SET <col_name>={<expr>|DEFAULT}[,<col_name>={<expr>|DEFAULT}]*
    [WHERE <condition>]
```

SET 子句指定为一列或多列设置新的值或默认值。WHERE 子句指定更新哪些数据行,语句只更新满足条件(condition)的数据行。如果省略 WHERE 子句,MySQL 将更新表中所有数据行,这通常不是应用所希望的。

【例 12-10】　将学号为'202209031001'的学生的出生日期设置为'2002-11-20'。假定当前数据库为 election_manage。代码如下:

```
UPDATE student SET birthday='2002-11-20' WHERE sn='202209031001';
```

12.6.3　删除数据

删除数据是指删除表中的某些行。可以使用 SQL DELETE 语句来删除数据,其基本语法格式如下：

```
DELETE FROM [<db_name>.]<tbl_name>[WHERE <condition>]
```

其中,WHERE 子句指定删除哪些数据行,语句删除满足条件(condition)的数据行。如果省略 WHERE 子句,MySQL 将删除表中所有数据行。

除非确实要删除表中所有数据行,否则总是使用带 WHERE 子句的 DELETE 语句。在执行 DELETE 语句之前,可以先使用带相同 WHERE 子句的 SELECT 语句,看看查询结果是否确实是要删除的数据。

12.7 查询

毫无疑问,查询数据是用户最为频繁使用的操作。可以使用 SQL SELECT 语句实现数据查询。SELECT 语句的语法成分比较复杂,功能比较强大。下面首先对 SELECT 语句的基本格式及功能进行初步介绍,然后再分专题逐步介绍语句的使用。

12.7.1 SELECT 语句

下面是 MySQL 的 SELECT 语句的基本格式：

```
SELECT [DISTINCT]
    {*|<select_expr>[[AS] <col_alias>][,<select_expr>[[AS] <col_alias>]]*}
    [FROM <tbl_name>[[AS] <tbl_alias>][,<tbl_name>[[AS] <tbl_alias>]]*]
    [WHERE <condition>]
    [GROUP BY {<col_name>|<expr>|<position>}
            [,{<col_name>|<expr>|<position>}]*]
    [HAVING <condition>]
    [ORDER BY {<col_name>|<expr>|<position>} [ASC | DESC]
        [,{<col_name>|<expr>|<position>} [ASC | DESC]]*
    ]
    [LIMIT [<offset>,] <row_count>]
```

其中主要包括 SELECT、FROM、WHERE、GROUP BY、HAVING 和 ORDER BY 等子句,其中,SELECT 子句是必选的,其他子句是可选的。各子句的作用如下。

SELECT 子句指定要查询的数据,通常是表中的某些列或是基于列的某些表达式。

FROM 子句指定要查询的数据来自哪个(些)表。后面先从单表查询开始介绍,多表查询主要在连接查询中介绍。

WHERE 子句指定查询条件,即从表中选择哪些行。

GROUP BY 子句说明如何对数据行进行分组,进而实现分组汇总等功能。

HAVING 子句必须与 GROUP BY 子句配合使用,用于指定分组查询的条件,即哪些分组汇总后满足查询条件。

ORDER BY 子句用于对查询结果进行排序。

12.7.2 指定列

这里讨论 SELECT 子句的用法。SELECT 子句指定要查询表中哪些列的数据,同时也指定了查询结果包含哪些列。

1. 指定单列、多列和所有列

要查询单列数据,只需在关键字 SELECT 后给出相应的列名即可。要查询多列数据,可以在关键字 SELECT 后给出所需的各列列名,各列名之间用逗号分隔。

【例 12-11】 从学生表中查询学号、姓名、性别和出生日期信息。代码如下:

```
SELECT sn, sname, gender, birthday FROM student;
```

要查询表中所有列的数据,一般不需要列出所有列的列名,只要在关键字 SELECT 后放置一个“＊”通配符。此时,查询结果中列的顺序通常与列在表中的顺序是一致的。

2. 去除重复行

在指定单列或多列的查询中,查询结果可能会包含一些重复的行,即这些行在指定各列的取值都相同。可以使用可选关键字 DISTINCT 去除重复行,它能确保查询返回的结果中,各行都是不一样的。

3. 创建计算列

查询结果中各列的数据不见得要与表中相应列中的数据完全相同,有时查询需要对表中数据进行计算、转换或格式化再返回。就如语句的语法格式所表示的,SELECT 子句指定的不一定是列名,也可以是普通的表达式。这种普通的表达式(而非简单的列名)称为计算列。

在指定计算列时,可以使用 MySQL 的各种运算符、函数等。例如,对数值型数据,可能会进行算术运算;对字符串,可能需要进行子串提取、连接等运算。

4. 使用列别名

默认情况下,查询结果中各列的列名就是在 SELECT 子句中指定的列名或表达式。可以使用可选项[AS]＜col_alias＞为某列或计算列指定别名,这个别名将成为查询结果中相应列的列名。

列别名可用于 GROUP BY、HAVING 和 ORDER BY 子句中。

当 PHP 应用需要处理查询结果时,为计算列指定别名是非常有必要的。

12.7.3　选择行

通常情况下,查询操作总是从表中选择所需要的行返回,而不会返回所有行。选择行的任务由 WHERE 子句完成,WHERE 子句通常放置在 FROM 子句之后。

WHERE 子句中的查询条件(condition)是一个表达式。在执行 SELECT 语句时,对表中的每一行,如果该条件表达式的计算结果为 TRUE,那么就说条件成立,该行将被选中返回。实际上,MySQL 并不支持严格意义上的布尔型数据。其文字 TRUE 和 FALSE 分别代表数值 1 和 0。所以在这里,条件成立是指条件表达式的计算结果是一个非零的数值。条件表达式可以使用 MySQL 的各种运算符,也可以使用除聚集函数之外的任何函数。

下面主要简单介绍比较运算符和逻辑运算符的使用。

1. 比较运算符

常用的比较运算符包括＞(大于)、＞＝(大于或等于)、＜(小于)、＜＝(小于或等于)、＝(等于)和!＝(不等于)。

比较运算符可以对各种类型数据进行比较,需要时会自动对类型进行转换。比较运算符的运算结果总是 1(TRUE)、0(FALSE)或 NULL。

2. 比较 NULL 值

在用上面比较运算符构建条件时,只要有一个操作数为 NULL 值,运算结果就是 NULL 值。例如，条件'ming'!＝NULL 和'ming'＝NULL 的运算结果均为 NULL，条件不成立。

为了有效比较 NULL 值，应该使用 IS［NOT］NULL 短语，它可以测试列或表达式的值是否为 NULL 值。

【例 12-12】　从课程表中查询 outline 列的值为 NULL 的课程。代码如下：

```
SELECT * FROM course WHERE outline IS NULL;
```

3. 逻辑运算符

按优先级从高到低排列，常用的逻辑运算符包括 NOT（逻辑非）、AND（逻辑与）、XOR（逻辑异或）和 OR（逻辑或）。

与关系运算符一样，逻辑运算符的运算结果总是 1（TRUE）、0（FALSE）或 NULL。

12.7.4　使用谓词

使用谓词可以更好或更方便地构建查询条件。这里介绍 IN、BETWEEN…AND、LIKE 这 3 个谓词。

1. 谓词 IN

使用谓词 IN 可以测试列或表达式的值是否为值列表中的一个，其语法格式如下：

```
<expr>[NOT] IN (<expr1>[,<expr2>]*)
```

其中，<expr>通常是列名，值列表放置在 IN 后面的“()”内。功能上，这个 IN 条件表达式与下面使用运算符 OR 的条件表达式是相同的。

```
[NOT] (<expr>=<expr1>[OR <expr>=<expr2>]*)
```

【例 12-13】　从开课表中查询教师号为'1011'或'1013'的开课信息。代码如下：

```
SELECT * FROM schedule WHERE tn IN ('1011', '1013');
```

2. 谓词 BETWEEN…AND

使用该谓词可以测试列或表达式的值是否落在指定的区间，其语法格式如下：

```
<expr>[NOT] BETWEEN <expr1>AND <expr2>
```

其中，<expr>通常是列名，<expr1>和<expr2>分别表示区间的下限值和上限值。功能上，这个条件表达式与下面使用运算符 AND 的条件表达式是相同的：

```
[NOT] (<expr>>=<expr1>AND <expr><=<expr2>)
```

3. 谓词 LIKE

使用谓词 LIKE 可以实现对字符串的通配比较，其语法格式如下：

```
<expr>[NOT] LIKE <pattern>
```

其中，<expr>通常是列名，<pattern>通常是包含通配符的字符串文字。可以使用的通配符有两个：“%”代表任意的字符序列（包括零个字符），“_”代表任意单个字符。

【例 12-14】　从课程表中查询课程名含“工程”字样的课程信息。代码如下：

```
SELECT * FROM course WHERE cname LIKE '%工程%';
```

12.7.5　排序查询结果

通过在 SELECT 子句中指定列,可以规定查询结果中列的次序。通过使用 ORDER BY 子句,可以规定查询结果中行的次序。

1. ORDER BY 子句

ORDER BY 子句用于对查询结果各行按指定列的值进行排序。ORDER BY 子句指定的排序依据可以是列名(或表达式),也可以是列别名或者列的序号;可以是在 SELECT 子句中指定的列(或表达式),也可以是其他的列(或表达式)。

ORDER BY 子句指定的排序依据可以是单列(或表达式),也可以是多列(或表达式)。如果是多列(或表达式),两列(或表达式)之间用逗号分隔。

当 ORDER BY 子句指定多列(或表达式)时,MySQL 先按前面的列(或表达式)的值对各行进行排序,对其值相同的行,再按后面的列(或表达式)的值进行排序。

默认情况下,查询结果中的各行是按指定列(或表达式)的值进行从小到大排序的,即升序排序。如果要从大到小排序,即降序排序,可以在相应列(或表达式)后面指定关键字 DESC。如果省略或者指定 ASC,则表示要升序排序。ORDER BY 子句中列出的每个列(或表达式)后面都可以指定 ASC 或 DESC。

【例 12-15】　从选课表中查询包括成绩在内的各项信息,查询结果按成绩降序排序,如果成绩相同按学号升序排序。代码如下:

```
SELECT * FROM election ORDER BY score DESC, sn ASC;
```

语句中最后的关键字 ASC 可以省略。

2. LIMIT 子句

可以使用 LIMIT 子句限制查询结果的返回行数,例如:

```
LIMIT 5                    #返回最前面的 5 行
LIMIT 5, 10               #返回从第 5 行开始的 10 行
```

其中,行号是从 0 开始计算的,即第一行的行号为 0。若 LIMIT 后面跟一个数字,表示从第 0 行开始的若干行。若 LIMIT 后面跟两个数字,那么第 1 个数字表示起始行号,第 2 个数字表示行数。

12.7.6　分组汇总

这里首先介绍如何利用聚集函数对表中数据进行汇总,然后再介绍如何对表中数据进行分组并对每一组分别进行汇总。

1. 聚集函数

在 SELECT 子句中指定列时也可以使用聚集函数,这时语句返回的查询结果将会是汇总数据,而不是表中的原始数据。表 12-10 列出一些常用的聚集函数。

表 12-10　SQL 常用聚集函数

聚 集 函 数	说　　明
COUNT({ * |[DISTINCT] <expr>})	返回行数
MAX(<expr>)	返回指定列或表达式(<expr>)的最大值

续表

MIN(<expr>)	返回指定列或表达式(<expr>)的最小值
AVG([DISTINCT] <expr>)	返回指定列或表达式(<expr>)的平均值
SUM([DISTINCT] <expr>)	返回指定列或表达式(<expr>)的和

表中，COUNT(*)不涉及具体的列，它会返回总的行数。COUNT([DISTINCT] <expr>)和其他聚集函数在汇总时都会忽略 NULL 值。如果指定可选项 DISTINCT，那么在汇总时还会忽略重复值。

2. GROUP BY 子句

实现分组汇总查询的方法是，用 GROUP BY 子句对查询出来的各行进行分组，利用聚集函数对每一组数据分别进行汇总和计算。

GROUP BY 子句用于指定的分组依据可以是列名(或表达式)，也可以是列别名或者列的序号；可以是在 SELECT 子句中指定的列(或表达式)，也可以是其他的列(或表达式)。

GROUP BY 子句用于指定的分组依据可以是单列(或表达式)，也可以是多列(或表达式)。如果是多列(或表达式)，各列(或表达式)之间用逗号分隔。

SELECT 语句执行时，会把所有在 GROUP BY 子句指定的各列(或表达式)上都取相同值的行分为一组。

3. HAVING 子句

HAVING 子句总是与 GROUP BY 子句配合使用，用于指定分组查询的条件，即哪些分组汇总后满足查询条件。

【例 12-16】 对学生选课表中的成绩(score)进行分组求平均值，分组依据是开课号(id)，分组查询条件是该组至少有一个成绩，查询结果按平均成绩降序排序。代码如下：

```
SELECT id, AVG(score)
    FROM election
    GROUP BY id HAVING COUNT(score)>0
    ORDER BY 2 DESC;
```

当 SELECT 语句既包含 WHERE 子句，又包含 GROUP BY、HAVING 和 ORDER BY 子句时，首先用 WHERE 子句过滤查询内容，然后基于 GROUP BY 子句对过滤后的内容进行分组汇总，并用 HAVING 子句过滤分组汇总后的内容，最后用 ORDER BY 子句对查询结果进行排序并返回。

12.7.7 使用子查询

子查询是一个嵌套在其他语句中的 SELECT 语句。子查询 SELECT 语句需要放置在一对圆括号内。经常地，子查询嵌套在另外一个 SELECT 语句中，这里可以把外面的 SELECT 语句称为外查询。一个子查询也可以包含自己的子查询，嵌套的子查询的数目没有限制。

子查询的查询结果可以是单个值、单列、单行或表(多行多列)，但这要受它所处上下文的限制。即有时子查询的查询结果只能是单个值或单列，有时则可以是单行或表等。下面介绍子查询的几种常用形式。

1. 利用子查询构建查询条件

最典型的子查询可以作为比较运算符的一个操作数。一般的格式如下：

```
<expr><comparison_operator>(<subquery>)
```

其中，<expr>是另一个操作数，通常是某个列名；<comparison_operator>是各种比较运算符。此时，子查询的结果应该是单个值。

2. ALL 或 ANY 子查询

这里介绍量词 ALL 和 ANY。它们通常与子查询配合使用，一般格式如下：

```
<expr><comparison_operator>{ALL | ANY}(<subquery>)
```

其中，子查询的结果应该是单列。如果选用 ALL，那么只有<expr>的值与子查询结果中所有值都符合比较要求，条件才算成立，否则条件不成立。如果选用 ANY，那么只要<expr>的值与子查询结果中某个值符合比较要求，条件就算成立，否则条件不成立。

【例 12-17】　利用子查询从学生选课表(election)中选取满足下面条件的行：其成绩比开课号(id)为 2 的行的所有成绩都高。代码如下：

```
SELECT *
FROM election
WHERE score>ALL(SELECT score
FROM election
WHERE id=2);
```

3. IN 子查询

前面介绍过谓词 IN 的使用。在此介绍谓词 IN 与子查询配合使用情况，一般格式如下：

```
<expr>[NOT] IN (<subquery>)
```

IN 子查询的结果应该是单列。整个表达式测试<expr>的值是否等于子查询结果中的某个值。

4. EXISTS 子查询

EXISTS 是谓词，总是和子查询配合使用，一般格式如下：

```
[NOT] EXISTS (<subquery>)
```

该条件测试子查询结果是否为空（没有返回行）。如果没选 NOT，那么当查询结果不为空时，条件成立，否则条件不成立。如果指定 NOT，那么测试结果正好相反。

【例 12-18】　查询到目前为止在开课表中还没有开课信息的教师。代码如下：

```
SELECT tn, tname
FROM teacher
WHERE NOT EXISTS (SELECT *
FROM schedule
WHERE schedule.tn=teacher.tn);
```

在该例中，子查询的 WHERE 子句使用了完全限定列名，即用表名限定列名。因为它要做的比较是，schedule 表中当前行的 tn 列值是否等于 teacher 表中当前行的 tn 列值。由于对于子查询来说，当前表是 schedule，所以 schedule.tn 可以简写为 tn，但 teacher.tn 则一定不能省略表名，否则就变成 schedule 表中的 tn 列与自身进行比较了。

5. 利用子查询构建计算列

子查询也可以作为一个计算列出现在 SELECT 子句中,此时,子查询的查询结果应该是单个值。

【例 12-19】 利用子查询从开课表和选课表中查询每位教师(tn)所开课(cn)的选课人数。代码如下:

```
SELECT tn, cn, (SELECT COUNT(*)
FROM election
WHERE id=schedule.id) AS 人数
FROM schedule;
```

12.7.8 连接查询

连接查询是 SQL SELECT 语句能够执行的最重要的操作之一。连接查询是基于多个表的查询,涉及的表中的数据往往存在某种关系。例如,学生表和学生选课表,选课表中的任何一条选课信息一定是属于某个学生的。可以在这两个表上进行连接查询,了解学生的选课情况。在这种连接查询中,定义表间数据的关系,或者说创建表间的连接条件,是至关重要的。

1. 连接条件

连接条件一般是通过外键来创建的。一个表的外键通常是另一个表的主键,两个表的连接条件一般就是外键的值要与主键的值相等。通常,只有把满足这样条件的两行数据连接在一起才是有意义的。

2. 表别名与自连接

需要时,可以在 FROM 子句中为表指定别名。这样,在其他子句中需要引用某个表时,就可以用别名代替表名。

表别名有时可使整个语句简单明了,但通常不是必需的。而在自连接查询中,表别名就是必不可少的了。自连接是指将一个表与其自身进行连接。

【例 12-20】 利用连接查询从学生表中查询与学号为'202209031001'的学生在同一天出生所有学生的信息。代码如下:

```
SELECT s1.*
FROM student s1, student s2
WHERE s1.birthday=s2.birthday AND s2.sn='202209031001';
```

自连接查询中,连接条件往往不是建立在主键值相等上。如本例中,连接条件建立在 birthday 列值相等上,另外需要表 s2 的 sn 值为'202209031001'。

3. JOIN…ON 短语

JOIN…ON 短语是 FROM 子句的一部分,使用它可以使 FROM 子句在指定要连接的表的同时指定连接条件。

【例 12-21】 查询 2022—2023 学年第 1 学期的开课信息,查询结果包括开课号、课程名称和任课教师姓名 3 项信息。代码如下:

```
SELECT id, cname, tname
FROM schedule
    JOIN course ON schedule.cn=course.cn
    JOIN teacher ON schedule.tn=teacher.tn
WHERE term='2022-2023-1';
```

4. 外连接

前面看到的连接查询都是内连接又称普通连接。内连接仅把两个表中满足连接条件的行连接在一起返回。相应地,还有外连接。外连接是指将那些不满足连接条件的行也包含在查询结果中。外连接分为左外连接和右外连接。

左外连接使用 LEFT［OUTER］JOIN 关键字,其查询结果除了包含内连接的结果,还包括左边表中不满足连接条件的行,此时属于右边表的各列取 NULL 值。

右外连接使用 RIGHT［OUTER］JOIN 关键字,其查询结果除了包含内连接的结果,还包括右边表中不满足连接条件的行,此时属于左边表的各列取 NULL 值。

习题 12

一、选择题

1. 在下面的数据类型中,属于近似数值型的是(　　　)。

　　A. TINYINT　　　　　B. BIT　　　　　　C. DECIMAL　　　　　D. DOUBLE

2. 在 DROP TABLE 语句中为避免因删除不存在的表而出错,可以使用(　　　)。

　　A. IF EXIST　　　　B. IF NOT EXIST　　C. IF EXISTS　　　　D. IF NOT EXISTS

3. 在 CREATE TABLE 语句中用于定义列值约束的子句是(　　　)。

　　A. CONDITION　　　B. CHECK　　　　　C. WHERE　　　　　D. CONSTRAINT

4. 在 SQL 中更新数据的语句是(　　　)。

　　A. UPDATE　　　　　　　　　　　　B. UPDATE TABLE

　　C. ALTER　　　　　　　　　　　　　D. ALTER TABLE

5. 在 SELECT 语句中使用 GROUP BY 进行分组汇总查询时,限定分组的子句是(　　　)。

　　A. WHERE　　　　　B. ORDER BY　　　C. HAVING　　　　　D. FROM

6. 在 SQL 中,表达式 score IN (60,100)的功能相当于(　　　)。

　　A. score≥60 AND score≤100　　　　　B. score<60 OR score>100

　　C. score=60 AND score=100　　　　　D. score=60 OR score=100

二、程序题

根据要求写 MySQL 的 SQL 语句。

(1) 显示数据库 election_manage 的创建语句。

(2) 显示数据库 election_manage 中 student 表的表结构。

(3) 在开课表中,将学期为'2022-2023-1'、课程号为'090201021A'、任课教师号为'1011'的课程状态设置为'2'。

(4) 向开课表中插入一条记录:学期为'2022-2023-1'、课程号为'090201012B'、任课教师号为'1011'、课程状态取默认值。

(5) 从选课表中删除一行:学号为'202209031001'、开课号为1。

(6) 查询开课号为 2 的学生选课情况,查询结果包括学号、学生姓名和成绩,查询结果按学号升序排序。

(7) 查询 2022—2023 学年第 2 学期的开课信息,查询结果包括开课号、课程号、课程名、任课教师号和任课教师姓名。

(8) 查询学号为'202209031001'的学生所修课程(已结课)的门数及平均成绩。

(9) 查询学号为'202209031001'的学生所修课程(已结课)的成绩,查询结果包括学期、课程名、学分和成绩。查询结果按学期升序排序,同一学期的按课程名升序排序。

第 13 章　PHP 访问 MySQL 数据库

本章主题：

- 利用 MySQLi 扩展访问数据库。
- MySQLi 错误报告模式。
- 处理查询结果。
- 事务管理。
- 使用预处理语句。

PHP 应用通常需要访问和管理数据库。本章介绍利用 MySQLi 访问 MySQL 数据库的方法和技术。MySQLi 是 PHP 的一个扩展，主要提供 mysqli、mysqli_result、mysqli_stmt、mysqli_driver 以及 mysqli_sql_exception 等类，程序员可以使用这些类建立与 MySQL 数据库的连接、访问 MySQL 数据库以及处理查询结果等。

13.1　建立与 MySQL 服务器的连接

要访问 MySQL 数据库，首先要建立与 MySQL 服务器的连接。在 MySQLi 扩展中，要建立与 MySQL 服务器的连接，就是要实例化 mysqli 类，同时提供为连接 MySQL 服务器所需的相关参数。

1. 建立连接

在 MySQLi 扩展中，要建立与 MySQL 服务器的连接，就是要实例化 mysqli 类。下面是 mysqli 类的构造方法的头，其语法格式如下：

```
__construct(
    string $hostname=ini_get("mysqli.default_host"),
    string $username=ini_get("mysqli.default_user"),
    string $password=ini_get("mysqli.default_pw"),
    string $database="",
    int $port=ini_get("mysqli.default_port"),
)
```

其中参数含义如下。

hostname：MySQL 服务器所在主机的域名或 IP 地址。

username：MySQL 服务器某账户的用户名。

password：账户的密码。

database：为后续查询操作指定默认数据库。默认值为空串。

port：MySQL 服务器的端口号。

除了参数 database，其他参数都会从 PHP 的配置文件 php.ini 中获得默认值。但在一般情况下，除 port 被设置为 3306，其他参数的设置值都为空。

如果连接成功，接下来就可以调用 mysqli 对象的相关方法对数据库进行所需的查询等操作。

例如，创建一个 mysqli 类的实例对象，并建立与处于本地的 MySQL 服务器中的选课管理数据库 election_manage 的连接的代码如下：

```
$mysqli=new mysqli("127.0.0.1", "root", "", "election_manage", 3306);
```

如果连接成功，mysqli 对象的 connect_errno 属性值为零。如果连接失败，或者 mysqli 对象的 connect_errno 属性的值为非零，或者抛出 mysqli_sql_exception 例外。mysqli 对象也称为连接对象。

2. 关闭连接

可以调用 mysqli 对象的 close()方法关闭与 MySQL 服务器的连接，释放相关的资源。格式如下：

```
close(): bool
```

如果操作成功，方法返回 true；否则，或者返回 false，或者抛出 mysqli_sql_exception 例外。

关闭连接后，就不能再调用 mysqli 对象的相关方法了，否则会抛出 Error 例外。

当 PHP 脚本代码运行结束时，当前与 MySQL 服务器的连接也会自动关闭。但明确调用该方法关闭连接，可以及时释放相关资源，是一种好的习惯。

13.2　MySQLi 错误报告模式

在 MySQLi 扩展中，错误报告模式不仅可以指定是否报告错误，还会改变产生的错误级别，从而影响错误处理的编程方式。

13.2.1　设置报告模式

通过访问 mysqli_driver 类的 report_mode 属性，可以获得或者设置错误报告模式。例如：

```
$driver=new mysqli_driver();                    //创建 mysqli_driver 类实例
$driver->report_mode=MYSQLI_REPORT_STRICT;      //设置错误报告模式
echo $driver->report_mode;                      //输出错误报告模式
```

错误报告模式值（属性值）通常可以取表 13-1 所列的某个预定义常量，或者是这些预定义常量经过按位运算符（~、&、|和^）以及逻辑运算符（!）运算形成的一个位掩码。

表 13-1　MySQLi 中错误报告模式所用的预定义常量

值		
0	MYSQLI_REPORT_OFF	关闭报告
1	MYSQLI_REPORT_ERROR	调用 mysqli 等对象方法，执行失败时，报告错误
2	MYSQLI_REPORT_STRICT	抛出 mysqli_sql_exception 例外，而不是产生 Warning 错误
4	MYSQLI_REPORT_INDEX	调用查询语句，没有使用索引或使用错误索引时，报告错误
255	MYSQLI_REPORT_ALL	设置所有选项（报告全部）

在 PHP 8.1.0 之前，它的默认设置如下：

```
MYSQLI_REPORT_OFF
```

在 PHP 8.1.0 中，模式值的默认设置如下：

```
MYSQLI_REPORT_ERROR|MYSQLI_REPORT_STRICT
```

MySQLi 的错误报告模式涉及以下两种错误。

（1）连接对象 mysqli 已创建,在调用 mysqli 对象的方法时,方法执行失败。

（2）连接对象 mysqli 已创建,在调用 mysqli 对象的方法执行 SELECT 等查询语句时,没有使用索引或使用错误索引。

这两种错误又涉及以下两种错误级别。

（1）Warning 错误。

（2）Fatal 错误（抛出 mysqli_sql_exception 例外）。

当模式值包含 MYSQLI_REPORT_ERROR 或（和）MYSQLI_REPORT_INDEX 时,会报告第 1 种或（和）第 2 种错误。此时,若模式值同时包含 MYSQLI_REPORT_STRICT,那么将产生并报告 Fatal 错误（抛出 mysqli_sql_exception 例外）;否则,会产生并报告 Warning 错误。

当模式值不包含 MYSQLI_REPORT_ERROR 或（和）MYSQLI_REPORT_INDEX 时,将不报告第 1 种或（和）第 2 种错误,且产生的总是 Warning 错误。

当可能产生的错误是 Warning 错误时,典型的处理方式是,执行 mysqli 等对象的方法后,检测方法的返回值是否为 false,以判定是否出现了错误。

当可能产生的错误是 Fatal 错误（抛出 mysqli_sql_exception 例外）时,一般可以采用面向对象的方法捕捉和处理它。

13.2.2　创建连接对象时的错误处理

当实例化 mysqli 类、创建与 MySQL 数据库的连接时,如果连接失败,则总是会产生并报告错误,这与错误报告模式如何设置无关。是产生 Warning 错误还是产生 Fatal 错误（抛出 mysqli_sql_exception 例外）与错误报告模式的设置有关。

如果模式值不包含 MYSQLI_REPORT_STRICT,则连接失败时将产生 Warning 错误,程序会继续运行。此时可以访问 mysqli 对象的 connect_errno 属性,通过检测其值是否为 0,判定连接是否成功。

如果模式值包含 MYSQLI_REPORT_STRICT,则连接失败时产生 Fatal 错误（抛出 mysqli_sql_exception 例外）,可以使用 try 语句捕捉处理;否则将终止代码执行。

【例 13-1】　创建与 MySQL 数据库的连接。以超级用户身份登录本地的 MySQL 服务器,并建立与 election_manage 数据库的连接。代码如下:

```
1. header("Content-type:text/html;charset=UTF-8");
2. $driver=new mysqli_driver();
3.
4. //PHP 8.1.0 版本之前的默认设置
5. $driver->report_mode=MYSQLI_REPORT_OFF;
6. @$mysqli=new mysqli("127.0.0.1", "root", "", "election_manage");
7. if ($mysqli->connect_errno) {                                    //非零,失败
8.     echo "不能连接到数据库-1";
9.     return;
10. }
11. echo "成功连接到数据库-1<br />";
12. $mysqli->close();
13.
14. //PHP 8.1.0 版本之后的默认设置
15. $driver->report_mode=MYSQLI_REPORT_ERROR | MYSQLI_REPORT_STRICT;
16. try {
17.     $mysqli=new mysqli("127.0.0.1", "root", "", "election_manage");
18. } catch (mysqli_sql_exception $e) {
```

```
19.    echo "不能连接到数据库-2";
20.    return;
21. }
22. echo "成功连接到数据库-2";
23. $mysqli->close();
```

该例演示了在 PHP 8.1.0 之前版本和 PHP 8.1.0 之后版本两种不同的错误报告模式下，如何处理数据库连接时可能产生的错误。

13.3　访问 MySQL 数据库

访问 MySQL 数据库是指向 MySQL 服务器发送并执行 SQL 语句。在访问数据库前，还需要做一些准备工作，如设置字符集、选择数据库等。

1. 设置字符集

当从服务器获取数据或向服务器发送数据时，都会涉及字符编码，即采用何种字符集。调用 mysqli 对象的 set_charset()方法可以设置所要采用的字符集。格式如下：

```
set_charset(string $charset): bool
```

方法为当前连接设置默认字符集，参数 charset 指定要设置的默认字符集的名称。如果设置成功，方法返回 true；否则，方法返回 false，或者抛出 mysqli_sql_exception 例外。

也可以使用 SQL SET NAMES 语句为当前连接设置默认字符集。格式如下：

```
SET NAMES 'charset_name' [COLLATE 'collation_name']
```

要获取当前连接的默认字符集，可以调用 mysqli 对象的 character_set_name()方法。

```
character_set_name(): string
```

2. 选择数据库

在建立与 MySQL 服务器的连接时，可以指定一个默认的数据库，也称为当前数据库。但无论是否已经指定，都可以调用 mysqli 对象的 select_db()方法为当前连接重新选择一个默认数据库。格式如下：

```
select_db(string $database): bool
```

其中，参数 database 指定要设置的默认数据库的名称。如果设置成功，方法返回 true；否则，方法返回 false，或者抛出 mysqli_sql_exception 例外。

设置默认数据库可以为后续访问数据库操作提供方便。例如，在编写 SQL 语句时，可以用简单表名表示默认数据库中的一个表，而不需要用数据库名来限制。

3. 执行 SQL 语句

可以调用 mysqli 对象的 query()方法向服务器发送并执行指定的 SQL 语句。格式如下：

```
query(string $query, int $result_mode =MYSQLI_STORE_RESULT): mysqli_result|bool
```

其中，参数 query 指定要执行的 SQL 语句。参数 result_mode 可以取以下两个常量之一。

（1）MYSQLI_STORE_RESULT：默认值。将查询结果作为一个缓存集返回。该选项会增加内存需求，但可以让用户更方便地处理整个结果集。

（2）MYSQLI_USE_RESULT：将查询结果作为一个非缓存集返回。对于较大的结果集，该选项能提高性能，但对结果集的一些操作会受到限制，例如无法立即确定查询结果的行数，无法直接跳到特定的行等。

如果成功执行 SELECT 等查询语句，则返回一个 mysqli_result 对象。

如果成功执行 INSERT 等数据更新语句，则返回 true。

如果 SQL 语句执行失败，则返回 false，或者抛出 mysqli_sql_exception 例外。

4. 获取受影响的行数

访问 mysqli 对象的 \$affected_rows 属性，可以获取最近一次执行 SQL 语句而受影响的行数。格式如下：

```
int $affected_rows
```

如果最近一次执行的是 INSERT、UPDATE 和 DELETE 等 SQL 语句，该属性返回插入、更新和删除的行数。

如果最近一次执行的是 SQL SELECT 语句，该属性返回查询结果的行数。此时有一个条件，即在使用 query()方法执行 SELECT 语句时，第 2 个参数必须选择默认值，即要返回一个缓存结果集，否则该属性不能返回正确的结果。

【例 13-2】 执行 SQL INSERT 语句，获取受影响的行数。这里假定 \$mysqli 是一个已经创建的 mysqli 对象，代表与数据库 election_manage 的一个连接。代码如下：

```
1. header("Content-type:text/html;charset=UTF-8");
2. …              //创建与数据库的连接，连接对象为$mysqli
3. $mysqli->query("SET NAMES 'utf8mb4'");
4. $sql=<<<_SQL
5. INSERT INTO schedule VALUES
6.     (NULL, '2022-2023-2', '090201012B', '1011', default),
7.     (NULL, '2022-2023-2', '090201012B', '1012', default);
8. _SQL;
9. try {
10.     $ret=$mysqli->query($sql);
11. } catch(mysqli_sql_exception $e) {
12.     echo "SQL INSERT 执行失败!<br />";
13.     echo $e->getCode(), ": ", $e->getMessage()," in line ", $e->getLine();
14.     return;
15. }
16.
17. echo "插入的行数: ", $mysqli->affected_rows;
18. $mysqli->close();
```

在该例中，第 4～8 行用 Heredoc 字符串表示 SQL INSERT 语句。第 13 行代码中，getCode()和 getMessage()是所有例外对象都具有的方法，分别返回错误码和错误的信息文本。

13.4 处理查询结果

通过调用 mysqli 对象的 query()方法，可以执行一个 SQL SELECT 等查询语句，并获得一个 mysqli_result 对象，又称结果集对象。利用 mysqli_result 类定义的属性和方法，可以访问并处理结果集。

1. 获取列数和行数

访问结果集对象的 \$field_count 属性，可以获取结果集包含的列数。格式如下：

```
int $field_count
```

访问结果集对象的 $num_rows 属性,可以获取结果集包含的行数。格式如下:

```
int $num_rows
```

此属性仅适用于缓存结果集。

2. 移动结果集指针

每个结果集都有一个内部指针指向某一行,指针所指的行称为当前行。当结果集对象刚返回时,指针指向第一行(偏移量为 0)。可以调用结果集对象的 data_seek()方法移动指针。格式如下:

```
data_seek(int $offset): bool
```

其中参数 offset 的有效取值范围为 0~num_rows−1。

当参数 offset 的值有效时,方法移动指针至指定的行并返回 true;否则,指针所指位置不变,方法返回 false。

该方法仅适用于缓存结果集。

3. 以对象形式返回结果集的一行

调用结果集对象的 fetch_object()方法可以返回一个包含当前行数据的对象。格式如下:

```
fetch_object(string $class="stdClass", array $constructor_args=[]): object|null|false
```

其中参数说明如下。

(1) 参数 class 用于指定一个类名,方法创建指定类的一个实例,并根据结果集当前行各列数据为实例设置相关属性。其中,属性名为该数据所在列的列名(区分大小写),属性值则为该数据的字符串形式,数据库中的 NULL 表示为 PHP 的 null 值。最后返回该对象,结果集指针移至下一行。如果不指定该参数,默认值为 stdClass 类,即方法创建一个 stdClass 对象返回。

(2) 参数 constructor_args 用于指定一个数组,用于为构造方法 __construct 传递参数。方法在创建对象时,是先设置相关属性,然后再调用对象的构造方法。

如果没有更多的行可读(指针移出结果集范围),方法返回 null。如果执行失败,方法返回 false,或者抛出 mysqli_sql_exception 例外。

4. 以数组形式返回结果集的一行

调用结果集对象的 fetch_array()方法可以返回一个包含当前行数据的数组。格式如下:

```
fetch_array(int $mode=MYSQLI_BOTH): array|null|false
```

该方法用于获取结果集中当前行(指针所指行)的各列数据,并把数据保存在一个数组中返回,游标移至下一行。

当前行的每个数据在数组中保存为一个或两个元素,元素值总是该数据的字符串形式,元素的键可以是列名,也可以是列号,或者两者都存在。这取决于参数 mode 的设置。

参数 mode 可以取以下常量。

- MYSQLI_ASSOC:返回一个关联数组,元素键为列名。
- MYSQLI_NUM:返回一个数字索引数组,元素键为列号。
- MYSQLI_BOTH(默认值):返回一个数组,既是关联数组又是数字索引数组。

默认情况下,方法返回的数组既是关联数组又是数字索引数组,所以既可以通过列名又可通过列号访问指定列的数据。列号的取值范围是 0～field_count－1。

如果没有更多的行可读（指针移出结果集范围），方法返回 null。如果执行失败，方法返回 false，或者抛出 mysqli_sql_exception 例外。

5. 以数组形式返回整个结果集

调用结果集对象的 fetch_all()方法可以返回一个包含整个结果集数据的二维数组。方法的格式如下：

```
fetch_all(int $mode =MYSQLI_NUM): array
```

其中参数 mode 的含义与上述 fetch_array()方法中的相同，只是它们的默认值不同，该方法的默认值是 MYSQLI_NUM。

要返回整个结果集数据，在调用该方法前应将结果集的内部指针定位至首行。对于返回的二维数组，外层数组总是数字索引的，例如，首行的键是整数 0。内层数组是关联数组、数字索引数组还是两者都是，取决于参数 mode 的设置。

6. 释放查询结果

一旦完成对结果集的处理，应该调用结果集对象的 free 方法，释放结果集所占用的内存空间。格式如下：

```
free(): void
```

调用该方法后，结果集对象就不再可用了。

【例 13-3】 执行 SQL SELECT 语句，然后访问结果集。这里假定 $mysqli 是一个已经创建的数据库连接对象。代码如下：

```
1. header("Content-type:text/html;charset=UTF-8");
2. … //创建与数据库的连接，连接对象为$mysqli
3. $mysqli->query("SET NAMES 'utf8mb4'");
4. $query="SELECT sn, sname FROM student WHERE gender='男'";
5. try {
6.     $result=$mysqli->query($query);
7. } catch(mysqli_sql_exception $e) {
8.     echo "SQL SELECT 语句执行失败!<br />";
9.     echo $e->getCode(), ": ", $e->getMessage()," in line ", $e->getLine();
10.     return;
11. }
12. echo "共" . $result->num_rows . "行: <br />";
13. echo "------------------------<br />";
14. while ($obj=$result->fetch_object()) {
15.     echo $obj->sn . "" . $obj->sname ."<br />";
16. }
17. $result->data_seek(0);
18. echo "------------------------<br />";
19. while ($row=$result->fetch_array(MYSQLI_ASSOC)) {
20.     echo $row['sn'] . "" . $row['sname'] ."<br />";
21. }
22. echo "------------------------<br />";
23. $result->data_seek(0);
24. $rows=$result->fetch_all(MYSQLI_ASSOC);
25. foreach ($rows as $row) {
26.     echo $row['sn'] . "" . $row['sname'] ."<br />";
27. }
28. $result->free();
29. $mysqli->close();
```

该例演示了如何分别用结果集对象的 fetch_object()、fetch_array()和 fetch_all()三个方法来读取结果集数据。

13.5 事务管理

对于事务,mysqli 对象提供了诸如 begin_transaction()、commit()、rollback()等方法进行管理,但利用 mysqli 对象的 query()方法直接执行相关的 MySQL 事务管理语句,同样能完成相应的任务,甚至控制更直接、手段更全面。下面先简单介绍 MySQL 中有关事务管理的语句,然后通过例子演示其在 PHP 中的应用。

1. 设置事务隔离级别

可以用 MySQL 的 SET TRANSACTION 语句设置事务的隔离级别,其语法格式如下:

```
SET TRANSACTION ISOLATION LEVEL
    {REPEATABLE READ | READ COMMITTED | READ UNCOMMITTED | SERIALIZABLE}
```

该语句应该在事务开始前执行,仅用来设置接下来启动的事务的隔离级别。

遵循 SQL 标准,MySQL 中的事务隔离级别也分为 4 级,其中,"可重复读"是其默认的隔离级别。

(1) READ UNCOMMITTED:未提交读。

(2) READ COMMITTED:提交读。

(3) REPEATABLE READ:可重复读。

(4) SERIALIZABLE:可串行化。

2. 启动事务

MySQL 的 START TRANSACTION 语句用于启动一个事务,其语法格式如下:

```
START TRANSACTION [ {WITH CONSISTENT SNAPSHOT | READ WRITE | READ ONLY}
    [, {WITH CONSISTENT SNAPSHOT | READ WRITE | READ ONLY}] ]
```

在启动事务时可以指定事务的有关性质。

(1) READ ONLY:以只读模式启动事务。在事务内,不能对数据库进行增、删、改操作。此时,MySQL 支持对 InnoDB 表上的查询进行额外优化。

(2) READ WRITE:以读写模式启动事务。

(3) WITH CONSISTENT SNAPSHOT:启动事务的同时生成一致快照。该选项仅适用于 InnoDB 存储引擎。

只读模式和读写模式只能选择其一,其中,读写模式是默认的。

WITH CONSISTENT SNAPSHOT 只适用于"可重复读"隔离级别的事务,对其他隔离级别的事务是没有意义的。对"可重复读"隔离级别的事务,其一致快照一般是在事务内第一次执行 SELECT 语句时生成。如果指定了 WITH CONSISTENT SNAPSHOT,那么就会在启动事务时就生成一致快照。

3. 设置事务保存点

可以在事务的处理过程中设置所谓的"事务保存点",这样在后续处理中发现有错误时,可以不回滚整个事务,而只回滚部分事务,即将事务回滚到某个事务保存点。

MySQL 的 SAVEPOINT 语句用于设置事务保存点,其语法格式如下:

```
SAVEPOINT <savepoint_name>
```

savepoint_name 指定要设置的事务保存点的名称。

4. 释放事务保存点

在事务处理过程中，可以设置事务保存点，也可以释放之前已经设置的某个事务保存点。MySQL 的 RELEASE SAVEPOINT 语句用于释放当前事务的某个保存点，其语法格式如下：

```
RELEASE SAVEPOINT <savepoint_name>
```

其中，savepoint_name 用于指定要被释放的事务保存点的名称。

5. 提交事务

MySQL 的 commit 语句用于提交当前事务，其语法格式如下：

```
COMMIT [AND [NO] CHAIN] [[NO] RELEASE]
```

提交事务就是确认事务中的语句对数据库所做的更新操作。事务一经提交，所有更新成为永久的，当前事务结束。

语句中两个子句的作用如下。

（1）AND CHAIN：当前事务结束时自动启动一个新的事务。新事务与刚刚结束的事务具有相同的隔离级别，并且使用相同的访问模式（读写或只读）。

（2）RELEASE：在结束当前事务后断开服务器与客户的会话连接。

如果包含关键字 NO，则不会自动启动一个新事务，或者断开会话连接。这也是默认情况。

6. 回滚事务

如果事务在执行过程中遇到意外故障或错误，可以回滚事务，即撤销已经完成的操作。MySQL 的 ROLLBACK 语句实现回滚操作，其语法格式有两种。

格式 1：

```
ROLLBACK [AND [NO] CHAIN] [[NO] RELEASE]
```

格式 2：

```
ROLLBACK TO [SAVEPOINT] <savepoint_name>
```

格式 1 的功能是回滚当前事务中所做的所有更新操作，结束整个事务。其 AND CHAIN 子句和 RELEASE 子句的含义与 COMMIT 语句中的一样，即在结束当前事务的同时，可以自动启动一个新的事务，或断开当前会话连接。

格式 2 的功能是将当前事务回滚到指定的事务保存点，即该保存点之后所做的更新操作被撤销。当前事务并没有终止，可以继续执行事务的相关操作，直到提交事务或回滚整个事务。

【例 13-4】 事务的启动、提交、回滚和部分回滚。代码如下：

```
1. header("Content-type:text/html;charset=UTF-8");
2. …          //创建与数据库的连接,连接对象为$mysqli
3. try {
4.     $mysqli->query("START TRANSACTION");                      //启动事务
5.     $sql1="INSERT INTO election VALUES('202209031003', 5, DEFAULT)";
6.     $mysqli->query($sql1);
7.     $mysqli->query("SAVEPOINT sp1");                          //设置事务保存点
8.     $sql2="UPDATE election SET score= 90 WHERE sn='202209031003' AND id=5";
9.     $mysqli->query($sql2);
10.    //根据开课状态,做提交、回滚和部分回滚的不同处理
```

```
11.      $sql3="SELECT status FROM schedule WHERE id=5";
12.      $result=$mysqli->query($sql3);
13.      $status=$result->fetch_array()[0];
14.      if ($status==1) {                                    // 选课状态
15.          $mysqli->query("ROLLBACK TO sp1");
16.          $mysqli->query("COMMIT");
17.          echo "选课记录已插入,成绩未设置。";
18.      } elseif ($status==2) {                              //教学状态
19.          $mysqli->query("COMMIT");
20.          echo "选课记录已插入,成绩已设置。";
21.      } else {                                             //结课状态
22.          $mysqli->query("ROLLBACK");
23.          echo "选课记录不能插入。";
24.      }
25.  } catch (mysqli_sql_exception $e) {
26.      echo $e->getCode(), ": ", $e->getMessage()," in line ", $e->getLine();
27.  }
28.  $mysqli->close();
```

假设数据库的当前状态是,存在开课号为 5 的开课课程且其状态为 1(选课),另外,学号为 202209031003 的学生之前没有选此课,那么该程序的运行结果将是"选课记录已插入,成绩未设置"。

13.6 使用预处理语句

预处理语句是指经过事先预处理、适合多次执行的 SQL 语句。预处理语句经常地会包含若干待定参数,每次执行前应指定具体的参数值。

mysqli_stmt 类的一个实例对象代表一条预处理 SQL 语句,称为语句对象。利用该对象具有的方法,可以为预处理语句设置参数、执行预处理语句并获取执行结果。

13.6.1 创建预处理语句

可以分两步来创建预处理语句:先是初始化一个语句对象,然后再准备一条要执行的 SQL 语句。

1. 初始化语句对象

在创建和执行 SQL 预处理语句之前,首先需要初始化一个语句对象,即 mysqli_stmt 类的一个实例。调用 mysqli 对象的 stmt_init()方法可以初始化一个语句对象,该方法的格式如下:

```
stmt_init(): mysqli_stmt|false
```

该方法用于产生、初始化一个语句对象并返回。

2. 预处理 SQL 语句

有了 mysqli_stmt 对象,就应该调用该语句对象的 prepare()方法,预处理要执行的 SQL 语句。格式如下:

```
prepare(string $query): bool
```

其中,参数 query 是一个字符串,指定待执行的一条 SQL 语句,方法实现对 SQL 语句的预处理。这里,SQL 语句可以在合适的位置包含一个或多个参数标记(?),在执行预处理语句时,应该给语句中的参数设置具体的值。

参数标记仅在 SQL 语句中的某些位置是合法的。例如,出现在 INSERT 语句的 VALUES 列表中,代表某列值;出现在 WHERE 子句的比较运算中,代表比较值等。

如果成功创建了预处理的 SQL 语句,方法返回 true;否则,方法返回 false,或者抛出 mysqli_sql_exception 例外。

13.6.2　执行预处理语句

如果预处理语句包含待定参数,那么在执行预处理语句前需要设置参数值。

1. 绑定参数

可以调用 mysqli_stmt 对象的 bind_param() 方法为预处理语句中的参数标记设置参数值。方法的格式如下:

```
bind_param(string $types, mixed &$var, mixed &...$vars): bool
```

其中,参数 types 是一个字符串,其中的每个字符表示后面对应参数变量的数据类型,目前支持以下 4 种类型。

i: 整数类型(integer)。

d: 浮点数类型(double)。

s: 字符串类型。

b: blob 类型。

传递给参数 var、vars 的应该是 PHP 变量,且按引用传递。方法将参数变量 var1、vars 按顺序依次绑定至预处理语句中对应的参数标记,即用变量的值设置相应的参数。

参数 types 的长度、参数变量的个数以及预处理语句中参数标记的个数必须一致。

如果成功执行,方法返回 true;否则,方法返回 false,或者抛出 mysqli_sql_exception 例外。

2. 执行

调用 mysqli_stmt 对象的 execute() 方法可以执行预处理语句,其格式如下:

```
execute(?array $params =null): bool
```

其中,参数 params 是可选的。

如果没有指定参数 params,那么预处理语句中的各参数标记应事先与相关变量绑定。方法会根据绑定变量的值设置预处理语句中的各参数并执行预处理语句。

如果指定参数 params,那么方法将忽略已绑定至参数标记的变量(若存在),而用参数 params 中的各值设置预处理语句中的各参数标记并执行预处理语句。

参数 params 是一个数组,各元素的键是以 0 开始的连续整数,其元素数量必须与正在执行的预处理语句中的参数标记数量相同。每个值都被视为一个字符串。

如果成功执行,方法返回 true;否则,方法返回 false,或者抛出 mysqli_sql_exception 例外。

3. 产生缓存结果集

每次执行完 SQL SELECT 预处理语句,可以调用 mysqli_stmt 对象的 store_result() 方法获得一个缓存结果集。格式如下:

```
store_result(): bool
```

如果成功执行,该方法返回 true;否则,返回 false,或者抛出 mysqli_sql_exception 例外。

提示: 在预处理语句上下文中,无论是非缓存结果集还是缓存结果集,都不存在所谓的结果集对象。要读取结果集中的具体结果数据,仍然是调用语句对象中的相关方法。

4. 获取受影响的行数

访问 mysqli_stmt 对象的 $affected_rows 属性,可以获取最近一次执行 SQL 预处理语句而受影响的行数。格式如下:

```
int $affected_rows
```

如果执行的预处理 SQL 语句是 INSERT、UPDATE 或 DALETE 等语句,属性返回插入、更新和删除的行数。

如果执行的预处理 SQL 语句是 SELECT 语句,属性返回查询结果的行数。此时查询结果必须是缓存结果集,否则该属性不能返回正确的结果。

至此,可以对利用语句对象(mysqli_stmt 对象)进行数据更新操作的一般流程做一个总结性的图形化描述,如图 13-1 所示。

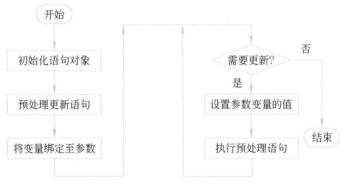

图 13-1　利用语句对象预处理语句进行数据更新的处理流程

【例 13-5】　假设某门课(开课号为 1)的考试成绩已保存在数组里,学生选课的记录也已录入选课表 election 中。现在用预处理语句完成成绩的更新。代码如下:

```php
1. header("Content-type:text/html;charset=UTF-8");
2. …          //创建与数据库的连接,连接对象为$mysqli
3. $data=array(
4.     array('202209031001', 85.5),
5.     array('202209031002', 90.2),
6.     array('202209031003', 78.8),
7. );
8. $stmt=$mysqli->stmt_init();
9. $sql="UPDATE election SET score=? WHERE sn=? AND id=1";
10. $stmt->prepare($sql);
11. $stmt->bind_param("ds", $score, $sn);
12. $mysqli->query("START TRANSACTION");
13. foreach($data as $row) {
14.     $score=$row[1]; $sn=$row[0];
15.     $stmt->execute();
16. }
17. $mysqli->query("COMMIT");
18. echo "数据已成功更新!";
19. $stmt->close();
20. $mysqli->close();
```

也可以不把变量绑定至预处理语句中的参数标记,而是在执行预处理语句时直接指定预处理语句

所需的参数值。例如，在该例代码中，可以去掉第 11 行和第 14 行代码，并将第 15 行改为

```
$stmt->execute([$row[1],$row[0]]);
```

其中，实参是一个数组，数组各元素值是要执行的预处理语句所需的各参数值。

13.6.3　处理查询结果

在执行了预处理的 SQL SELECT 语句后，可以继续访问和调用 mysqli_stmt 对象的相关属性和方法对查询结果集进行处理。

1. 获取列数和行数

访问 mysqli_stmt 对象的 $field_count 属性，可以获得查询结果集包含的列数。格式如下：

```
int $field_count
```

访问 mysqli_stmt 对象的 $num_rows 属性，可以获得查询结果集包含的行数。格式如下：

```
int $num_rows
```

此属性仅适用于缓存结果集。

2. 移动指针

执行完预处理的 SQL SELECT 语句后，查询结果集的内部指针一开始指向第 1 行（偏移量为 0）。可以调用 mysqli_stmt 对象的 data_seek 方法移动指针。格式如下：

```
data_seek(int $offset): void
```

其中，参数 offset 的有效取值范围为 0～num_rows−1。当参数 offset 的值有效时，方法移动结果集指针至指定的行。

该方法仅适用于缓存结果集。

3. 绑定结果

在从查询结果集读取结果数据之前，首先需要调用 mysqli_stmt 对象的 bind_result()方法将查询结果的列绑定至相应的 PHP 变量。格式如下：

```
bind_result(mixed &$var, mixed &... $vars): bool
```

传递给参数 var、vars 的应该是 PHP 变量，且按引用传递。方法将查询结果集中的各列按顺序依次绑定至各参数变量。参数变量的数目应该与查询结果集中的列数相同。如果绑定成功，方法返回 true；否则，方法返回 false，或者抛出 mysqli_sql_exception 例外。

4. 读取查询结果

在绑定结果至变量后，可以调用 mysqli_stmt 对象的 fetch()方法读取结果集中的具体数据。格式如下：

```
fetch(): ?bool
```

该方法从结果集读取指针所指的当前行，并将其各列值存入之前绑定的各 PHP 变量，指针移至下一行，方法返回 true。如果出错，方法返回 false，或者抛出 mysqli_sql_exception 例外。如果没有更多的行可读，方法返回 null。

5. 释放缓存结果集

调用 mysqli_stmt 对象的 free_result()方法，可以释放缓存结果集占用的内存空间。格式如下：

```
free_result(): void
```

方法调用后,缓存结果集被清空,结果集不可再访问。

6. 关闭语句对象

调用 mysqli_stmt 对象的 close()方法,可以关闭语句对象。格式如下:

```
close(): bool
```

方法成功执行后,mysqli_stmt 对象不再可用。

至此,可以对利用语句对象(mysqli_stmt 对象)进行数据查询操作的一般流程做一个总结性的图形化描述,如图 13-2 所示。

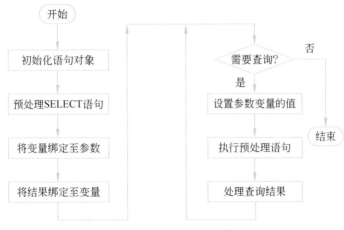

图 13-2　利用语句对象进行数据查询的处理流程

【例 13-6】　需要以开课记录为单位统计一些课程的平均成绩,输出的内容包括开课号、课程名、任课教师姓名以及平均成绩。假设需要统计的课程的开课号已经保存在数组里。代码如下:

```
1. header("Content-type:text/html;charset=UTF-8");
2. …              //创建与数据库的连接,连接对象为$mysqli
3. $ids=[1, 4, 5];                                          //需要统计的课程的开课号
4. $mysqli->query("SET NAMES 'utf8mb4'");
5. $stmt=$mysqli->stmt_init();
6. $sql=<<<_SQL
7.     SELECT id, cname, tname,
8.         (SELECT AVG(score) FROM election WHERE id=schedule.id)
9.         FROM schedule, course, teacher
10.        WHERE schedule.cn=course.cn AND
11.            schedule.tn=teacher.tn AND schedule.id=?
12.    _SQL;
13. $stmt->prepare($sql);
14. $stmt->bind_param("id", $var);
15. $stmt->bind_result($id, $cname, $tname, $avg);
16. foreach($ids as $var) {
17.     $stmt->execute();
18.     $stmt->fetch();
19.     echo $id."".$cname."".$tname."".sprintf("%6.2f",$avg)."<br />";
20. }
21. $stmt->close();
22. $mysqli->close();
```

在该例中，第 6～13 行代码定义了一个 Heredoc 字符串，其内容是能实现题目所要求功能的 SQL 语句，其中，第 8 行是用子查询构建的一个计算列。整个查询涉及 4 个表，election 表包含学生成绩，schedule 表包含课程号和任课教师的教师号，course 表包含课程名，teacher 表包含任课教师的姓名。

13.7　实战: 数据库访问应用

本节介绍教务选课系统管理员子系统中涉及数据库访问的有关应用。请打开之前已经创建的 xk 项目，继续管理员子系统相关功能的实现。

13.7.1　定义数据库访问类

在 classes 文件夹中创建名为 MySQLDB.php 的文件，并在其中定义一个同名的类，用于访问选课管理数据库。代码如下：

```
1. class MySQLDB {
2.    protected MySQLi $mysqli;
3.    function __construct() {
4.        $this->mysqli=new MySQLi("localhost", "root", "", "election_manage");
5.    }
6.    //指定插入、删除、更新等数据操纵语句
7.    function execute(string $sql): int {
8.        $this->mysqli->set_charset("utf8mb4");
9.        $this->mysqli->query($sql);
10.       return $this->mysqli->affected_rows;
11.   }
12.   //执行 SQL SELECT 语句
13.   function query(string $select): mysqli_result {
14.       $this->mysqli->set_charset("utf8mb4");
15.       $result =$this->mysqli->query($select);
16.       return $result;
17.   }
18. }
```

然后打开 lib 文件夹中的 adminloader.php 文件，在数组常量 PATHS 中添加一个元素，为上述类指定相应的路径。例如：

```
"MySQLDB"=>PRE."MySQLDB.php",
```

提示：以后在管理员子系统中，每定义一个类就应该在此数组常量 PATHS 中添加一个元素，为该类指定相应的路径。

13.7.2　验证登录用户身份

8.7.1 节定义了 checkLogonData 函数，可以检测登录数据是否符合基本的格式要求。这里将以此为基础，验证登录用户的身份。

在 ls_admin 文件夹下创建名为 validateLogon.php 的文件，并在其中定义一个同名函数，用以验证登录用户是否为合法的管理员。代码如下：

```
1. function validateLogon(): array|false {
2.    global $db;                                              //数据库访问对象
```

```
3.      global $user, $pw, $userErr, $pwErr;
4.      $flag=checkLogonData();
5.      if ($flag) {
6.          $select="SELECT * FROM teacher WHERE tn='$user' AND admin='是'";
7.          $result=$db->query($select);
8.          if ($result->num_rows ===1) {
9.              $row=$result->fetch_array();
10.             $pass=$row["tpassword"];
11.             if ($pw <>$pass) {
12.                 $pwErr='密码错误';
13.                 $flag=false;
14.             }
15.         } else {
16.             $userErr ='用户名错误,或不是管理员';
17.             $flag =false;
18.         }
19.     }
20.     if ($flag) {
21.         return ["name"=>$row['tname'], "dept"=>$row['dept']];
22.     } else {
23.         return false;
24.     }
25. }
```

若登录用户为合法的管理员,函数返回包含管理员姓名和所属部门数据的数组;否则,函数返回false。

可以在 ls_admin 文件夹下创建 ce13.php 文件,用以调用和测试上述函数。代码如下:

```
1. include 'xk/lib/adminloader.php';
2. include 'checkLogonData.php';
3. include 'validateLogon.php';
4. $db=new MySQLDB();
5. $user="1012";
6. $pw="333333";
7. $ret=validateLogon();
8. if ($ret) {
9.     print_r($ret);
10. } else {
11.     echo "userErr:",$userErr,"<br />";
12.     echo "pwErr:",$pwErr,"<br />";
13. }
```

13.7.3　添加课程记录

8.7.2 节定义了 checkCourseData 函数,可以检测课程数据是否符合基本的格式要求。这里将以此为基础,实现添加课程记录的功能。

在 ls_admin 文件夹下创建名为 addCourse.php 的文件,并在其中定义一个实现添加课程记录功能的同名函数。代码如下:

```
1. function addCourse(): void {
2.     global $db, $cn, $cname, $credit, $tn, $cnErr, $hint;
3.     $flag=checkCourseData();
```

```
4.        if ($flag) {                                        //检验是否已存在该课程
5.            $select ="SELECT * FROM course WHERE cn='$cn'";
6.            $result =$db->query($select);
7.                if ($result->num_rows ===1) {
8.                $cnErr="课程号已存在";
9.                $flag=false;
10.        }
11.    }
12.    if ($flag) {                                            //数据有效,向数据库添加课程信息
13.            $sql="INSERT INTO course(cn, cname, credit, tn) VALUES"
14.            . "('$cn', '$cname', $credit, '$tn')";
15.        $db->execute($sql);
16.        $hint="已成功添加课程,请继续...";
17.        $cn=$cname=$credit=$tn="";
18.    } else {
19.        $hint="数据有错,请修改...";
20.    }
21. }
```

可以在 ls_admin 文件夹下创建 ce14.php 文件,用以调用和测试上述函数。代码如下:

```
1. include 'xk/lib/adminloader.php';
2. include "checkCourseData.php";
3. include 'addCourse.php';
4. $db=new MySQLDB();
5. $cn="090101006B"; $cname="计算机原理"; $credit="3"; $tn="1013";
6. addCourse();
7. echo "cnErr:",$cnErr,"<br />";
8. echo "cnameErr:",$cnameErr,"<br />";
9. echo "creditErr:",$creditErr,"<br />";
10. echo "hint:",$hint,"<br />";
```

若运行正常,该测试程序会在 course 表中添加一条课程号为 090101006B 的记录。当然,如果再次运行该程序将产生错误信息。

13.7.4 分页呈现数据

9.6.1 节和 9.6.2 节分别定义了 outputCourses 和 outputTeachers 函数,可以分别以表格形式呈现指定的课程信息和指定的教师信息。本节介绍如何以分页呈现方式呈现从数据库获取的课程信息和教师信息。

1. 分页呈现教师信息

在 ls_admin 文件夹下创建名为 teacherList.php 的文件,并在其中定义一个实现分页呈现教师信息功能的同名函数。teacherList 函数会调用 outputTeachers 函数呈现当前页的数据。代码如下:

```
1. function teacherList(): void {
2.    global $db;
3.    $select="SELECT COUNT(*) FROM teacher";
4.    $result=$db->query($select);
5.    $num_rows=$result->fetch_array()[0];
6.    $pageSize=3;                                          //设置页面大小
7.    $pageCount=(int)ceil($num_rows/$pageSize);            //总页数
8.    $currentPage=$_GET['p'] ?? 1;
9.    if ($currentPage<1) {$currentPage =1;}
```

```
10.        if ($currentPage>$pageCount) {$currentPage=$pageCount;}
11.        if ($num_rows==0) {
12.            echo "<div><span>无教师数据!</span></div>";
13.        } else {
14.            $first=($currentPage-1) * $pageSize;
15.            $select="SELECT tn,tname,dept,admin FROM teacher "
16.                ."ORDER BY dept,tn LIMIT $first,$pageSize";
17.            $result=$db->query($select);             //包含当前页教师数据的结果集对象
18.            $teachers=$result->fetch_all(MYSQLI_ASSOC); //获取教师数据存入数组
19.            outputTeachers($teachers);               //输出当前页的教师信息表格
20.            if ($pageCount===1) {
21.                echo "<div><span>共{$num_rows}条记录!</span></div>";
22.            } else {
23.                $showPages=2;
24.                $url=$_SERVER['SCRIPT_NAME'];
25.                $pager=new Pager($pageCount, $showPages, $url);
26.                echo $pager->getLinks($currentPage);     //输出翻页导航条
27.            }
28.        }
29. }
```

然后可以在 ls_admin 文件夹下创建 ce15.php 文件，用以调用和测试上述函数。代码如下：

```
1. include 'xk/lib/adminloader.php';
2. include "pre_suf_fix.php";
3. include "outputTeachers.php";
4. include 'teacherList.php';
5. prefix();
6. echo "<div style='width:90%; margin:20px auto;min-height:400px'>";
7. $db=new MySQLDB();
8. teacherList();
9. echo "</div>";
10. suffix();
```

2. 分页呈现课程信息

在 ls_admin 文件夹下创建名为 courseList.php 的文件，并在其中定义一个实现分页呈现课程信息
功能的同名函数。courseList 函数会调用 outputCourses 函数呈现当前页的数据。代码如下：

```
1. function courseList(): void {
2.     global $db, $dept;
3.     $select="SELECT COUNT(*) FROM course c, teacher t "
4.         . "WHERE c.tn=t.tn AND t.dept='$dept'";
5.     $result=$db->query($select);
6.     $num_rows=$result->fetch_array()[0];
7.     $pageSize=3;                              //设置页面大小
8.     $pageCount=(int)ceil($num_rows/$pageSize);  //总页数
9.     $currentPage=$_GET['p'] ?? 1;
10.    if ($currentPage<1) {$currentPage=1;}
11.    if ($currentPage>$pageCount) {$currentPage =$pageCount;}
12.    if ($num_rows==0) {
13.        echo "<div><span>无课程信息!</span></div>";
14.    } else {
15.        $first=($currentPage-1)*$pageSize;
```

```
16.        $select="SELECT cn,cname,credit,tname FROM course c,teacher t "
17.             . "WHERE c.tn=t.tn AND t.dept='$dept' "
18.             . "ORDER BY cn LIMIT $first,$pageSize";
19.        $result=$db->query($select);                //包含当前页课程数据的结果集对象
20.        $courses=$result->fetch_all(MYSQLI_ASSOC);  //获取课程数据存入数组
21.        outputCourses($courses);                    //输出当前页的课程信息表格
22.        if ($pageCount===1) {
23.            echo "<div><span>共{$num_rows}条记录!</span></div>";
24.        } else {
25.            $showPages=1;
26.            $url=$_SERVER['SCRIPT_NAME']."?Q3=";
27.            $pager=new Pager($pageCount, $showPages, $url);
28.            echo $pager->getLinks($currentPage);     //输出翻页导航条
29.        }
30.    }
31. }
```

然后可以在 ls_admin 文件夹下创建 ce16.php 文件，用以调用和测试上述函数。代码如下：

```
1. include 'xk/lib/adminloader.php';
2. include "pre_suf_fix.php";
3. include "outputCourses.php";
4. include 'courseList.php';
5. prefix();
6. echo "<div style='width:90%; margin:20px auto; min-height:400px'>";
7. $db=new MySQLDB();
8. $dept="信息学院";
9. courseList();
10. echo "</div>";
11. suffix();
```

13.7.5 构建动态选项代码

在 6.8.1 节和 6.8.3 节介绍添加课程表单和添加开课信息表单时，曾经分别定义了名为 teacherOptions 和 courseOptions 的两个函数，它们分别返回固定的教师选项和课程选项的 HTML 代码。本节将重新定义这两个函数，可以分别返回基于数据库实际数据的动态的教师选项和课程选项的 HTML 代码。

1. 构建教师选项代码

在 ls_admin 文件夹下重新定义 teacherOptions.php 文件中的同名函数：从 teacher 表中获取管理员所在部门的所有教师，并以此构建教师选项的 HTML 代码。代码如下：

```
1. function teacherOptions(): string {
2.     global $db, $dept, $tn;
3.     $select="SELECT tn, tname FROM teacher WHERE dept='$dept' ORDER BY tn";
4.     $teachers=$db->query($select);
5.     $tnoptions="<option value=''>请选择...</option>";
6.     while ($teacher =$teachers->fetch_array()) {
7.         $tnoptions.="<option value='".$teacher['tn']."'";
8.         $tnoptions.=$tn===$teacher['tn'] ? " selected='selected'>" : ">";
9.         $tnoptions.=$teacher['tname']."</option>\r\n";
```

```
10.     }
11.     return $tnoptions;
12. }
```

可以在 ls_admin 文件夹下创建 ce17.php 文件，重新调用和测试相关函数。代码如下：

```
1. include 'xk/lib/adminloader.php';
2. include "pre_suf_fix.php";
3. include "courseForm.php";
4. include "teacherOptions.php";
5. prefix();
6. echo "<div style='width:90%; margin:20px auto; min-height:400px'>";
7. $hint="请输入...";
8. $cn="090101009B";
9. $cnErr="课程号已存在";
10. $cname="离散数学";
11. $credit=3;
12. $db=new MySQLDB();
13. $dept="信息学院";
14. $tn="1013";
15. courseForm();
16. echo "</div>";
17. suffix();
```

2. 构建课程选项代码

在 ls_admin 文件夹下重新定义 courseOptions.php 文件中的同名函数：从 course 表中获取管理员所在部门教师负责的所有课程，并以此构建课程选项的 HTML 代码。代码如下：

```
1. function courseOptions(): string {
2.     global $db, $dept;
3.     $select="SELECT cn,cname FROM course c,teacher t "
4.         ."WHERE c.tn=t.tn AND t.dept='$dept' ORDER BY cn";
5.     $courses=$db->query($select);
6.     $cnoptions="<option value=''>请选择...</option>";
7.     while ($course=$courses->fetch_array()) {
8.         $cnoptions.="<option value='{$course['cn']}'>{$course['cname']}</option>";
9.     }
10.     return $cnoptions;
11. }
```

可以在 ls_admin 文件夹下创建 ce18.php 文件，重新调用和测试相关函数。代码如下：

```
1. include 'xk/lib/adminloader.php';
2. include "pre_suf_fix.php";
3. include "termOptions.php";
4. include "courseOptions.php";
5. include "teacherOptions.php";
6. include "scheduleForm.php";
7. prefix();
8. echo "<div style='width:90%; margin:20px auto; min-height:400px'>";
9. $n=3;
10. $hint="请输入...";
```

```
11. $db=new MySQLDB();
12. $dept="信息学院";
13. $tn="";
14. scheduleForm();
15. echo "</div>";
16. suffix();
```

13.7.6 开课信息的获取与维护

本节介绍有关开课信息获取、删除和更新等功能的实现。

1. 获取开课信息

在 ls_admin 文件夹下重新定义 getScheduleData.php 文件（在 9.6.3 节引入）中的同名函数：从 schedule 和 election 等表中获取并返回管理员所在部门的、指定学期的开课信息。代码如下：

```
1.  function getScheduleData(): array {
2.      global $db, $dept, $term;
3.      $select="SELECT sch.id, cname, tname, status, "
4.          ."(SELECT COUNT(*) FROM election WHERE id=sch.id) num "
5.          ."FROM schedule sch, course c, teacher t WHERE sch.cn=c.cn "
6.          ."AND sch.tn=t.tn AND dept ='$dept' AND term='$term'";
7.      $schedules=$db->query($select);
8.      $sches=array();
9.      while ($schedule=$schedules->fetch_array()) {
10.         $sch=[
11.             'id'=>$schedule['id'], 'cname'=>$schedule['cname'],
12.             'tname'=>$schedule['tname'], 'status'=>$schedule['status'],
13.             'num'=>$schedule['num']
14.             ];
15.         array_push($sches, $sch);
16.     }
17.     return $sches;
18. }
```

然后可以在 ls_admin 文件夹下创建 ce19.php 文件，重新调用和测试相关函数。代码如下：

```
1.  include 'xk/lib/adminloader.php';
2.  include "pre_suf_fix.php";
3.  include "scheduleList.php";
4.  include "getScheduleData.php";
5.  prefix();
6.  echo "<div style='width:90%; margin:20px auto; min-height:400px'>";
7.  $db=new MySQLDB();
8.  $dept="信息学院";
9.  $term="2022-2023-1";
10. scheduleList();
11. echo "</div>";
12. suffix();
```

2. 删除开课记录

在 ls_admin 文件夹下创建名为 delSchedule.php 的文件，并在其中定义一个同名函数，用于删除指定开课号的开课记录以及该开课课程的选课记录。代码如下：

```
1. function delSchedule(int $id): void {
2.     global $db;
3.     $db->execute("START TRANSACTION");
4.     $sql1="DELETE FROM election WHERE id='$id'";
5.     $db->execute($sql1);
6.     $sql2="DELETE FROM schedule WHERE id='$id'";
7.     $db->execute($sql2);
8.     $db->execute("COMMIT");
9. }
```

3. 更改开课课程状态

在 ls_admin 文件夹下创建名为 changeStatus.php 的文件,并在其中定义一个同名函数,用于将指定部门在指定学期开设的、状态为"选课"的开课课程的状态更改为"教学"。代码如下:

```
1. function changeStatus(string $term, string $dept): void {
2.     global $db;
3.     $sql="UPDATE schedule SET status='2' WHERE term='$term' AND "
4.         . "status='1' AND tn IN "
5.         . "(SELECT tn FROM teacher WHERE dept='$dept')";
6.     $db->execute($sql);
7. }
```

习题 13

一、选择题

1. 要移动 mysqli_result 对象的内部指针,使其指向指定的行,应该使用的方法是(　　)。

　　A. seek()　　　　　　　B. data_seek()　　　　　C. seek_pointer()　　　　D. move_pointer()

2. 调用 mysqli 对象的 query()方法可以执行某个 SQL SELECT 语句。假设查询的结果为空(没有任何记录返回),那么 query()方法将(　　)。

　　A. 返回 false　　　　　　　　　　　　　B. 返回 null

　　C. 返回 mysqli_result 对象　　　　　　D. 出错

3. 调用 mysqli 对象的 query()方法可以执行 SQL 语句。在 PHP 8.1.0 之后版本的默认情况下,如果执行 SQL 语句失败,query()方法将(　　)。

　　A. 返回 false　　　　　　　　　　　　　B. 返回 null

　　C. 产生 Warning 错误　　　　　　　　　D. 抛出 mysqli_sql_exception 例外

4. 假设 $mysqli 是一个有效的数据库连接对象,且一个事务已经启动、sp1 是已经设置的一个事务保存点。则下面不能结束当前事务的代码是(　　)。

　　A. $mysqli->query("ROLLBACK");

　　B. $mysqli->query("ROLLBACK TO sp1");

　　C. $mysqli->query("COMMIT");

　　D. $mysqli->query("COMMIT AND CHAIN");

5. 下面关于预处理语句的描述错误的是(　　)。

　　A. 预处理语句在执行之前需要人工预处理

　　B. 预处理语句适用于需要多次执行的 SQL 语句

　　C. 预处理的 SQL 语句往往会包含若干参数

D. 绑定结果至变量应该发生在读取结果数据之前

二、程序题

根据要求写 PHP 代码。

（1）试通过 MySQLi 扩展建立与 MySQL 数据库 mydb 的连接，产生连接对象 $mysqli。其中，数据库服务器的 IP 地址为 127.0.0.1，端口号为 3306，用户名为 liming，密码为 123456。

（2）假设已经通过 MySQLi 扩展建立了与数据库的连接，连接对象是 $mysqli。试编写代码，将连接的默认字符集设置为 utf8mb4。

（3）假设已经通过 MySQLi 扩展建立了与数据库的连接，连接对象是 $mysqli。试编写代码，执行以下更新语句，然后输出更新的行数。

```
UPDATE student SET password='654321' WHERE sn ='200107211000'
```

（4）假设下面的代码已经成功执行，其中，$mysqli 表示与数据库的连接对象。

```
$result=$mysqli->query("SELECT * FROM student");
```

按要求编写代码，实现获取查询结果集第 3 行的数据并存入数组 $row 中。

（5）下面 PHP 代码创建并执行了一条 SQL SELECT 的预处理语句。试编写代码为它产生一个缓存结果集。

```
$stmt=$mysqli->stmt_init();
$stmt->prepare("select * from teacher");
$stmt->execute();
```

第 14 章　表单与会话

本章主题:

- 提交表单。
- 表单数据的获取与检验。
- 会话管理。
- 基于 Cookie 的会话机制。
- 页面跳转与重定向。

表单和会话是开发动态网站与 Web 应用的两项基本技术。在客户与 Web 应用交互时,离不开客户向服务器提交有关数据,并由 Web 应用对这些数据进行处理和响应,这需要表单技术的支持。在一个客户与 Web 应用交互时,同样需要会话技术的支持,只有这样,Web 应用才能记住该客户前期交互的状态,并把它作为后续交互的基础。

本章首先介绍表单与表单提交、表单数据的获取与检验等方法和技术,然后介绍会话的概念、基于 Cookie 的会话机制及其应用,最后介绍页面跳转的各种形式以及重定向的概念和实现方法。

14.1　表单处理

表单是用户与 Web 应用进行交互的主要方式。表单用于收集并提交用户数据,服务器接收到用户数据后,可由指定程序进行检验、处理并做出响应。

14.1.1　提交表单

当提交表单时,浏览器将发出 HTTP 请求,表单数据会作为请求参数送往服务器。请求参数的名称对应表单控件元素的 name 属性值,请求参数的值对应表单控件元素的 value 属性值。

通常有两种方法可以提交表单,即 GET 方法或 POST 方法。

1. GET 方法

在默认情况下,表单是以 GET 方法提交的。也可以将 form 元素的 method 属性设置为"GET"(一般大小写均可),明确要求浏览器以 GET 方法提交表单数据。例如显式指明以 GET 方法提交表单的代码如下:

```
<form method="GET" action="process.php">
    ...
    <input type="submit" name="ok" value="注册" />
</form>
```

按 GET 方法提交的表单数据会作为请求参数、以名称-值对的形式出现在 HTTP 请求的 URL 中。格式如下:

```
... process.php?<参数名 1>=<参数值 1>&<参数名 2>=<参数值 2>...
```

这些请求参数与 URL 的前部以"?"分隔,各请求参数之间以"&"分隔。由于 URL 的长度会有一些限制,所以 GET 方法适合少量数据的提交。也由于 GET 方法提交的数据会显示在地址栏上,保密性不好,所以 GET 方法不适合提交密码等敏感数据。

以 GET 方法提交的 HTTP 请求可称为 GET 请求。一般情况下,GET 请求适用于查询操作,即从服务器获取 Web 应用的某些状态信息,表单数据则作为查询所需的参数。这种操作通常不会改变服务器端 Web 应用的状态,所以客户端浏览器一般会允许用户不加限制地重复这样的请求,如反复单击"刷新"按钮。

2. POST 方法

要以 POST 方法提交表单,应该将 form 元素的 method 属性设置为"POST"（一般大小写均可）。例如,以下代码指明以 POST 方法提交表单:

```
<form method="POST" action="process.php">
    …
    <input type="submit" name="ok" value="注册" />
</form>
```

按 POST 方法提交的表单数据会作为请求参数、以名称-值对的形式出现在 HTTP 请求的请求体中。格式如下:

```
<参数名 1>=<参数值 1>&<参数名 2>=<参数值 2>…
```

与 GET 方法相比较,POST 方法的请求参数放置在请求体中,而不是在 URL 中,所以其信息相对较为安全,且传输的数据量没有大小限制,可以非常大。

以 POST 方法提交的 HTTP 请求可称为 POST 请求。一般来说,POST 请求适用于更新操作,如提交一个订单。这种操作通常会改变服务器端 Web 应用的状态,所以当用户单击"刷新"按钮要重复这样一个请求时,客户端浏览器一般会打开一个对话框,要求用户加以确认。

14.1.2 获取表单数据

在 PHP 中,获取表单数据（即请求参数）的方法非常简单,因为所有的请求参数会被事先保存在系统预定义的超全局变量中。应用代码只需访问这些超全局变量就可以获得所需的请求参数。

1. 获取请求方法

有时需要了解本次 HTTP 请求的方法是 GET 请求还是 POST 请求。访问超全局变量 $_SERVER 可以获得该信息。超全局变量 $_SERVER 是一个包含服务器及执行环境信息的数组,要获得当前请求的方法,可以访问以下数组元素。格式如下:

```
$_SERVER["REQUEST_METHOD"]
```

该元素保存着一个字符串,表示本次 HTTP 请求的方法,即"GET"或"POST"。

2. 获取 GET 数据

如果当前请求是 GET 请求,那么可以访问超全局变量 $_GET 来获得指定请求参数的参数值。格式如下:

```
$_GET[<参数名>]
```

$_GET 是一个包含通过 GET 方法传递给当前脚本的请求参数的数组。用参数名作为元素的键,元素值即为对应的参数值。如元素 $_GET["name"]的值就是参数名为"name"的参数值。

3. 获取 POST 数据

如果当前请求是 POST 请求,那么可以访问超全局变量 $_POST 来获得指定请求参数的参数值。格式如下:

```
$_POST[<参数名>]
```

$_POST 是一个包含通过 POST 方法传递给当前脚本的请求参数的数组。用参数名作为元素的键，元素值即为对应的参数值。例如，元素 $_POST["name"] 的值就是参数名为 "name" 的参数值。

有些表单控件元素可能有多个值，包括复选框组（各复选框的 name 属性值相同）、多选的选择列表（设置了 multiple 属性）。当提交表单时，这类控件元素就可能会产生多个请求参数，它们具有相同的参数名。在 PHP 中，为了有效读取多值控件元素的值，控件元素的名称（即 name 属性值）应该以"[]"结尾。

无论是 GET 方法还是 POST 方法，在读取多值参数（或多值控件元素）的值时，指定的参数名都不要包括最后的"[]"，但读取的值将是一个字符串数组，而不是一个简单的字符串。

注意：并不是所有的表单控件元素都会产生相应的请求参数，包括单选按钮（组）、复选框（组）以及多选的选择列表。对这些控件，若事先没有设置预选项，用户也没有选择，那么提交表单时，就不会产生相应的请求参数。在服务器端，为了判断是否存在某个请求参数，可以使用数组函数 array_key_exists，例如：

```
$lang=array_key_exists("lang", $_POST) ? $_POST['lang'] : "";
```

如果存在名为 "lang" 的请求参数，就将参数值赋给变量 lang；否则给变量赋空串。

也可以用 Null 联合运算符完成相同的功能，形式上更简单：

```
$lang=$_POST['lang'] ?? "";
```

4. 获取混合参数

如上所述，当以 GET 方法提交表单时，应访问 $_GET 数组获取请求参数；当以 POST 方法提交表单时，应访问 $_POST 数组获取请求参数。那么是否存在既包含 GET 请求参数又包含 POST 请求参数的请求呢？这种情况是存在的，它出现在满足以下两个条件的情形。

（1）以 POST 方法提交表单。

（2）表单元素（form）的 action 属性指定的 URL 中包含请求参数。

此时，表单数据还是通过访问 $_POST 数组获取，而包含在 URL 中的请求参数可以通过访问 $_GET 数组获取。

【例 14-1】　有一个 PHP 文件，在用户初始请求时呈现如图 14-1 所示的表单。当用户提交表单时显示用户输入的表单数据。代码如下：

图 14-1　例 14-1 表单示意图

在该例中,包含两个文件:一个是 PHP 文件,文件名为 14-1.php;另一个是 HTML 文件,文件名为 form1.html。

呈现表单的 form1.html 文件代码如下:

```
1. <link rel="stylesheet" type="text/css" href="/xk/css/xk.css"/>
2. <form class="logreg" method="POST">
3.     <div class="outer">
4.         <div class="title">请输入信息</div>
5.         <div class="inter">
6.             <p>
7.                 <label for="i1" class="label">用户名</label>
8.                 <input type="text" id="i1" name="user" maxlength="15"
9.                     style="width:130px" />
10.            <p>
11.                <label for="i2" class="label">密码</label>
12.                <input type="password" id="i2" name="pw" maxlength="15"
13.                    style="width:100px" />
14.            <p>
15.                <span class="label">性别</span>
16.                <input type="radio" id="i31" name="gender" value="男"/>
17.                <label for="i31"/>男</label>
18.                <input type="radio" id="i32" name="gender" value="女"/>
19.                <label for="i32">女</label>
20.            <p>
21.                <span class="label">掌握语言</span>
22.                <input type="checkbox" id="i41" name="lang[]" value="C"/>
23.                <label for="i41">C</label>
24.                <input type="checkbox" id="i42" name="lang[]" value="Java"/>
25.                <label for="i42">Java</label>
26.                <input type="checkbox" id="i43" name="lang[]" value="PHP"/>
27.                <label for="i43">PHP</label>
28.            <p>
29.                <label for="i5" class="label" style="vertical-align: top">特长</label>
30.                <select id="i5" name="skill[]" multiple="multiple" size="3"
31.                    style="width:80px">
32.                <option value="1">足球</option>
33.                <option value="2">篮球</option>
34.                <option value="3">游泳</option>
35.                </select>
36.            <p>
37.                <label for="i6" class="label">email</label>
38.                <input type="text" id="i6" name="email" style="width: 250px" />
39.                <p style="text-align: center; padding-top: 10px">
40.                <input type="submit" name="submit" value="提交信息"/>
41.            </p>
42.        </div>
43.    </div>
44. </form>
```

该表单的呈现用到了 xk 项目中的外部样式表文件 xk.css,第 1 行代码的作用就是链接该外部样式表。

读取并显示表单数据的 14-1.php 文件代码如下:

```
1. if ($_SERVER["REQUEST_METHOD"]=="POST" ) {
```

```
2.      echo "用户名: ", $_POST['user'], "<br />";
3.      echo "密码: ", $_POST['pw'], "<br />";
4.      if (array_key_exists("gender", $_POST)) {
5.          echo "性别: ", $_POST['gender'], "<br />";
6.      } else {
7.          echo "性别: ", "未选择", "<br />";
8.      }
9.      if (array_key_exists("lang", $_POST)) {
10.         $value="";
11.         foreach($_POST["lang"] as $v) {
12.             $value.=$v . "";
13.         }
14.         echo "熟悉的语言: ", $value, "<br />";
15.     } else {
16.         echo "熟悉的语言: ", "未选择", "<br />";
17.     }
18.     if (array_key_exists("skill", $_POST)) {
19.         $value="";
20.         foreach ($_POST["skill"] as $v) {
21.             $value.=($v==="1"?"足球":($v==="2"?"篮球":"游泳")) . "";
22.         }
23.         echo "特长: ", $value, "<br />";
24.     } else {
25.         echo "特长: ", "未选择", "<br />";
26.     }
27.     echo "email 地址: ", $_POST["email"], "<br />";
28.     echo "提交按钮: ", $_POST["submit"], "<br />";
29. } else {
30.     include "form1.html";
31. }
```

当用户初始请求(GET 请求)该 PHP 文件时,代码装入 form1.html 文件,页面呈现出表单。当用户提交表单时,将再次请求(POST 请求)该 PHP 文件,此时页面显示用户之前在表单中输入的数据。

14.1.3　检验表单数据

读取从客户端提交的表单数据后,接下来应该检验其有效性,只有所有的数据都有效可用时,才可以进入具体的业务处理。

首先检验用户是否提供了必需的数据。对表单中的有些控件元素,用户必须提供相应的数据,通常称其为必填项,它们是处理具体业务所必需的。

其次检验一些数据的格式是否满足相应的要求。例如密码的长度是否足够,日期数据中的年、月和日是否有效,email 地址的格式是否符合相关标准的约定等。这方面的检验一般可利用正则表达式技术,即先根据某种数据本身的格式特点构建一个正则表达式,然后调用 preg_match 等函数判断用户数据是否与该正则表达式相匹配。

例如,针对日期数据的格式特点,可以构建以下正则表达式:

```
$pattern='/^\d{4}-(0?[1-9]|1[012])-(0?[1-9]|[12][0-9]|3[01])$/';
```

如果变量 birthday 保存着用户输入的日期数据,那么就可以调用下面的函数判断该用户数据是否有效:

```
preg_match($pattern, $birthday)
```

如果函数返回 1,表明用户数据与正则表达式是相匹配的;如果函数返回 0,表明用户数据的格式是有问题的。

又如,可以用下面的函数判断用户输入的电子邮件地址 email 是否有效:

```
preg_match('/^[\w\-]+(\.[\w\-]+) * @[a-zA-Z0-9\-]+(\.[a-zA-z0-9\-]+)+$/', $email)
```

最后根据业务背景知识和 Web 应用的状态信息等判断用户数据是否有效。例如,在录入学生成绩时,如果提供的成绩是负数(转换成数值型后),显然是无效的。又如,在学生登录时,如果输入的用户名和密码并不是一个有效的账户信息,那么肯定会拒绝其登录。

如果发现有些用户数据无法通过检验,就不能进入业务处理阶段,而只能返回表单由用户重新提供数据。此时,应该向用户提供相应的错误提示信息,以便用户更改错误。错误提示信息随表单一同返回客户端,一般可显示在无效数据的相应控件元素的右侧。例如:

```
<input type="text" name="user"… />
<span class="errFont"><?php echo $userErr;?></span>
```

其中,input 元素是一个文本域,用于接收用户名。span 元素用于显示错误提示信息,变量 userErr 保存着相应的错误提示信息。当表单初始呈现或者用户输入的用户名没有问题时,变量 userErr 的值应该是空串,用户名文本域右侧就不会显示任何信息;否则,变量 userErr 应该保存有相应的错误提示信息,用户名文本域右侧将显示该错误提示信息。

另外,在返回表单和显示错误提示信息的同时,还应该回显用户原先提交的错误数据,以便用户可以在原值的基础上编辑修改。例如,代码

```
<input type="text" name="user"… value="<?php echo $user; ?>" />
```

中,用户名文本域的 value 属性值是一个 PHP 代码块,输出变量 user 的值,该值作为元素的值会在文本域中显示。变量 user 的初值一般是空串,但当用户提交表单时,该变量应该保存用户输入的用户名。

【例 14-2】 检验表单数据。该例在例 14-1 的基础上修改而成,着重演示如何检验表单数据,如何回显表单数据,以及如何显示错误提示信息。

该例结果包含两个文件:一个是 PHP 文件 14-2.php,主要实现表单数据的检验;另一个也是 PHP 文件,文件名为 form2.php,用于呈现表单。与例 14-1 中的表单相比,该例表单只包含用户名、性别和 email 地址 3 项,但能够回显用户数据和显示错误提示信息,如图 14-2 所示。

图 14-2 例 14-2 表单示意图

文件 14-2.php 的代码如下:

```
1.  //定义变量并设置为空值
2.  $user=$gender=$email="";
3.  $userErr=$genderErr=$emailErr="";
4.  $flag=true;
5.
6.  if ($_SERVER["REQUEST_METHOD"]=="POST") {
7.      $user=trim($_POST["user"]);
8.      if (empty($user)) {
9.          $userErr="用户名是必填的";
10.         $flag=false;
11.     }
12.     if (array_key_exists("gender", $_POST)) $gender=$_POST["gender"];
13.     if (empty($gender)) {
14.         $genderErr="请选择性别";
15.         $flag=false;
16.     }
17.     $email=trim($_POST["email"]);
18.     if (empty($email)) {
19.         $emailErr="email 地址不能为空";
20.         $flag=false;
21.     } else {
22.         $pattern='/^[\w\-]+(\.[\w\-]+)*@[a-zA-Z0-9\-]+(\.[a-zA-z0-9\-]+)+$/';
23.         if (!preg_match($pattern, $email)) {
24.             $emailErr="email 地址格式错误";
25.             $flag=false;
26.         }
27.     }
28. }
29. if ($_SERVER["REQUEST_METHOD"]=="POST"&& $flag) {
30.     echo "用户名: ", $user, "<br />";
31.     echo "性别: ", $gender, "<br />";
32.     echo "email 地址: ", $email, "<br />";
33. } else {
34.     include "form2.php";
35. }
```

与例 14-1 一样，文件 form2.php 用于呈现同样用到了 xk 项目中的外部样式表文件 xk.css，代码
如下：

```
1.  <link rel="stylesheet" type="text/css" href="/xk/css/xk.css"/>
2.  <form class="logreg" method="POST">
3.      <div class="outer">
4.          <div class="title">请输入信息</div>
5.          <div class="inter">
6.              <p>
7.                  <label for="i1" class="label">用户名</label>
8.                  <input type="text" id="i1" name="user" maxlength="15"
9.                      style="width: 130px" value="<?php echo $user ?>" />
10.                 <span class="errMsg"><?php echo $userErr;?></span>
11.             <p>
12.                 <span class="label">性别</span>
13.                 <input type="radio" id="i31" name="gender" value="男"
14.                     <?php if ($gender==="男") echo 'checked="checked"' ?>/>
15.                 <label for="i31"/>男</label>
```

```
16.                    <input type="radio" id="i32" name="gender" value="女"
17.                        <?php if ($gender==="女") echo 'checked="checked"' ?>/>
18.                    <label for="i32">女</label>
19.                    <span class="errMsg"><?php echo $genderErr;?></span>
20.              <p>
21.                    <label for="i6" class="label">email</label>
22.                    <input type="text" id="i6" name="email" style="width: 250px"
23.                        value="<?php echo $email ?>" />
24.                    <span class="errMsg"><?php echo $emailErr ?></span>
25.                    <p style="text-align: center; padding-top: 10px">
26.                    <input type="submit" name="submit" value="提交信息"/>
27.              </p>
28.          </div>
29.      </div>
30. </form>
```

实际上，对于“性别”这个单选按钮组，可以设置一个初值，如 $gender="男"，这样就无须对其进行检验了，因为总会有一个值。但对用户的选择进行回显还是需要的。

14.2　会话管理

Web 应用建立在以 HTTP 为基础的浏览器/服务器架构之上。HTTP 是一种无状态、无连接的协议，本身并没有会话的概念。Web 服务器不会维持对某个请求的处理结果，也不会将同一个客户的前后几次的请求联系在一起。

然而，Web 应用在客观上需要有会话的机制。例如一个电子商务网站，用户通常可以前后多次挑选要购买的商品。这就要求服务器能将该用户前后多次的访问联系在一起，能对该用户每一次挑选的商品数据加以保存和维护。

本节介绍基于 Cookie 的会话机制，以及如何启动会话、维护会话数据等。

14.2.1　Cookie

Cookie 又称为 HTTP Cookie，是一种能够在多个 HTTP 请求-响应之间维持状态的机制。它允许 Web 服务器在 HTTP 响应中携带一些数据送往客户端，而 Web 浏览器会接收和保存这些数据，并在之后向该服务器发送 HTTP 请求时携带这些数据送回 Web 服务器。这些数据就被称为 Cookie。

一个 Cookie 是一段不超过 4KB 的小型文本数据，由一个名称（name）、一个值（value）和其他几个用于控制 Cookie 有效期、安全性、使用范围的可选属性组成。

当 Web 服务器向客户端浏览器传送 Cookie 时，每个 Cookie 将作为 HTTP 响应头中的一个域，域名为 Set-Cookie，域值为该 Cookie 的名称、值，及其他属性的名称和值。当客户端浏览器向 Web 服务器回送 Cookie 时，HTTP 请求头中将包含一个域，域名为 Cookie，域值为各 Cookie 的名称和值。

在 PHP 中，可以用函数 setcookie 定义一个 Cookie，该函数的格式如下：

```
setcookie(
    string $name,
    string $value="",
    int $expires=0,
    string $path="",
    string $domain="",
```

```
        bool $secure=false,
        bool $httponly=false
    ): bool
```

函数定义一个 Cookie,该 Cookie 将作为一个响应域随 HTTP 响应发往客户端浏览器,并在客户端保存。

和其他 HTTP 响应域一样,Cookie 必须在 PHP 脚本产生任何输出之前定义。如果在调用函数之前,PHP 脚本已经产生输出并送往了客户端,那么函数调用失败并返回 false。如果函数成功运行,则返回 true。说明如下。

* name:指定 Cookie 名称。
* value:指定 Cookie 的值。
* expires:指定 Cookie 失效的时间。该参数设置的是一个 UNIX 时间戳,即从格林尼治时间 1970 年 1 月 1 日 00:00:00 起至失效时的秒数。例如,希望创建的 Cookie 在 1h 后失效,可以将该参数设置为 time()+3600。该参数的默认值为 0,表示该 Cookie 将在浏览器关闭时失效。
* path:指定服务器中的一个路径。只有当浏览器访问该路径(包括子目录)内的资源时,该 Cookie 才会自动作为请求域随请求送往服务器,即该 Cookie 是可得到的。该参数的默认值是空串,表示路径为创建该 Cookie 的资源所在的目录。
* domain:指定服务器的域名或子域名。例如,把该参数设为'localhost',把参数 path 设为'/xk/',那么当浏览器访问'localhost/xk'内的所有资源时,该 Cookie 都是可得到的。
* secure:指示该 Cookie 是否仅在安全 HTTPS 连接上传输。如果设置为 true,那么只有在安全连接状态下,Cookie 才会被设置或者是可得到的。
* httponly:指示该 Cookie 是否仅可通过 HTTP 访问。如果设置为 true,那么类似 JavaScript 这样的脚本语言就不能访问该 Cookie。

【例 14-3】　使用 Cookie。这里有两个文件:setCookie.php 和 getCookie.php,它们存放在同一位置,如"http://localhost/chapter14/"。setCookie.php 定义一个 Cookie,并随响应送往客户端浏览器。getCookie.php 读取随 HTTP 请求回送给 Web 服务器的 Cookie。

访问 setCookie.php(http://localhost/chapter14/setCookie.php),其代码如下:

```php
<?php
    $name="birthday";
    $value="2001-8-12";
    $expires=time()+1800;
    $path="";
    $domain="localhost";
    setcookie($name,$value,$expires,$path, $domain);
    echo "名称为{$name}的 Cookie 已定义,并被送往客户端";
?>
```

访问 getCookie.php(http://localhost/chapter14/getCookie.php),其代码如下:

```php
<?php
    echo $_COOKIE['birthday'];                              //显示指定 Cookie 的值
?>
```

PHP 系统已经读取随本次 HTTP 请求回送来的所有 Cookie,并将它们保存在超全局变量 $_COOKIE(数组)中:每个 Cookie 对应一个元素,元素的键是 Cookie 的名称,元素的值为 Cookie 的值。应用代码只需访问 $_COOKIE 即可获取有关 Cookie 的数据。

也可以用 setcookie 函数删除一个已存在的 Cookie，这时只需把 expires 参数设置为一个比当前时间早的时间。例如，删除上述例子创建的名为 birthday 的 Cookie 的代码如下：

```
setcookie("birthday", "", time()-1800, "", "localhost");
```

除了需指定 Cookie 名称，还要指定 Cookie 的其他一些属性值，且要与创建 Cookie 时指定的属性值一致。这里，包含该删除 Cookie 代码的 PHP 文件应该和创建 Cookie 的 PHP 文件（即 setCookie.php）处于同一个目录。

14.2.2 基于 Cookie 的会话机制

会话是指一个用户对一个网站（或 Web 应用）的一系列请求。这一系列的请求并不要求是连续的，期间可以访问其他的网站（或 Web 应用）。服务器负责维护在会话期间产生的数据，这些数据能够在这一系列的请求-响应中共享。

那么如何实现会话，即如何将一个用户与 Web 服务器之间的一系列请求-响应联系在一起，并维护和共享在此期间产生的状态数据？一般情况下，目前的会话机制都是由 PHP 等动态网页技术利用 Cookie 实现的。

为实现会话，PHP 会话模块会在会话伊始产生一个会话 ID，唯一标识一个会话，并创建一个包含该会话 ID 的 Cookie。在 PHP 中，这个 Cookie 的名称默认为 PHPSESSID，也称为会话名。这个包含会话 ID 的 Cookie 会随 HTTP 响应一同送往客户端浏览器并在客户端保存。之后，当用户再次向该网站或 Web 应用发送请求时，包含会话 ID 的 Cookie 就会随同 HTTP 请求一起送往服务器。PHP 会话模块接收到请求后，可以读取其中的会话 ID，并据此判断此次请求-响应属于哪个会话，如图 14-3 所示。

图 14-3 基于 Cookie 的会话

服务器端在处理用户的 HTTP 请求时可能会产生一些状态数据，这些状态数据应该能被会话期间的后续请求和处理所共享。状态数据不需要作为 Cookie 送往客户端，再由客户端浏览器回送给 Web 服务器，而是在服务器端直接维护和保存，并与会话 ID 建立关联。当 PHP 会话模块接收到客户端的 HTTP 请求时，会根据接收到的会话 ID 判断属于哪个会话，然后恢复该会话的状态数据。

显然，要实现上述会话过程，客户端浏览器必须支持 Cookie 机制。目前大多数浏览器都是支持的，并且可以由用户进行设置。另外，在服务器端的 PHP 中，需要将配置文件 php.ini 中的 session.use_cookies 项设置为 1，即

```
session.use_cookies =1
```

该设置是默认的，它表明要使用 Cookie 实现会话。

14.2.3 启动会话

启动会话有两种方式：手动启动和自动启动。

1. 手动启动

可以调用 session_start 函数来启动一个会话，格式如下：

```
session_start(array $options =array()): bool
```

函数启动或恢复一个会话。

（1）如果当前请求没有携带包含会话 ID 的 Cookie，那么就启动一个会话。

① 产生一个会话 ID。

② 创建超全局数组 $_SESSION，之后在应用程序处理中，可以把有关的会话数据保存在该数组里。

③ 响应时，创建一个包含会话 ID 的 Cookie 送往客户端，然后将数组 $_SESSION 中的数据保存并使其与会话 ID 建立关联。

（2）若当前请求携带包含会话 ID 的 Cookie，那么就恢复一个会话：创建数组 $_SESSION，然后恢复与会话 ID 相关联的会话数据。

参数 options 是一个关联数组，包含有关会话的配置，其中，元素键为配置项的名称（无须包含 session.前缀），元素值为配置项的值。如果提供，那么会用其中的配置值覆盖相关的默认配置。

例如，启动一个会话并对两个会话配置项提供设置的代码如下：

```
session_start([
    'cookie_lifetime'=>86400,          //设置会话 Cookie 的有效时间为 1 天
    'gc_maxlifetime'=>1800             //设置两次请求的最长间隔时间为 30 分钟
]);
```

配置项 session.cookie_lifetime 以秒数指定了发送到浏览器的会话 Cookie 的生命周期。默认值为 0，表示 Cookie 会在浏览器关闭时失效，即被清除。

配置项 session.gc_maxlifetime 以秒为单位指定会话期间两次请求的最长间隔时间。默认值为 1440。

在会话活动状态下（即已经启动或恢复了会话），再次调用该函数将被忽略，但会产生一个 Notice 错误信息。

2. 自动启动

另一种能够启动或恢复会话的方法是将配置项 session.auto_start 设置为 1，即

```
session.auto_start=1
```

如果这样设置了，就没有必要调用 session_start 函数了，它就如同在每一个 PHP 文件中自动包含对函数 session_start() 的调用。每当用户请求一个 PHP 文件时，PHP 会话模块就会自动根据请求中是否包含会话 ID，决定是启动还是恢复一个会话。

这种启动会话的方式称为自动启动。这种配置不是默认的，配置项 session.auto_start 的默认值为 0。

14.2.4 会话变量

会话期间产生的状态数据，在服务器端维护和保存，并被会话中的所有请求和处理共享。对于应用程序来说，这里主要涉及系统预定义的超全局数组 $_SESSION。这个数组由 PHP 会话模块创建和维护，用于保存会话的状态数据，在整个会话期间都是有效的。

该数组中的每个元素称为一个会话变量，元素的键就是变量名，元素的值就是变量值。在会话伊始，该数组是空的。在会话期间，应用代码可以往该数组添加数组元素，通常称为注册会话变量。例如：

```php
$_SESSION["name"] =$name;                    //注册一个名为 name 的会话变量
echo $_SESSION["name"];                       //访问一个名为 name 的会话变量
```

需要时，也可以调用 session_destroy 函数清除会话变量。例如：

```php
session_destroy(): bool
```

该函数可以清除当前会话中所有注册的会话变量，但不会重置会话 Cookie。因此该函数并不结束一次会话，即会话 ID 并没有丢失或改变。

清除会话变量发生在当前页面的所有 PHP 脚本代码被执行之后，所以在调用该函数后、结束脚本代码执行之前，仍然可以访问所需的会话变量。

在有些情况下，应用程序不一定要调用 session_destroy 函数来清理会话数据，可以直接清除 $_SESSION 数组中的元素来实现会话数据的清理。

为了彻底销毁或结束一个会话，必须重置会话 ID。可以调用 setcookie 函数来删除客户端的会话 Cookie，以达到真正结束一个会话的目的。

【例 14-4】 统计在会话期页面被访问的次数。代码如下：

```php
1. <?php
2. session_start();
3. if (!array_key_exists('count', $_SESSION)) {
4.     $_SESSION['count']=1;
5. } else {
6.     $_SESSION['count']++;
7. }
8. ?>
9. <p>
10. 嗨，你已访问该页面<?php echo $_SESSION['count']; ?>次.
11. <p>
12. <a href="<?php echo $_SERVER['SCRIPT_NAME']; ?>">点击刷新</a>.
13. </p>
```

在该例中，页面除显示用户在会话期访问该页面的次数外，还包含一个超链接，单击该超链接可以再次访问此页面。其中，$_SERVER['SCRIPT_NAME']返回当前 PHP 文件相对于 Web 服务器文档根目录的路径与文件名。

14.3　页面跳转与重定向

在万维网上，网页之间通常会通过超链接等技术连接在一起，用户可以从一个网页跳转到另一个网页，从一个网站进入另一个网站。在一个 Web 应用中，网页资源之间的连接程度就更加紧密。下面介绍在 PHP 中实现网页跳转的几种常用技术。

一是使用超链接 a 元素。在页面中放置适当的 a 元素，当页面呈现后，用户单击相应的超链接文字，就可以跳转到指定的页面。

二是使用表单 form 元素。当用户单击表单的"提交"按钮后，不仅可以提交表单数据，还可以跳转到指定的页面。这里，指定的页面一般为动态页面，它既能处理用户提交的数据，又能把处理结果（如查询到的课程信息等）回送到客户端浏览器，呈现给用户。

三是使用特定的 meta 标签。meta 标签用于定义页面的元数据，通常放置在页面头部。这里所说的特定的 meta 标签，是指其 http-equiv 属性被设置为"refresh"，例如：

```
<meta http-equiv="refresh" content="5;url=process.php">
```

当包含此标签的页面在客户端浏览器上呈现后，浏览器会在 5s 后自动跳转到指定的页面 process.php，即用该指定页面的内容刷新当前页面。

最后是使用 PHP 中特定的 header 函数。这种方式有别于前面 3 种方式，它实现的页面跳转触发于服务器端。header 函数一般用于设置响应域。这里所说的特定的 header 函数，是指其参数值的格式是特殊的，即在"Location:"后指定一个 URL，例如：

```
header("Location: response_1.php");
```

当服务器执行该函数时，会产生重定向响应。重定向响应一般只包含响应的状态行和响应头，响应体内容对其无意义。其中，响应的状态码为 302，表示重定向；响应头需要包含 Location 域，指定重定向的目标页面的 URL。

一般情况下，执行了这样的 header 函数后，就没有必要再执行后面的代码了。通常可以通过语言结构 exit 结束当前脚本代码的执行，直接产生重定向响应送往客户端。

当浏览器接收到重定向响应后，会自动向目标页面发出 GET 请求，这一过程并不需要用户的介入。最终，浏览器地址栏中显示重定向响应中指定的目标页面的 URL，浏览器窗口显示该目标页面的内容。

上述通过 header 函数实现的页面跳转过程称为重定向(Redirect)。重定向经常与 POST 请求配合使用，产生一种 PRG(Post-Redirect-Get)模式，如图 14-4 所示。

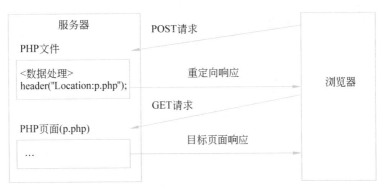

图 14-4　PRG 模式

在 PRG 模式中，当用户向 Web 服务器发送 POST 请求时，可以提交给某个 PHP 文件来处理，该 PHP 文件只负责数据的处理，而不负责产生响应内容。当该 PHP 文件完成数据处理后，可以调用上述 header 函数，产生一个重定向响应。浏览器接收到重定向响应后，自动产生对目标页面的 GET 请求，最终由该目标页面产生响应内容。

与非 PRG 模式相比，PRG 模式额外增加了一个请求-响应过程，因此会降低一些性能，但它带来了两个好处：一是数据处理和响应内容的产生和输出分属两个 PHP 文件负责，便于网站的开发与维护；二是最终呈现在浏览器窗口的内容是通过 GET 请求获得的，所以用户单击诸如"刷新"等按钮再次发送请求时不会弹出确认窗口，从而可以提高用户访问网站的体验。

【例 14-5】　修改例 14-2 中对表单数据的处理流程：如果所有的表单数据都通过检验，那么就把这些数据保存在会话变量中，然后重定向至另一个页面，由该页面显示相关的会话数据。

该例包含两个 PHP 文件：一个是 14-5.php，是从 14-2.php 修改而来；另一个是 show.php，用于显示相关的会话数据。

下面是文件 14-5.php 的代码：

```
1. //定义变量并设置为空值
2. $user=$gender =$email ="";
3. $userErr=$genderErr =$emailErr ="";
4. $flag=true;
5.
6. if ($_SERVER["REQUEST_METHOD"] =="POST") {
7.     …(省略了)
8. }
9. if ($_SERVER["REQUEST_METHOD"]=="POST"&& $flag) {
10.     session_start();
11.     $_SESSION["user"] =$user;
12.     $_SESSION["gender"] =$gender;
13.     $_SESSION["email"] =$email;
14.     header("Location: show.php");
15. } else {
16.     include "form2.php";
17. }
```

其中与文件 14-2.php 相同的部分代码做了省略处理。文件 form2.php 的代码见例 14-2，没有改变。文件 show.php 的代码如下：

```
1. session_start();
2. echo "用户名: ", $_SESSION["user"], "<br />";
3. echo "性别: ", $_SESSION["gender"], "<br />";
4. echo "email 地址: ", $_SESSION["email"], "<br />";
```

其中，show.php 文件读取在上一次请求-响应期间注册的 user、gender 和 email 等会话变量值并显示。

14.4 实战: 访问请求参数

管理员子系统的很多模块都会涉及访问请求参数、维护会话变量、页面跳转等功能，这里举两个典型例子。

14.4.1 addSchedules 函数

在维护开课信息任务中，当用户提交添加开课信息表单（见 6.8.3 节）时，服务器需要读取表单数据，然后向 schedule 表添加有效的开课课程记录。

在 ls_admin 文件夹下创建名为 addSchedules.php 的文件，并在其中定义用于添加开课课程信息的同名函数。代码如下：

```
1. function addSchedules(): void {
2.     global $db,$n, $term, $hint;
3.     $count=0;
4.     for ($i=0; $i<$n; $i++) {
5.         $cn=$_POST["cn$i"];
6.         $tn=$_POST["tn$i"];
```

```
7.        if ($cn!==""&& $tn!=="") {                    //课程和教师都已指定
8.            $sql="INSERT INTO schedule(term,cn,tn) "
9.                . "VALUES('$term','$cn','$tn')";
10.           try {
11.               $db->execute($sql);
12.           } catch (mysqli_sql_exception $e) { continue; }
13.           $count++;
14.       }
15.   }
16.   $hint ="已添加{$count}条开课信息,请继续...";
17. }
```

其中,term 表示开课学期,n 表示表单每次可提交的最大开课课程数。

14.4.2 "退出"系统

登录管理员子系统后,各任务页面都会包含导航栏。导航栏的右侧有一个"退出"超链接,单击该超链接将退出登录,并再次呈现登录页面。

在源文件结点下新建名为 admin 的文件夹,然后在该文件夹里创建名为 logoff.php 的文件。单击"退出"超链接将直接调用该文件完成相应的任务。代码如下:

```
session_start();
session_destroy();
header("Location: logon_p.php");
exit();
```

习题 14

一、选择题

1. 下面有关 GET 请求和 POST 请求的描述错误的是(　　)。

A. POST 请求适用于发送邮件

B. GET 请求适用于进行查询操作

C. POST 请求的请求参数位于 HTTP 请求的请求体

D. GET 请求的请求参数作为请求 URL 的一部分会出现在地址栏上

2. 假设一表单包含以下控件元素:

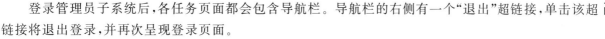

当提交表单时,以下有关请求参数的描述正确的是(　　)。

A. 将包含一个名称为 i1 的请求参数

B. 将包含一个名称为 user 的请求参数

C. 根据用户是否在该文本域输入值确定是否包含一个名称为 i1 的请求参数

D. 根据用户是否在该文本域输入值确定是否包含一个名称为 user 的请求参数

3. 下面有关 Cookie 的描述正确的是(　　)。

A. Cookie 是从客户端传送到服务器端保存的一小段文本

B. Cookie 是从客户端传送到服务器端保存的一小段代码

C. Cookie 是从服务器端传送到客户端保存的一小段文本

    D. Cookie 是从服务器端传送到客户端保存的一小段代码

4. 下面有关会话的描述正确的是（　　）。

    A. 会话是一个用户通过 Web 服务器与另一个用户的一系列问答

    B. 会话是一个用户与一个网站之间的一系列请求-响应，期间可以访问其他网站

    C. 会话是一个用户与一个网站之间的一系列请求-响应，期间不能访问其他网站

    D. 会话是一个用户与多个网站之间的一系列请求-响应

5. 下面与 PRG 模式有关的描述错误的是（　　）。

    A. PRG 是指 Post-Redirect-Get

    B. 重定向响应的状态码是 302

    C. 重定向响应一定包含一个名为 Location 的响应域

    D. PRG 模式涉及的两次请求-响应都需要由用户手动发出

二、程序题

根据要求写 PHP 代码。

（1）有表单包含以下控件元素：

```
<label for="i1" style="vertical-align: top">专长</label>
<select id="i1" name="speciality[]" multiple="multiple" size="3">
<option value="1">足球</option>
<option value="2">篮球</option>
<option value="3">游泳</option>
</select>
```

当提交表单时，可能由于一些表单数据无法通过检验，表单会被再次呈现出来，以便用户重新输入或编辑。

试通过插入 PHP 代码的方式，使得当表单再次被呈现时，上述控件元素中原先被用户选择的选项仍被自动选中。假设用户原先选择的结果保存在字符串数组 $speciality 中。

（2）定义一个名称为"animal"、值为"Cat"的 Cookie，并设置其在 1 天后失效。

（3）启动一个会话并同时设置会话的生命周期为 2h。

（4）处理 POST 请求：首先判断是否存在名为"gender"的请求参数，若存在就注册一个同名的会话变量，会话变量的值就是请求参数的值。

（5）清除当前会话中所有注册的会话变量，然后重定向至主页文件 index.php。

第 15 章 文 件 处 理

本章主题:

- 文件操作函数。
- 流与文件操作。
- 文件上传。
- 文件下载。

除了要访问数据库,动态网站和 Web 应用还会涉及处理普通文件,特别是文件上传和下载更是各种网站都会提供的基本功能。

本章首先介绍常用的文件操作函数,涉及文件的创建、检测,以及读写,然后介绍基于流的文件操作函数,包括文件的打开、读与写的操作、文件指针移动等。接着介绍文件上传的有关内容,包括上传文件表单的编写,以及服务器端 PHP 代码获取和处理上传文件的方法等。最后介绍实现文件下载功能的方法和技术。

15.1 常用的文件操作函数

本节介绍涉及目录与文件基本操作的一些函数,包括目录与文件的创建和删除,检测文件的大小和类型,以及文件内容的读取和写入等。

15.1.1 创建目录与文件

这里介绍有关创建和删除目录及文件的几个函数。

1. mkdir 函数

该函数用于创建目录,其格式如下:

```
mkdir(
    string $directory,
    int $permissions = 0777,
    bool $recursive = false,
    ?resource $context = null
): bool
```

其中参数说明如下。

(1)参数 directory 用于指定创建的目录。若创建成功,函数返回 true;否则,函数返回 false。如果 directory 仅指定目录名,或采用相对路径,则相对于当前工作目录,即用户请求的资源所在的目录。

(2)参数 permissions 的默认值为 0777,意味着最大可能的访问权限。

(3)参数 recursive 用于指定是否允许创建在参数 directory 中指定的嵌套目录,默认值为 false。

(4)参数 context 用于指定一个有效的上下文资源。上下文资源由 stream_context_create 函数创建,可以设置一些上下文参数和上下文选项。如果不需要自定义上下文,可以使用默认值 null。

2. touch 函数

该函数可以创建文件,或设置已有文件的修改时间和访问时间,其格式如下:

```
touch(string $filename, ?int $mtime =null, ?int $atime =null): bool
```

其中,(1) 参数 filename 是指定的文件名。如果指定的文件不存在,函数会先创建它。如果 filename 仅指定文件名,或采用相对路径,则相对于当前工作目录,即用户请求的资源所在的目录。

（2）参数 mtime 用于指定文件的修改时间。若该参数被指定为 null(默认值),那么系统的当前时间 time()被作为参数值。

（3）参数 atime 用于指定文件的访问时间。若该参数被指定为 null(默认值),那么参数 mtime 的值被作为该参数的值。

若设置成功,函数返回 true;否则,函数返回 false。

3. unlink 函数

该函数用于删除一个文件,其格式如下:

```
unlink(string $filename, ?resource $context =null): bool
```

其中,参数 context 用于指定一个有效的上下文资源。若参数 filename 指定的文件删除成功,函数返回 true;否则,函数返回 false。

4. rmdir 函数

该函数用于删除目录,其格式如下:

```
rmdir(string $directory, ?resource $context =null): bool
```

其中,参数说明如下。

参数 directory 用于指定目录,该目录必须为空(不含子目录和文件)。若删除成功,函数返回 true;否则,函数返回 false。

参数 context 用于指定一个有效的上下文资源。

15.1.2 检测目录和文件

这里介绍几个检测函数,可以检测文件、目录是否存在,文件的大小、MIME 类型、扩展名等。另外,scandir 函数可以获取指定目录下的文件列表。

1. file_exists 函数

该函数用于检测文件或目录是否存在,其格式如下:

```
file_exists(string $filename): bool
```

其中,参数 filename 用于指定文件或目录,若存在指定的文件或目录,函数返回 true;否则,函数返回 false。

2. is_dir 函数

该函数用于检测是否为目录,其格式如下:

```
is_dir(string $filename): bool
```

其中,参数 filename 用于指定一个目录,若目录存在,函数返回 true;否则,函数返回 false。

3. is_file 函数

该函数用于检测是否为文件,其格式如下:

```
is_file(string $filename): bool
```

其中,若参数 filename 用于指定一个常规文件。若文件存在,则函数返回 true;否则,函数返回 false。

4. filesize 函数

该函数用于获取文件的大小信息,即文件的字节数。其格式如下:

```
filesize(string $filename): int|false
```

其中,参数 filename 用于指定文件。若指定的文件不存在,函数返回 false,并产生一个 Warning 错误信息。

5. mime_content_type 函数

该函数用于检测文件的 MIME 类型,其格式如下:

```
mime_content_type(resource|string $filename): string|false
```

其中,参数 filename 用于指定文件的 MIME 类型,如 text/plain、application/octet-stream 等。若指定的文件不存在,则返回 false,并产生一个 Warning 错误信息。

6. pathinfo 函数

该函数用于获取文件路径的有关信息,其格式如下:

```
pathinfo(string $path, int $flags =PATHINFO_ALL): array|string
```

其中,参数说明如下。

path(文件标识符)用于指定文件路径的有关信息。

参数 flags 用于指定需返回什么信息,可以取以下预定义常量。

- PATHINFO_DIRNAME:返回一个表示文件所在目录路径的字符串。
- PATHINFO_BASENAME:返回一个表示文件基名(<文件名>.<扩展名>)的字符串。
- PATHINFO_EXTENSION:返回一个表示文件扩展名的字符串。
- PATHINFO_FILENAME:返回一个表示文件名的字符串。
- PATHINFO_ALL:默认值。返回一个包含文件路径所有信息的关联数组,数组元素的键包括 dirname、basename、extension 和 filename。

7. scandir 函数

该函数用于获取指定目录下的文件名和子目录名列表,其格式如下:

```
scandir(
    string $directory,
    int $sorting_order =SCANDIR_SORT_ASCENDING,
    ?resource $context =null
): array|false
```

其中参数说明如下。

参数 directory 用于指定目录。

参数 sorting_order 指定文件名、子目录名在返回数组中的排列次序。可以取以下预定义常量。

- SCANDIR_SORT_ASCENDING:默认值,按字典顺序升序排序。
- SCANDIR_SORT_DESCENDING:按字典顺序降序排序。
- SCANDIR_SORT_NONE:无序。

15.1.3 读写文件

下面介绍几个向文件写出数据和从文件读入数据的函数。

1. file_put_contents 函数

该函数用于向文件写出数据,其格式如下:

```
file_put_contents(
    string $filename,
    mixed $data,
    int $flags =0,
    ?resource $context =null
): int|false
```

其中参数说明如下。

(1) 参数 data 既可以是一个字符串,也可以是一个数组或流资源。

- 如果 data 是一个数组,函数会把数组各元素值连接成一个字符串,再写出到文件中。
- 如果 data 是流资源,函数会把流中剩余的缓存数据写出到文件中。

(2) 参数 flags 可以是下面标记值通过或运算符"|"连接的任意组合。

- FILE_USE_INCLUDE_PATH：在 include_path 指定目录中搜索文件 filename。
- FILE_APPEND：若文件 filename 已经存在,那么写出的内容将追加在文件原有内容的后面,而不是覆盖。
- LOCK_EX：在向文件写出数据时,会获得文件的一个独占锁。

(3) 参数 context 指定一个上下文资源,如果不需要自定义上下文,可以使用默认值 null。

函数将参数 data 指定的数据写到参数 filename 指定的文件。默认情况下,写出的内容会覆盖文件中原有的内容。若指定的文件不存在,函数会先创建该文件。

若写出成功,函数返回写出的字节数;否则,函数返回 false。

2. file_get_contents 函数

该函数用于从文件读入内容,并作为字符串返回。其格式如下:

```
file_get_contents(
    string $filename,
    bool $use_include_path =false,
    ?resource $context =null,
    int $offset =0,
    ?int $length =null
): string|false
```

其中参数说明如下。

参数 filename 用于指定读入内容的文件。

(1) 参数 offset 指定开始读取的字节相对于文件首字节的偏移量,默认值为 0,即从文件的首字节开始读入。若 offset 为负,是指相对于文件尾的负偏移量,即从文件倒数第−offset 字节开始读入,适合于读取文件尾部的部分内容。

(2) 参数 length 指定读取的最大长度(字节数)。默认值为 null,表示读至文件尾。

若函数读操作失败,函数返回 false。

3. readfile 函数

该函数用于输出一个文件,其格式如下:

```
readfile(
    string $filename,
    bool $use_include_path=false,
```

```
    ?resource $context =null
): int|false
```

其中参数说明如下。

（1）参数 filename 用于指定读入的文件。

（2）readfile 函数既完成了读入文件内容的操作，又实现了输出文件内容的功能。

函数读入指定文件 filename 的全部内容并将其写出到输出缓冲区，并最终作为 HTTP 响应体的内容送往客户端。函数返回实际从文件中读入的字节数。若操作出错，函数返回 false，并产生一个 Warning 错误信息。

15.2　流与文件操作

在 PHP 中，流是一种 resource 类型的数据，表示输入输出数据流。通过它，可以实现文件的读写操作。文件读操作，就是数据从文件流入内存（程序）；文件写操作，就是数据从内存（程序）流出到文件。

15.2.1　打开与关闭文件

打开文件用 fopen 函数，关闭文件用 fclose 函数。

1. fopen 函数

该函数用于打开一个文件，以便对文件进行读写操作，其格式如下：

```
fopen(
    string $filename,
    string $mode,
    bool $use_include_path =false,
    ?resource $context =null
): resource|false
```

其中参数说明如下。

（1）参数 filename 用于指定要打开文件的文件标识符。若其采用相对路径，则相对于当前工作目录，即用户请求的资源所在的目录。

（2）参数 mode 用于指定文件的打开模式，即将要对打开的文件做何种类型的操作。该参数的可取值及其含义如表 15-1 所示。

表 15-1　文件打开模式

模　式	含　义	说　　明
"r"	只读	打开文件，文件指针指向文件头
"r+"	读写	打开文件，文件指针指向文件头
"w"	只写	打开并清除文件内容，若文件不存在就创建一个新文件
"w+"	读写	打开并清除文件内容，若文件不存在就创建一个新文件
"a"	只写	打开文件，文件指针指向文件尾，若文件不存在就创建一个新文件
"a+"	读写	打开文件，文件指针指向文件尾，若文件不存在就创建一个新文件
"x"	只写	创建一个新文件。若文件已经存在，产生警告信息，函数返回 false
"x+"	读写	创建一个新文件。若文件已经存在，产生警告信息，函数返回 false
"c"	只写	打开文件，文件指针指向文件头
"c+"	读写	打开文件，文件指针指向文件头

（3）参数 use_include_path 是可选的，默认值为 false，此时 PHP 会在当前工作目录中寻找要打开的文件。如果将该参数设置为 true，那么 PHP 将在配置文件 php.ini 中的 include_path 项设置的路径中搜寻要打开的文件。

（4）参数 context 用于指定一个上下文资源，如果不需要自定义上下文，可以使用默认值 null。

该函数用于打开指定文件 filename，即将其绑定到一个流上，并返回该流资源；若绑定失败，函数返回 false。

2. fclose 函数

该函数用于关闭一个已打开的文件，其格式如下：

```
fclose(resource $stream): bool
```

该函数用于关闭与指定流 stream 绑定的文件。如果关闭成功，函数返回 true；否则，函数返回 false。

15.2.2　向文件写出数据

下面，介绍向文件写出数据的两个函数：fwrite 和 fputcsv。

1. fwrite 函数

该函数用于向文件写出内容，其格式如下：

```
fwrite(resource $stream, string $data, ?int $length =null): int|false
```

该函数用于向与指定 stream 绑定的文件写出数据。参数 data 指定要写到文件的字符串数据。

参数 length 是一个可选项，如果指定，那么当写出了 data 中的前 length 字节的数据后结束操作。如果 data 中的字节数小于 length，则在写出整个 data 后结束操作。

如果写出操作成功，函数返回实际写出到文件的字节数；否则函数返回 false。

2. fputcsv 函数

该函数用于向 CSV 文件写出一条记录。

CSV（Comma-Separated Values）是一种通用的、相对简单的纯文本文件格式，其文件一般以.csv 作为扩展名。CSV 文件由记录组成（典型的是每行一条记录），每条记录由分隔符分隔为若干字段，每条记录都有相同的字段序列。

该函数的格式如下：

```
fputcsv(
    resource $stream,
    array $fields,
    string $separator =",",
    string $enclosure ="\"",
    string $escape ="\\",
    string $eol ="\n"
): int|false
```

函数向与指定 stream 绑定的 CSV 文件写出一条记录。参数 fields 是一个数组，指定要写出到文件的记录数据，每个数组元素对应一个字段。如果写出操作成功，函数返回实际写入文件的字节数；否则函数返回 false。

参数 separator 指定字段之间的分隔符（只能是一个单字节字符），默认值为逗号。参数 enclosure 指定字段值的定界符（只能是一个单字节字符），默认值为""。参数 escape 指定转义符号，默认值为"\"。参数 eol 指定行的结束符，一般应设为回车符(\r)、换行符(\n)或回车换行符(\r\n)，默认值为换行符(\n)。

如果字段值中本身包含定界符,除非它紧跟在转义符号后面,否则将通过重复两次该定界符来实现转义。

15.2.3 从文件读入数据

PHP 为文件的读取提供了许多函数,这里介绍几个最常用的。

1. fgetc 函数

该函数可以从文件读入一个字符,其格式如下:

```
fgetc(resource $stream): string|false
```

函数从流 stream 绑定的文件读入当前字符,并返回仅包含该字符的字符串。如果没有任何数据可读(文件指针指向文件尾),函数返回 false。

2. fread 函数

该函数从文件读入指定长度的数据,其格式如下:

```
fread(resource $stream, int $length): string|false
```

函数从流 stream 绑定的文件读入指定长度的数据。参数 length 指定要读入的最多字节数。当读入了指定的字节数或者碰到了文件尾时,读操作结束,函数返回读入的字符串。如果读操作出错,函数返回 false。

3. fgets 函数

该函数可以从文件读入一行内容,其格式如下:

```
fgets(resource $stream, ?int $length =null): string|false
```

函数从流 stream 绑定的文件读入内容。参数 length 是可选的,如果指定,那么函数最多读入 length−1 字节。当读入了 length−1 字节,或者读到了新行符(回车符、换行符或回车换行符),或者碰到了文件尾时,读操作结束,函数返回读入的字符串(包括新行符)。如果没有任何数据可读(文件指针指向文件尾),或者读操作出错,函数返回 false。

4. fgetcsv 函数

该函数从 CSV 文件中读入一条记录,其格式如下:

```
fgetcsv(
    resource $stream,
    ?int $length =null,
    string $separator =",",
    string $enclosure ="\"",
    string $escape ="\\"
): array|false
```

其中参数说明如下。

参数 length 应该大于文件中最长一行的长度,否则一些记录会被分割成多次读入。如果该参数取默认值 null,或设置为 0,那么记录的长度将不受限制。

参数 separator、enclosure、escape 的含义与函数 fputcsv 中的相同。

该函数用于从流 stream 绑定的 CSV 文件读入当前记录,并解析出该记录的各字段值。函数返回一个包含这些字段值的数字索引数组。如果没有任何数据可读(文件指针指向文件尾),或者读操作出错,函数返回 false。

15.2.4 移动与检测文件指针

下面是几个用于移动与检测文件指针的函数。

1. rewind 函数

该函数将文件指针倒回到文件头，其格式如下：

```
rewind(resource $stream): bool
```

如果操作成功，函数返回 true；否则，函数返回 false。

2. fseek 函数

该函数用于移动文件指针，其格式如下：

```
fseek(resource $stream, int $offset, int $whence =SEEK_SET): int
```

其中参数说明如下。

（1）参数 offset 用于指定以字节为单位的偏移量。

（2）参数 whence 用于指定偏移的相对位置。若指针设置成功，则函数返回 0；否则，函数返回 -1。参数 whence 的可取值如下。

- SEEK_SET：默认值，相对于文件头。此时，若 offset 为 0，则新位置为文件的首字节。
- SEEK_CUR：相对于当前位置，新位置为当前位置加上 offset。
- SEEK_END：相对于文件尾。此时，若 offset 为 -1，则新位置为文件的倒数第 1 个字节。

函数在与流 stream 绑定的文件中将文件指针移动到一个新的位置。

3. ftell 函数

该函数可以获得文件指针的位置，其格式如下：

```
ftell(resource $stream): int|false
```

函数返回与流 stream 绑定的文件的文件指针的位置。若发生错误，则函数返回 false。

4. feof 函数

该函数用于检测文件指针是否指向文件尾，其格式如下：

```
feof(resource $stream): bool
```

若与流 stream 绑定的文件的文件指针处于 EOF，则函数返回 true；否则，函数返回 false。

【例 15-1】 文件读写操作。打开一个 CSV 文件（如果文件不存在，则自动新建），然后往文件中添加两条记录，每条记录包含一本图书的 ISBN、书名、单价和出版社，最后读取该 CSV 文件中的所有图书信息并输出。代码如下：

```
1. $books=array(
2.     array("9877115255352", "计算机系统", "45.5", "电子工业出版社"),
3.     array("9847223255123", "动态网站开发", "55.2", "清华大学出版社")
4. );
5. $stream=fopen("files/aaa.csv", "a+");          //假设子目录 files 已经存在
6. foreach ($books as $value) {
7.     fputcsv($stream, $value);
8. }
9. rewind($stream);
10. while ($book =fgetcsv($stream)) {
11.     list($isbn, $title, $price, $publisher) =$book;
```

```
12.       printf("<p>%s, %s, %6.2f, %s</p>", $isbn, $title, $price, $publisher);
13. }
14. fclose($stream);
15. echo "<p>文件操作结束!</p>";
```

注意：该 PHP 文件所在目录下应事先建有 files 子目录。也可以用代码实现：先调用 file_exists 函数判断目录是否存在，若不存在，则调用 mkdir 函数创建它。

15.3 文件上传

文件上传一般涉及两部分代码的设计：一是呈现于客户端的包含文件域在内的 HTML 表单；二是运行于服务器端的用于接收包括上传文件在内的表单数据的 PHP 代码。

15.3.1 文件上传表单

要实现文件上传，需要在 HTML 表单中包含 type 属性值为"file"的 input 元素，即文件域。在浏览器中，文件域一般呈现为一个按钮和一个框，按钮的标签可能会因浏览器不同而不同，如"浏览""选择文件"等。当用户单击按钮时，会打开一个对话框供用户从本地文件系统中选择文件，被选择的文件的标识符会显示在框中。

对于大多数表单，form 元素的 method 属性值可以取"GET"或"POST"，enctype 属性值通常取默认值，即"application/x-www-form-urlencoded"。而对于文件上传表单，method 属性值应该取"POST"，enctype 属性值必须取"multipart/form-data"，如下面的代码所示：

```
<form enctype="multipart/form-data" method="POST" action="…">
    <其他控件元素或文件域>…
    <input id="myfile" type="file" name="upfile" />
    <input type="submit" value="submit" />
</form>
```

在文件上传表单中，可以包含一个或多个文件域。除了文件域，也可以包含其他的表单控件元素。

15.3.2 获取上传文件

在 PHP 中，可以很容易获取上传文件和其他表单数据。获取其他表单数据的方法跟之前介绍的没有区别，可以通过访问 $_POST 数组获得。

要获得上传文件，先要知悉上传文件的有关属性。可以通过访问超全局变量 $_FILES 来获得上传文件的有关属性。$_FILES 是一个关联二维数组，其外层数组的每个元素的值是一个数组，表示一个上传文件，键是文件上传表单中对应文件域控件的名称，如'upfile'。内层数组的每个元素的值是该上传文件的某个属性，键是预定义的，如'error'、'tmp_name'等。

下面是几个常用的 $_FILES 数组元素及其保存的上传文件属性的含义说明。

（1）$_FILES['upfile']['error']：错误信息代码，其值如下。

- UPLOAD_ERR_OK：值为 0，表示上传成功。
- UPLOAD_ERR_INI_SIZE：值为 1，表示上传文件大小超过了 PHP 配置文件 php.ini 中 upload_max_filesize 项指定的限制值。
- UPLOAD_ERR_FORM_SIZE：值为 2，表示上传文件的大小超过了 HTML 表单中由属性 MAX_FILE_SIZE 指定的值。

- UPLOAD_ERR_PARTIAL：值为 3，表示文件只有部分被上传。
- UPLOAD_ERR_NO_FILE：值为 4，表示没有文件被上传。
- UPLOAD_ERR_NO_TMP_DIR：其值为 6，表示找不到临时文件夹。
- UPLOAD_ERR_CANT_WRITE：其值为 7，表示写文件失败。
- UPLOAD_ERR_EXTENSION：其值为 8，表示某个 PHP 扩展停止了文件上传。

（2）$_FILES['upfile']['name']：上传文件的原文件名（包括扩展名）。

（3）$_FILES['upfile']['type']：上传文件的 MIME 类型。

（4）$_FILES['upfile']['size']：上传文件的大小，单位为字节。

（5）$_FILES['upfile']['tmp_name']：文件上传后在服务器端存储的临时文件的文件标识符。

PHP 在处理上传文件表单时，会自动把上传文件的内容保存在临时目录的临时文件中，这个临时文件的文件标识符可以通过访问数组元素 $_FILES['upfile']['tmp_name']获得。不管上传是否成功，PHP 脚本代码执行完后，PHP 都会删除这些临时文件。所以在处理上传文件时，都需要将这些上传的临时文件移动到其他位置，或者读取上传文件的内容做所需的处理。

PHP 的 move_uploaded_file 函数可以完成上传文件的移动，其格式如下：

```
move_uploaded_file(string $from, string $to): bool
```

函数移动一个上传的文件至新的位置。参数 from 指定要被移动的上传文件的文件标识符，参数 to 指定文件移动后目标文件的文件标识符。

若操作成功，函数返回 true。如果 from 不是一个上传文件或因其他原因导致操作失败，函数返回 false。

【例 15-2】 假设数据库 test 中有一个 book 表，包含图书的编号（ISBN）、书名（title）和封面图像（cover）等字段。数据库和表的创建语句如下：

```
CREATE DATABASE test;
USE test;
CREATE TABLE book(
    isbn VARCHAR(13) PRIMARY KEY, title VARCHAR(20), cover LONGBLOB
);
```

设计一个表单，如图 15-1 所示，可以上传一本图书的相关信息，并保存到 test 数据库的 book 表中。

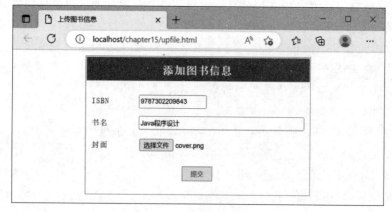

图 15-1　上传图书信息表单

在该例中，包含两个文件：一个是用于呈现表单的页面文件，文件名是 upfile.html；另一个是用于处理上传数据的 PHP 文件，文件名为 up_process.php。

下面是文件 upfile.html 的代码：

```
1.  <!DOCTYPE html>
2.  <html>
3.  <head>
4.      <title>上传图书信息</title>
5.      <meta charset="UTF-8">
6.      <link rel="stylesheet" type="text/css" href="/xk/css/xk.css"/>
7.  </head>
8.  <body>
9.  <form class="logreg" enctype="multipart/form-data" method="POST"
10.     action="up_process.php">
11.     <div class="outer">
12.     <div class="title">添加图书信息</div>
13.         <div class="inter">
14.             <p>
15.                 <label for="i1" class="label">ISBN</label>
16.                 <input type="text" id="i1" name="isbn" maxlength="13"
17.                     style="width: 120px" />
18.             <p>
19.                 <label for="i2" class="label">书名</label>
20.                 <input type="text" id="i2" name="title" maxlength="20"
21.                     style="width: 300px" />
22.             <p>
23.                 <label for="i3" class="label">封面</label>
24.                 <input type="file" id="i3" name="cover" style="width: 300px" />
25.                 <p style="text-align: center; padding-top: 10px">
26.                 <input type="submit" name="submit" value="提交"/>
27.             </p>
28.         </div>
29.     </div>
30. </form>
31. </body>
32. </html>
```

该表单的呈现用到了教务选课系统中的外部样式表文件 xk.css。

下面是文件 up_process.php 的代码：

```
1.  header("Content-type:text/html;charset=UTF-8");
2.  $isbn=$_POST['isbn'];
3.  $title=$_POST['title'];
4.  if (!empty($isbn)&&!empty($title) && $_FILES['cover']['error']===0) {
5.      /* 连接数据库 */
6.      $mysqli=new mysqli("localhost", "root", "", "test");
7.      /* 确定该图书编号是否已经存在 */
8.      $query="SELECT * FROM book WHERE isbn='$isbn'";
9.      $result=$mysqli->query($query);
10.     if ($result->num_rows===1) {
11.         echo "该图书编号已经存在!";
12.     } else {
13.         /* 获取上传封面的内容 */
```

```
14.         $filespec =$_FILES['cover']['tmp_name'];
15.         $cover=file_get_contents($filespec);
16.         $cover=addslashes($cover);
17.         /* 往数据库插入上传数据 */
18.         $sql="INSERT INTO book VALUES('$isbn', '$title', '$cover')";
19.         $ret=$mysqli->query($sql);
20.         if ($ret) {
21.             echo "图书信息已成功上传并保存!";
22.         } else {
23.             echo "图书信息保存操作失败!";
24.         }
25.     }
26.     $mysqli->close();
27. } else {
28.     echo "数据为空,或文件上传失败!";
29. }
```

15.4 文件下载

在动态网站中,文件下载通常采用 HTTP,即服务器以 HTTP 响应的形式向客户端发送文件,其中响应体就是被下载的文件的内容。

实际上,当通过超链接元素 a 请求一个 HTML 文档时,就涉及对该文档的下载;当页面中通过 img 元素包含一个图像时,也涉及对该图像文件的下载。只不过,对这两种类型的文件,浏览器在接收时一般会直接打开呈现,所以主要用于浏览。

除了 HTML 文档和图像文件,也可以用 a 元素来请求其他类型的文件,例如:

```
<a href="files/ttt.txt">打开文件 ttt.txt </a>
<a href="files/logo.jpg">打开文件 logo.jpg </a>
<a href="files/chapter1.ppt">打开文件 chapter1.ppt </a>
```

当浏览器接收到 HTTP 响应后,如果响应内容是文本文件、图像文件等,就会直接打开呈现;如果是浏览器本身无法解析处理的文件,那么可能会直接下载保存,也可能会借助其他应用软件打开。

这种用 a 元素来下载文件的方式,其优点是简单,即开发人员只需在元素的 href 属性中指定要下载的文件,当用户单击超链接文字发出 GET 请求后,服务器就会自动读取文件内容作为响应体,同时也会自动设置响应头中相应的域,如设置 Content-Type 域,指定文件的 MIME 类型;设置 Content-Length 域,指定文件的字节数等。

但这种方式也有其缺点,主要如下。

(1) 把文件在服务器端的路径直接暴露给了用户,可能会有安全隐患。

(2) 不适用文件内容保存在数据库里等情况。

更为一般的文件下载方法是,由服务器端代码控制文件的下载,即由代码设置响应。通常,为实现文件下载,代码需要完成以下工作。

(1) 设置响应域 Content-Type,指定文件的 MIME 类型。

(2) 设置响应域 Content-Length,指定文件的大小,也即响应体包含的字节数。

(3) 设置响应域 Content-Disposition,指定处置响应体内容的方式。

(4) 读取文件内容,并将其作为响应体输出。通常,只需用 echo 或 print 等语句将整个文件的内容输出即可。

在下载文件时,通常要求浏览器以附件方式处置响应体内容,并可以为之指定一个默认文件名。这是通过设置响应域 Content-Disposition 来实现的,例如:

```
header("Content-Disposition: attachment; filename=fname.doc");
```

这样,当浏览器接收到响应后,就不会试图去打开、呈现响应体内容,而会考虑将响应体内容作为文件去保存。例如,打开一个对话框,让用户选择保存文件的位置,而在响应域中指定的文件名(如 fname.doc)则会作为默认的文件名。

比较用 a 元素下载文件和用 PHP 代码下载文件两种方式。用 a 元素下载文件时,会自动设置 Content-Type 和 Content-Length 响应域,但不会设置 Content-Disposition 响应域,其主要作用是下载文件以呈现。用 PHP 代码下载文件时,可以设置 Content-Disposition 响应域,实现下载文件以保存的目的。但同时也要手动设置 Content-Type 和 Content-Length 响应域。

【例 15-3】　根据用户指定的图书 ISBN,从数据库 test 的 book 表中查询该图书的相关信息,并显示其书名和封面图像。

该例包含两个文件:一个是作为页面的 PHP 文件,文件名为 querybook.php;另一个是用于读取并下载封面图像内容的 PHP 文件,文件名为 getcover.php。

下面是文件 querybook.php 的代码:

```
1.  <!DOCTYPE html>
2.  <html>
3.  <head>
4.      <title>查询图书信息</title>
5.      <meta charset="UTF-8">
6.  </head>
7.  <body>
8.      <form method="GET" action="">
9.          <p>请输入 ISBN:</p>
10.         <p><input type="text" name="isbn" /></p>
11.         <p><input type="submit" name="submit" value="查询" /></p>
12.     </form>
13.     <?php
14.         if (array_key_exists("submit", $_GET)) {
15.             $isbn =$_GET['isbn'];
16.             /* 连接数据库 */
17.             $mysqli =new mysqli("localhost", "root", "", "test");
18.             /* 确定该图书编号是否存在 */
19.             $query="SELECT title FROM book WHERE isbn='$isbn'";
20.             $result=$mysqli->query($query);
21.             if ($result->num_rows===1) {
22.                 $row =$result->fetch_array();
23.                 echo "<p>",$row['title'],"</p>";
24.                 echo <<<_IMG
25.                     <p>
26.                         <img src='getcover.php?isbn=$isbn' width='150' height='200' />
27.                     </p>
28.                 _IMG;
29.             } else {
30.                 echo "查无此书";
31.             }
32.             $mysqli->close();
33.         }
```

```
34.    ?>
35. </body>
36. </html>
```

图书封面由 img 元素呈现,但其内容由 PHP 文件 getcover.php 从数据库中获得。下面是文件 getcover.php 的代码:

```
 1. $isbn=$_GET["isbn"];
 2. /* 连接数据库 */
 3. $mysqli=new mysqli("127.0.0.1", "root", "", "test");
 4. /* 根据图书编号查询图书的封面图像数据 */
 5. $query="SELECT cover FROM book WHERE isbn='$isbn'";
 6. $result=$mysqli->query($query);
 7. $row=$result->fetch_array();
 8. $cover=$row['cover'];                           //获取封面图像内容
 9. $result->free();
10. $mysqli->close();
11. /* 产生 HTTP 响应 */
12. header("Content-Type: image/png");             //设置响应域 Content-Type
13. header("Content-Length: ".strlen($cover));     //设置响应域 Content-Length
14. echo $cover;                                    //输出响应体
```

在该例中,假设保存在数据库中的封面图像的文件类型是 png。另外,由于下载的封面图像只需要在页面中呈现,所以不需要设置 Content-Disposition 响应域。

【例 15-4】 用 PHP 代码实现文件下载。页面文件 downpage.php 呈现一个下载列表,可以下载特定目录(工作目录下的 files 子目录)下的文件。单击下载列表中的一个超链接将请求另一个 PHP 文件 downfile.php,并携带请求参数 filename。该请求参数指定要下载的文件的文件名。downfile.php 文件产生一个 HTTP 响应,实现对指定文件的下载。

下面是文件 downpage.php 的代码:

```
 1. <!DOCTYPE html>
 2. <html>
 3. <head>
 4.     <meta charset="UTF-8">
 5.     <title></title>
 6. </head>
 7. <body>
 8.     <?php
 9.         $fnames =scandir("files");
10.         echo "<p>下载列表:</p>";
11.         foreach($fnames as $fname) {
12.             if (is_file("files/".$fname)) {
13.                 echo <<<_DOC
14.                     <p>
15.                         <a href="downfile.php?fname=$fname">$fname</a>
16.                     </p>
17.                 _DOC;
18.             }
19.         }
20.     ?>
21. </body>
22. </html>
```

下面是文件 downfile.php 的代码：

```
1. $fname=$_GET["fname"];
2. $filespec="files/$fname";                    //假设文件存放在 files 子文件夹下
3. $size=filesize($filespec);
4. $mime=mime_content_type($filespec);
5. /* 设置响应域 Content-Length、Content-Type 和 Content-Disposition */
6. header("Content-Length: $size");
7. header("Content-Type: $mime");
8. header("Content-Disposition: attachment; filename=$fname");
9. readfile($filespec);
```

习题 15

一、选择题

1. 在 PHP 中，用于删除一个文件的函数是（　　）。

A. unlink　　　　　　　　B. touch　　　　　　　　C. delete　　　　　　　　D. rmdir

2. 假设变量 $path 的值是一个文件标识符，下面可以获得文件扩展名的式子是（　　）。

A. pathinfo($path，PATHINFO_DIRNAME)

B. pathinfo($path，PATHINFO_BASENAME)

C. pathinfo($path，PATHINFO_EXTENSION)

D. pathinfo($path，PATHINFO_FILENAME)

3. 假设文件已经打开(返回的流资源为 $stream)，且进行了一些读写操作。现在要把文件指针移至文件首，下面错误的代码是（　　）。

A. rewind($stream)；　　　　　　　　B. rewind($stream，0)；

C. fseek($stream，0)；　　　　　　　　D. fseek($stream，SEEK_SET，0)；

4. 在 PHP 中，下面有关文件上传的描述，正确的是（　　）。

A. 上传文件时，既可以是 GET 请求也可以是 POST 请求

B. 每次请求只能上传一个文件

C. 每次请求可以上传多个文件，但不能传递其他请求参数

D. 每次请求可以上传多个文件，且可以传递其他请求参数

5. 假设 HTML 表单有如下文件域元素：

```
<input id="myfile" type="file" name="upfile" />
```

在服务器端，可以输出该上传文件 MIME 类型的 PHP 代码是（　　）。

A. echo $_FILES['myfile']['mime']；　　　　B. echo $_FILES['myfile']['type']；

C. echo $_FILES['upfile']['mime']；　　　　D. echo $_FILES['upfile']['type']；

二、程序题

1. 假设一个 CSV 文件已经按模式"a+"打开，与其绑定的流为 $stream。现在请向文件写出一条记录，记录各字段的值保存在数组 $value，要求记录以回车换行符结束。用 PHP 代码实现上述功能。

2. 假设文件域控件的 HTML 代码如下：

```
<input id="myfile" type="file" name="upfile" style="width: 300px; "/>
```

编写 PHP 代码获取上传文件保存在服务器端的临时文件的文件标识符，并保存在变量 o_name 中。

3. 假设已经通过 PHP 代码获取文件上传后在服务器端存储的临时文件的文件标识符 o_name。编写 PHP 代码将该上传文件移至新的位置，移至新位置后的文件标识符为 d_name。

4. 用 PHP 编写函数 display(string $dir)，能列表显示指定目录 dir 下的文件名和子目录名。若是文件，应该在文件名后再显示文件的大小。

5. 用 PHP 编写函数 downfile(string $file)，能产生一个 HTTP 响应以实现指定文件 file 的下载。

第16章　管理员子系统总括

本章主题：

- 子系统需求概述。
- 页面的抽象超类。
- 请求-处理-视图关系表。
- 具体页面类的设计和实现。
- 具体页面类的调用。

前面各章实战节介绍了教务选课系统管理员子系统中的有关功能模块，并以函数形式进行了实现。本章介绍采用面向对象方法对管理员子系统进行设计和实现的过程和方法，其中会继续沿用之前已有的功能代码。

本章首先对管理员子系统的功能需求做一整体概述，然后定义了若干页面的抽象超类，其中包含具体页面类共有的一些成员方法和成员变量。接着提出了"请求-处理-视图"关系表，用作具体页面类的一种设计工具，可以在需求与实现之间架起一座桥梁。最后介绍了各具体页面类的设计、实现及调用。

16.1　子系统需求概述

本节介绍管理员子系统的功能需求，包括登录、浏览教师信息、添加课程、维护开课信息等，并对涉及的页面和视图概念进行解释。

16.1.1　用户登录

在管理员子系统中，首页即为登录页面，也就是说，必须先登录才能使用管理员子系统。登录页面如图16-1所示。当用户输入用户名和密码并单击"确认"按钮提交后，系统会对登录数据进行验证。如果没有通过验证（格式错误或不是合法的管理员身份），系统将再次呈现登录页面，此时会显示原先输入的用户名和密码以及相应的错误信息，以便用户修改后再提交。

如果通过身份验证，将直接转至"浏览教师信息"页面。之后在退出子系统之前的整个会话期间，用户可以直接调用子系统提供的各项功能，执行"浏览教师信息""添加课程""维护开课信息"等任务。

16.1.2　浏览教师信息

该任务不涉及数据处理，系统只是通过页面分页呈现所有教师的信息，包括职工号、姓名、所属部门及是否为管理员等，如图16-2所示。

就如"浏览教师信息"页面，其他两项任务的对应页面也都包含导航栏，通过单击导航栏中的任务项，管理员可以随时执行相应的任务。另外，导航栏的右侧是问候语和"退出"项。单击"退出"项，用户将退出登录状态，系统自动转至管理员子系统登录页面。

16.1.3　添加课程

单击导航栏中的"添加课程"项，系统将呈现添加课程页面。该页面包含两个视图，即"添加课程表

图 16-1　管理员子系统登录页面

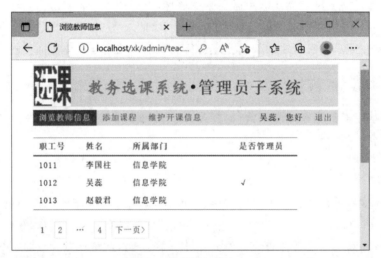

图 16-2　浏览教师信息页面

单”视图和“课程列表”视图，如图 16-3 和图 16-4 所示。

系统首先呈现的是“添加课程表单”视图。当管理员输入课程号、课程名、学分和负责教师并提交表单时，系统将对各项数据进行检测和验证，如果有效，将在课程表 course 中插入一条记录，然后再次呈现该视图。

管理员只能添加其所在部门的课程。具体的体现是，表单中“负责教师”选择列表的各选项必须是该部门的教师。

在“添加课程表单”视图中，单击“课程列表”超链接可以转至“课程列表”视图。“课程列表”视图可以分页呈现管理员所在部门的课程的信息，包括课程号、课程名、学分和负责教师等，其呈现效果如图 16-4 所示。

在“课程列表”视图中，单击“添加课程”可以转至“添加课程表单”视图。

图 16-3　"添加课程表单"视图

图 16-4　"课程列表"视图

16.1.4　维护开课信息

单击导航栏中的"维护开课信息"项,系统将呈现维护开课信息页面。该页面包含两个视图,即"添加开课信息表单"视图和"开课信息列表"视图。

系统首先呈现的是"添加开课信息表单"视图,如图 16-5 所示。管理员首先要指定开课学期,然后指定若干开课的课程和任课教师。当提交表单时,系统将在开课表中插入相应记录,然后再次呈现该视图。表单的标题会显示上次处理的结果信息,如插入的记录数。

管理员只能添加其所在部门的开课信息。具体的体现是,表单中"课程"选择列表的各选项只能是

图 16-5 "添加开课信息表单"视图

该部门教师负责的课程，"任课教师"选择列表的各选项只能是该部门的教师。

　　在"添加开课信息表单"视图中，单击"开课列表"超链接可以转至"开课信息列表"视图。在"开课信息列表"视图中，当选择学期时，系统将呈现指定学期的所有开课课程信息，包括课程名、任课教师、状态（选课、教学或结课）、选课人数等数据，如图 16-6 所示。

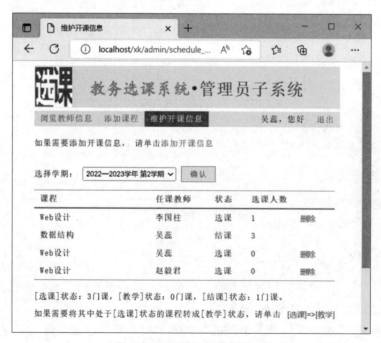

图 16-6 "开课信息列表"视图

　　其中，对状态为"选课"或"教学"的开课课程，其右侧会显示"删除"项。单击该"删除"项，系统将删除该开课课程，并再次呈现该视图。此时，学期仍然是之前的学期，列表呈现的仍然是该学期的开课课程信息。

如果指定学期的所有的开课课程中存在处于"选课"状态的课程,那么列表下方会显示"[选课]=>[教学]"项。单击该"[选课]=>[教学]"项,系统将会把这些课程的状态由"选课"更改为"教学"。

在"开课信息列表"视图中,单击"添加开课信息"超链接可以转至"添加开课信息表单"视图。在两个视图切换时,用户指定的学期应该能自动传至另一个视图。例如,用户在添加开课信息时指定了学期,那么当切换到"开课信息列表"视图时,该学期会被自动选中,视图应自动呈现该学期的开课课程信息。

16.1.5　页面和视图

下面,把一个页面与一个页面类相对应,而一个任务可以包含一个或若干页面类。在运行时,一个页面类可以呈现出不同的结果。如果这些结果,不只是数据不同,而是呈现不同的主题,那么就可以把它们归属为不同的视图,即一个页面可以包含若干视图。

这些视图没有被设计为独立的页面类或页面文件,一般有以下因素。

（1）一个页面的若干视图在处理逻辑上存在关联,在所需数据上存在交织。

（2）除个别区域（如页面内容区）,这些视图在大多数区域显示相同的内容。

（3）用户不需要单独请求该视图。

16.2　页面的抽象超类

本节定义若干页面抽象超类,它们定义了具体的页面类都需要的一些共同的成员变量和成员方法,或者声明了具体的页面类都需要实现的一些抽象方法。

在之前已经创建的 xk 项目基础上,继续教务选课系统管理员子系统的开发。

16.2.1　WebPage 抽象类

该抽象类可以作为所有页面类的抽象超类,其中定义了用于输出页面文档前缀的静态方法 prefix 和用于输出页面文档后缀的静态方法 suffix,以及一个表示页面标题的静态变量 title。

在 classes 文件夹下创建名为 WebPage.php 的文件,并在其中定义 WebPage 抽象类。代码如下:

```
1. abstract class WebPage {
2.     protected static string $title ="www";          //网页标题
3.     /* 完成数据处理 */
4.     function process(): bool {
5.         return true;
6.     }
7.     /* 输出完整的 HTML 页面文档 */
8.     function htmlpage(): void {
9.         self::prefix();
10.        $this->body();
11.        self::suffix();
12.    }
13.    /* 输出页面文档前缀 */
14.    protected static function prefix(): void {
15.        $title=self::$title;
16.        …                                    //见 4.5.1 节 pre_suf_fix.php 文件的第 3～13 行
17.    }
18.    /* 输出页面文档后缀 */
```

```
19.     protected static function suffix(): void {
20.         ...                                //见 4.5.1 节 pre_suf_fix.php 文件的第 16～19 行代码
21.     }
22.     /* 输出页面文档主体(不含 body 元素) */
23.     protected abstract function body(): void;
24. }
```

在此，prefix 和 suffix 方法代码沿用 4.5.1 节定义的同名函数，区别如下：

（1）两个方法都用 protected 修饰，即它们可以被子类继承、覆盖。

（2）两个方法都用 static 修饰，即它们是静态的。

（3）prefix 方法中的局部变量 title 用同名的静态变量赋值，而静态变量 title 是 protected 的，即可以被子类继承并设置。

提示：把方法 prefix 和 suffix，以及成员变量 title 定义成静态的，是因为对于一个具体的页面类，无论哪个用户访问，无论呈现什么数据，其产生的页面文档的前缀、后缀和标题都是一样的，即它们应该属于类而非对象，或者说它们可以被类的所有实例所共享。

动态页面在处理请求时，一般会先进行相应的数据处理，然后再呈现页面。process()方法用于完成所需的数据处理。如果一个具体的页面子类涉及数据处理，那么应该覆盖该方法。

htmlpage()方法用于呈现页面。其中，prefix()和 suffix()方法已经实现，而 body()是抽象方法。具体的子类应该实现 body()方法，输出页面文档主体的具体代码（HTML 元素）。

16.2.2 AdminPage 抽象类

该抽象类可以作为所有管理员子系统页面类的抽象超类，它通过扩展 WebPage 类进行定义。除了从抽象超类 WebPage 继承了相关的成员方法和成员变量，其本身定义了用于呈现页头的 head()方法和用于呈现页脚的 foot()方法。

由于管理员子系统的各页面都涉及数据库的访问操作，因此在该抽象类中还定义了一个表示选课管理数据库访问对象的实例变量 db，并在构造方法中进行了设置。这里，db 被设置为 MySQLDB 类的一个实例对象，MySQLDB 类已在 13.7.1 节定义。

在 classes 文件夹下创建名为 admin 的子文件夹，然后在该 admin 子文件夹下创建名为 AdminPage.php 的文件，并在其中定义 AdminPage 抽象类。代码如下：

```
1. abstract class AdminPage extends WebPage {
2.     protected MySQLDB $db;                        //数据库访问对象
3.     protected function __construct() {
4.         $this->db=new MySQLDB();
5.     }
6.     /* 呈现页头 */
7.     protected static function head(): void {
8.         ...                            //见 4.5.2 节 head_foot.php 文件的 head 函数的函数体代码
9.     }
10.    /* 呈现页脚 */
11.    protected static function foot(): void {
12.        ...                            //见 4.5.2 节 head_foot.php 文件的 foot 函数的函数体代码
```

```
13.        }
14.        /* 输出页面文档主体(不含 body 元素) */
15.        protected function body(): void {
16.            self::head();
17.                $this->main();
18.            self::foot();
19.        }
20.        /* 呈现页面主区 */
21.        protected abstract function main(): void;
22. }
```

这里 head() 和 foot() 方法都是 protected 的,即它们可以被子类继承和覆盖。同时它们也是 static 的,因为对管理员子系统的一个具体的页面类来说,无论哪个用户访问,无论呈现什么数据,其页头和页脚都是一样的。

页面(主体)由页头、页面主区和页脚三部分组成。扩展该抽象类的具体子类应该实现抽象方法 main(),提供代码呈现页面主区。

16.2.3　TaskPage 抽象类

该抽象类通过扩展 AdminPage 抽象类进行定义,可以作为所有具体任务类(如浏览教师信息页面类)的抽象超类。其中定义了用于呈现页面导航栏的 navigationBar() 方法,这是所有具体任务类所共有的。但不同的任务类有不同的当前任务项,如对浏览教师信息页面类,导航栏中的"浏览教师信息"项是当前任务项,应醒目显示。为此定义了一个表示任务号的静态变量 tnum,具体的任务类应该设置该变量为相应的值。

由于任务类只有登录管理员才能访问,因此在该抽象类中还定义了表示用户身份的若干实例变量 user、name 和 dept。

在 classes 文件夹的 admin 子文件夹下创建名为 TaskPage.php 的文件,并在其中定义 TaskPage 抽象类。代码如下:

```
1. abstract class TaskPage extends AdminPage {
2.     protected static int $tnum=0;                                    //任务号
3.     protected string $user="";                                       //用户名
4.     protected string $name="";                                       //姓名
5.     protected string $dept="";                                       //所属部门
6.     /* 输出导航栏代码 */
7.     protected function navigationBar() {
8.         $name=$this->name;
9.         $tnum=self::$tnum;
10.        ···                               //见 5.5 节 navigationBar.php 文件的第 3～20 行代码
11.    }
12.    /* 呈现页面主区 */
13.    protected function main(): void {
14.        $this->navigationBar();
15.        echo "<div style='width: 90%; margin: 20px auto; min-height: 400px'>";
16.        $this->content();
17.        echo "</div>";
18.    }
19.    /* 呈现页面主区内容区 */
20.    protected abstract function content(): void;
21. }
```

具体的任务类应该实现 content() 方法,提供代码呈现页面主区的内容区。

提示：把成员变量 tnum（任务号）定义成静态的，是因为对一个具体的页面类来说，无论哪个用户访问，无论呈现什么数据，其任务号都是相同的。

16.2.4 自动加载设置

打开 lib 文件夹中的 adminloader.php 文件，在数组常量 PATHS 中添加相关元素，为上述类指定相应的路径。例如：

```
define("PRE", "xk/classes/");
define("PRE1", "xk/classes/admin/");
define("PATHS", [
    "Pager"=>PRE."Pager.php",
    "MySQLDB"=>PRE."MySQLDB.php",
    "WebPage"=>PRE."WebPage.php",
    "AdminPage"=>PRE1."AdminPage.php",
    "TaskPage"=>PRE1."TaskPage.php",
]);
```

这里新定义了常量 PRE1，并在数组常量中新添加了 3 个元素，分别对应上面定义的三个抽象类。

16.3 请求-处理-视图关系表

在对页面类进行编程实现前，需要对其进行相应的设计。这里把页面类对请求的处理分为两个相对独立的阶段：处理数据、呈现视图。

（1）处理数据。其职责包括读取请求参数并对请求参数的有效性进行检测和验证；完成所需的业务数据处理；确定要呈现的视图。

（2）呈现视图。其职责包括读取要呈现的数据；产生并输出完整的 HTML 文档。

页面类可以接收多种请求，也可以包含多种视图。对页面类的请求可以来自该页面类之外，也可以来自该页面类本身，即从该页面类产生的页面视图中，通过单击超链接或提交表单再次请求该页面类。不同的请求决定了该完成怎样的数据处理功能，而数据处理的结果又决定了该呈现怎样的页面视图。

对页面类的设计，需要厘清以下内容。

（1）包含哪些请求、处理和视图。

（2）请求、处理和视图之间的关系。

（3）请求的方法（method）、参数。

（4）处理的输入、功能及输出。

（5）呈现视图所需的数据、呈现的格式，从视图发出的对该页面类的请求。

为此提出请求-处理-视图关系表，简称 QPV 表，如表 16-1 所示，作为页面类设计的工具。采用该表可以很好地表达页面类的上述内容，便于更有效地对页面类进行编程实现。

表 16-1 请求-处理-视图关系表（QPV 表）

	原有			
	新建			
	例外			
	继承			
	新建			

续表

请求	源	参数	处理	功能	结果	视图	作 用	目标

QPV表可分为上下两部分。表的上半部分描述了会话变量和构造方法，表的下半部分描述请求-处理-视图的关系。

对上半部分的会话变量，需要指明以下内容。

- 原有：在访问该页面类之前已经存在的原有会话变量。
- 新建：该页面类在处理请求过程中新建的会话变量。

对上半部分的构造方法，需要指明以下内容。

- 例外：什么情况下会抛出什么例外（表示无法访问该页面类），可进一步说明去处。
- 继承：用到哪些继承下来的成员变量，需要做怎样的初始化或设置。
- 新建：会新建哪些成员变量，需要做怎样的初始化。

表的下半部分根据情况可以由多行组成，每种请求占据一行。请求方法和参数相同的为同一种请求。每行表示一个请求-处理-视图关系。来自外部的请求一般是无参数的 GET 请求，应该放在首行。下面是各列的含义及书写规则。

- 请求。请求标识符和请求方法。除非仅有一种请求（此时用 Q 标识），每一种请求用 Q 加序号来标识，如 Q1、Q2 等。标识符紧跟用括号括起来的 G 或 P，分别表示 GET 请求和 POST 请求。
- 源。指明请求发自何处，可以是外部或该页面的某个视图。
- 参数。请求所携带的参数。
- 处理。处理标识符。除非仅有一种处理（此时用 P 标识），每一种处理用 P 加序号来标识，如 P1、P2 等。
- 功能。处理的功能简述。
- 结果。由处理新产生、需要在视图中呈现或使用的数据（变量）。
- 视图。视图标识符。除非仅有一种视图（此时用 V 标识），每一种视图用 V 加序号来标识，如 V1、V2 等。
- 作用。视图的作用简述，如呈现什么数据，用户能与之做何交互。
- 目标。指定由此视图可以向该页面类发出何种请求。

QPV 表存在以下的约定与约束。

（1）会话变量的生命周期是整个会话期，它横跨多个页面类，当然也包括一个页面类的多个处理数据、呈现视图过程。

（2）成员变量、请求参数的生命周期是当前处理数据、呈现视图的整个过程。

（3）由于处理数据和呈现视图是两个相对独立的阶段，对处理数据阶段产生的结果变量应该建立同名的实例变量，以便在呈现视图阶段能够使用该结果。

（4）如果会话变量、成员变量、请求参数或结果变量的名字相同，则认为它们表示的是同一个数据，即同一个数据同时存储在不同类型的变量中，目的只是便于访问。

（5）"请求"列中，除"源"仅为外部的请求外，其他请求必然出现在视图的"目标"列中；反过来，"目标"列中出现的请求也一定出现在"请求"列中。

（6）如果某视图的"目标"包含某请求，那么该请求的"源"中必然包含该视图。

（7）一个处理只能利用当前的请求参数以及成员变量和会话变量等数据完成其功能，否则说明存在问题。

（8）呈现视图所需要的数据只能来自当前请求参数以及成员变量和会话变量等数据，或者基于这些数据的计算或查询获得，否则说明存在问题。

16.4　具体页面类的设计和实现

这里介绍利用"请求-处理-视图"关系表（QPV 表），对各具体页面类进行设计与实现。在之前已经创建的 xk 项目基础上，继续教务选课系统管理员子系统中有关具体页面类的开发。

16.4.1　设计和实现的规则

具体页面类包括登录页面类、浏览教师信息页面类、添加课程页面类和维护开课信息页面类。登录页面类没有导航栏，可以通过扩展 AdminPage 抽象类来定义，其他三个页面类都包含导航栏，应该通过扩展 TaskPage 抽象类来定义。

首先应该依据具体页面类的需求，产生 QPV 表。然后基于 QPV 表，依次定义成员变量、构造方法、process()方法和 content()方法（或 main()方法）。

process()方法应该根据不同的请求，完成相应的"处理数据"阶段任务。

（1）若存在与成员变量同名的请求参数，一般需读取该请求参数并赋给同名的成员变量。

（2）调用相应的方法，对请求参数的有效性进行检测和验证，完成所需的业务数据处理。

（3）确定要呈现的视图。对含有多个视图的页面类，一般可定义实例变量 vn，表示要呈现的视图号。

content()方法应该根据要呈现视图的视图号，完成相应的"呈现视图"阶段任务。需要时可以利用成员变量、会话变量和请求参数等通过查询数据库获得要呈现的数据。

无论是 process()方法还是 content()方法，对具体的数据处理和视图呈现，一般可调用相应的方法来完成。这里，应该充分利用前面各章实战节定义的函数代码。在把函数转变成类的实例方法时，应遵循以下规则。

（1）函数头变为方法头时，可添加关键字 private。这些方法一般不需要从类体外调用，另外，这些具体页面类也不存在子类，所以不需要考虑继承问题。

（2）函数体开始部分用 global 声明的变量变成方法内的局部变量，并用同名的成员变量赋值。如果方法体内没有对这些局部变量重新赋值，可按值赋值；否则应按引用赋值。

（3）原来函数内对另一个函数的调用变成了实例方法体内对另一个实例方法的调用，所以调用代码之前要添加" $this->"。

（4）大多数情况下，若存在与请求参数同名的实例变量，process()方法应该先读取请求参数值并赋给同名的实例变量。这样，后续"处理数据"及"呈现视图"阶段在需要使用这些请求参数时，就可以直接读取实例变量来获得。

16.4.2　登录页面类

登录页面类通过扩展 AdminPage 抽象类进行定义，其页面由页头、页面主区和页脚组成，没有导航栏。该页面类的 QPV 表如表 16-2 所示。

表 16-2　登录页面类（Logon）的 QPV 表

	原有	无
会话变量	新建	user(用户名)、name(姓名)、dept(所属部门)、lb(身份类别)="管理员"

	例外	若存在会话变量 lb 且其值为"管理员",则抛出例外(转浏览教师信息页面 teacherlist_p.php)						
	继承	db、title='登录'						
	新建	user="",pw="",统称登录数据;userErr="",pwErr="",统称登录错误信息						
请求	源	参数	处理	功能	结果	视图	作用	目标
Q1 (G)	外部	无	P1	无	无	V	呈现动态登录表单(包括原登录值及错误信息)	Q2
Q2 (P)	V	user、pw	P2	验证登录用户身份	[验证失败] userErr、pwErr 返回 true [验证通过] 注册会话变量,返回 false (转浏览教师信息页面 teacherlist_p.php)	V	见上	见上

根据该 QPV 表进行以下操作。

(1) 登录页面类需定义 4 个新的实例变量,其中,登录数据变量(user 和 pw)对应于请求 Q2 的相应参数,登录错误信息变量在验证登录用户身份失败时被设置。

在构造方法中,如果已有管理员登录,则抛出例外;否则,调用抽象超类 AdminPage 中构造方法初始化实例变量 db,并将静态变量 title 设置为"登录"。

(2) 登录页面类有两种请求:对请求 Q1,不需要做任何处理;对请求 Q2,需要验证登录用户的身份。

process()方法首先应判断是哪种请求,若是 Q2,应先将请求参数值赋给相应的实例变量,然后再验证登录用户的身份。若验证成功,则应该注册相应的会话变量,方法返回 false;否则,方法应该返回 true。

(3) 登录页面仅有一个视图,即动态登录表单视图。负责呈现页面主区的 main()方法,只需呈现动态登录表单即可。

在 classes 文件夹的 admin 子文件夹下创建名为 Logon.php 的文件,并在其中定义登录页面类 Logon。代码如下:

```
1.  class Logon extends AdminPage {
2.      private string $user="", $pw ="", $userErr ="", $pwErr ="";
3.      /* 构造方法 */
4.      function __construct() {
5.          session_start();
6.          $lb=$_SESSION['lb']?? "";
7.          if ($lb==='管理员') throw new Exception();
8.          parent::__construct();
9.          self::$title="登录";
10.     }
11.     /* 完成数据处理 */
12.     function process(): bool {
13.         if (isset($_POST['Q2'])) {
14.             $this->user=$_POST['user'];
15.             $this->pw=$_POST['pw'];
16.             $ret=$this->validateLogon();
```

```
17.            if ($ret===false) {
18.                return true;
19.            } else {
20.                session_start();
21.                $_SESSION["user"]=$this->user;
22.                $_SESSION["name"]=$ret["name"];
23.                $_SESSION['dept']=$ret['dept'];
24.                $_SESSION['lb']="管理员";
25.                return false;
26.            }
27.        }
28.        return true;
29.    }
30.    /* 验证登录用户身份 */
31.    private function validateLogon(): array|false {
32.        $db=$this->db;
33.        $user=$this->user;
34.        $pw=$this->pw;
35.        $userErr=&$this->userErr;
36.        $pwErr=&$this->pwErr;
37.        $flag=$this->checkLogonData();
38.        …                              // 13.7.2节 validateLogon.php 文件的第 5～24 行
39.    }
40.    /* 检测登录数据 */
41.    private function checkLogonData(): bool {
42.        $user=$this->user;
43.        $pw=$this->pw;
44.        $userErr=&$this->userErr;
45.        $pwErr=&$this->pwErr;
46.        …                              // 8.7.1节 checkLogonData.php 文件的第 3～12 行
47.    }
48.    /* 呈现页面主区 */
49.    protected function main(): void {
50.        $this->logonForm();
51.    }
52.    /* 呈现登录表单 */
53.    private function logonForm(): void {
54.        $user=$this->user;
55.        $pw=$this->pw;
56.        $userErr=$this->userErr;
57.        $pwErr=$this->pwErr;
58.        …                              // 4.5.3节 logonForm.php 文件的第 3～24 行
59.    }
60. }
```

process()方法通过调用 validateLogon()和 checkLogonData()方法实现登录用户身份的验证。main()方法通过调用 logonForm()方法完成动态登录表单的呈现。这些方法都是由在前面各章实战节中定义的同名函数转换而来。

16.4.3　浏览教师信息页面类

浏览教师信息页面类通过扩展 TaskPage 抽象类进行定义，其 QPV 表如表 16-3 所示。其中，参数名 p 前的"?"表示该参数可有可无，即无论是否携带该参数，都属于此种请求。指定的值是其默认值，即若无此参数,后续在处理数据和呈现视图时会假设该参数为此值。

表 16-3 浏览教师信息页面类(TeacherList)的 QPV 表

	原有	name(姓名)、lb(身份类别)="管理员"						
	新建	无						
	例外	若会话变量 lb 不存在或其值不为"管理员",抛出例外(转登录页面 logon_p.php)						
	继承	db、title="浏览教师信息"、tnum=1、name						
	新建	无						
	源	参 数	处理	功 能	结 果	视图	作 用	目标
Q (G)	外部 V	? p=1	P	无	无	V	分页呈现所有教师信息列表中的第 p 页	Q

根据该 QPV 表进行以下操作。

(1) 浏览教师信息页面类不需要定义新的成员变量。在构造方法中,如果无管理员登录,则抛出例外;否则,调用抽象超类 AdminPage 中构造方法初始化实例变量 db,并将静态变量 title 设置为"浏览教师信息",tnum 设置为 1,将实例变量 name 设置为同名会话变量的值。变量 tnum 和 name 在呈现导航栏时被用到。

(2) 浏览教师信息页面类仅有一种请求,且不存在任何数据处理。所以 process()方法不需要重写,总是返回 true。

(3) 该页面仅有一个视图,即分页呈现教师信息列表。content()方法应实现该功能。

在 classes 文件夹的 admin 子文件夹下创建名为 TeacherList.php 的文件,并在其中定义浏览教师信息页面类 TeacherList。代码如下:

```
1. class TeacherList extends TaskPage {
2.     /* 构造方法 */
3.     function __construct() {
4.         session_start();
5.         $lb=$_SESSION['lb']?? "";
6.         if ($lb!=='管理员') throw new Exception();
7.         parent::__construct();
8.         self::$title ="浏览教师信息";
9.         self::$tnum =1;
10.        $this->name =$_SESSION['name'];
11.    }
12.    /* 呈现页面主区内容区 */
13.    protected function content(): void {
14.        $this->teacherList();
15.    }
16.    /* 分页呈现教师信息 */
17.    private function teacherList(): void {
18.        $db=$this->db;
19.        …                              // 13.7.4节 teacherList.php 文件的第 3～18 行代码
20.        $this->outputTeachers($teachers);//输出当前页的教师信息表格
21.        …                              // 13.7.4节 teacherList.php 文件的第 20～28 行代码
22.    }
23.    /* 教师信息表格 */
24.    private function outputTeachers(array $teachers): void {
```

```
25.      …      // 9.6.2 节 outputTeachers.php 文件的第 2～28 行(整个函数体)代码
26.    }
27. }
```

content()方法通过调用 teacherList()和 outputTeachers()方法实现分页呈现教师信息列表的功能。这两个方法都是由在前面各章实战节中定义的同名函数转换而来。

16.4.4　添加课程页面类

添加课程页面类通过扩展 TaskPage 抽象类进行定义，其 QPV 表如表 16-4 所示。

表 16-4　添加课程页面类(Course)的 QPV 表

	原有	name、dept(所属部门)、lb="管理员"						
	新建	无						
	例外	若会话变量 lb 不存在或其值不为"管理员"，则抛出例外(转登录页面 logon_p.php)						
	继承	db、title='添加课程'、tnum=2、name、dept						
	新建	cn(课程号)=cname(课程名)=credit(学分)=tn(负责教师)=""，统称课程数据 cnErr=cname=credit=""，统称课程错误信息 vn(视图号)、hint(提示信息)="请输入…"						
源	参　数	处理	功　能	结　果	视图	作　用	目标
---	---	---	---	---	---	---	---
Q1 (G)	外部 V2	无	P1	无	无	V1	呈现添加课程的表单	Q2 Q3
Q2 (P)	V1	cn、 cname、 credit、tn	P2	验证课程数据有效性。若有效，则添加该课程	cnErr、 cnameErr、 creditErr、hint	V1	见上	见上
Q3 (G)	V1 V2	? p=1	P3	无	无	V2	分页呈现本部门所有课程列表中的第 p 页	Q1 Q3

根据该 QPV 表进行以下操作。

(1) 添加课程页面类需定义以下实例变量：4 个课程数据变量，对应于请求 Q2 的 4 个请求参数；3 个课程错误信息变量，以及 1 个保存提示信息的 hint 变量，这 4 个变量都在处理 P2 中设置(统称结果变量)，并在之后呈现视图时使用；变量 vn 用于设置视图号。

虽然处理 P1 和 P3 都无具体的数据处理需求，但由于页面包含多个视图，所以每个处理都有职责设置变量 vn，指定后续要呈现哪个视图。

构造方法需要为继承下来的各成员变量设置相应的值。

(2) 该页面类有 3 种请求。process()方法首先应判断是哪种请求，若是 Q1 或 Q3，则只需设置变量 vn 即可；若是 Q2，则先将请求参数值赋给对应的实例变量，然后验证课程数据并添加有效课程并根据需要设置结果变量，最后设置变量 vn。process()方法总是返回 true。

(3) 添加课程页面有两个视图，即 V1(添加课程表单)和 V2(课程列表)。content()方法需根据不同的视图号在页面内容区呈现相应的内容。

在 classes 文件夹的 admin 子文件夹下创建名为 Course.php 的文件，并在其中定义添加课程页面类 Course。代码如下：

```
1. class Course extends TaskPage {
```

```
2.       private string $cn="", $cname="", $credit="", $tn="", $hint="请输入...";
3.       private string $cnErr="", $cnameErr="", $creditErr="", $tnErr="";
4.       private int $vn ;
5.          /* 构造方法 */
6.       function __construct() {
7.           session_start();
8.           $lb=$_SESSION['lb']?? "";
9.           if ($lb!=='管理员') throw new Exception();
10.          parent::__construct();
11.          self::$title="添加课程";
12.          self::$tnum=2;
13.          $this->name=$_SESSION['name'];
14.          $this->dept=$_SESSION['dept'];
15.      }
16.         /* 处理 */
17.      function process(): bool {
18.          if (isset($_POST['Q2'])) {
19.              $this->cn=$_POST['cn'];
20.                  $this->cname=$_POST['cname'];
21.                  $this->credit=$_POST['credit'];
22.                  $this->tn=$_POST['tn'];
23.                  $this->addCourse();
24.                  $this->vn=1;
25.          } elseif (isset($_GET['Q3'])) {
26.                  $this->vn=2;
27.          } else {
28.                  $this->vn=1;
29.              }
30.          return true;
31.      }
32.         /* 检验课程信息的有效性并添加课程 */
33.      private function addCourse(): void {
34.          $db=$this->db;
35.          $cn=&$this->cn; $cname=&$this->cname; $credit=&$this->credit; $tn=&$this->tn;
36.          $cnErr=&$this->cnErr; $hint=&$this->hint;
37.          $flag=$this->checkCourseData();
38.          ...                              // 13.7.3节 addCourse.php 文件的第 4～20 行代码
39.      }
40.         /* 检测课程数据的格式 */
41.      private function checkCourseData(): bool {
42.          $cn=$this->cn; $cname=$this->cname; $credit=$this->credit; $tn=$this->tn;
43.          $cnErr=&$this->cnErr; $cnameErr=&$this->cnameErr;
44.          $creditErr=&$this->creditErr; $tnErr=&$this->tnErr;
45.          ...                              // 8.7.2节 checkCoursesData.php 文件的第 3～23 行代码
46.      }
47.
48.         /* 输出页面内容区代码 */
49.      protected function content(): void {
50.          $this->convertingLink();
51.          if ($this->vn==1) {
52.              $this->courseForm();
53.          } else {
54.              $this->courseList();
55.          }
```

```
 56.        }
 57.        /* 呈现内容区的一个超链接,可以在两个视图间切换 */
 58.        private function convertingLink() {
 59.            $url=$_SERVER['SCRIPT_NAME'];
 60.            if ($this->vn==1) {
 61.                echo <<<_CLINK1
 62.                    <div style="margin: 20px 0 30px 0">
 63.                        如果要查看课程信息,请单击<a href="$url?Q3=">课程列表</a>
 64.                    </div>
 65.                _CLINK1;
 66.            } else {
 67.                echo <<<_CLINK2
 68.                    <div style="margin: 20px 0 30px 0">
 69.                        如果要添加新课程,请单击<a href="$url?Q1=">添加课程</a>
 70.                    </div>
 71.                _CLINK2;
 72.            }
 73.        }
 74.        /* 呈现视图 1 内容区中添加课程的表单 */
 75.        private function courseForm(): void {
 76.            $hint=$this->hint; $cn=$this->cn; $cname=$this->cname;
                  $credit=$this->credit;
 77.            $cnErr=$this->cnErr; $cnameErr=$this->cnameErr;
 78.            $creditErr=$this->creditErr; $tnErr=$this->tnErr;
 79.            $options=$this->teacherOptions();
 80.            …                       // 6.8.1 节 courseForm.php 文件的第 5～31 行代码
 81.        }
 82.
 83.        /* 根据所在部门,构建表单中"负责教师"选择列表中各选项的 HTML 代码 */
 84.        private function teacherOptions(): string {
 85.            $db=$this->db; $dept=$this->dept; $tn=$this->tn;
 86.            …                       // 13.7.5 节 1teacherOptions.php 文件的第 3～11 行代码
 87.        }
 88.
 89.        /* 呈现视图 2 内容区中的课程列表,仅限管理员所属部门的课程 */
 90.        private function courseList(): void {
 91.            $db=$this->db; $dept=$this->dept;
 92.            …                       // 13.7.4 节 courseList.php 文件的第 3～20 行代码
 93.            $this->outputCourses($courses);   // 输出当前页的课程信息表格
 94.            …                       // 3.7.4 节 courseList.php 文件的第 22～30 行代码
 95.        }
 96.        /* 以表格形式输出当前页的课程信息 */
 97.        private function outputCourses(array $courses): void {
 98.            …                       // 9.6.1 节,outputCourses.php 文件的第 2～28 行(整个函数体)代码
 99.        }
100.    }
```

当请求为 Q2 时,process()方法通过调用 addCourse()方法完成添加课程记录的功能,期间会调用 checkCoursesData()方法检测课程数据的有效性。这两个方法都是由在前面各章实战节中定义的同名函数转换而来。

content()方法通过调用 courseForm()及 teacherOptions()方法来呈现添加课程表单,通过调用 courseList()及 outputCourses()方法来呈现课程列表。这些方法也都是由在前面各章实战节中定义的同名函数转换而来。

这里，convertingLink()方法只是在两个视图中呈现相应的超链接。单击该超链接，可以在两个视图之间切换。

16.4.5　维护开课信息页面类

维护开课信息页面类通过扩展 TaskPage 抽象类进行定义，其 QPV 表如表 16-5 所示。当请求参数和变量名后带"[]"时，表示其为数组。当"[]"内出现参数或变量名时，参数或变量名用于表示该数组各元素的数据内容。如该 QPV 表中，Q2 请求的参数包含一个学期数据(term)和若干课程号(cn)、教师号(tn)数据。

表 16-5　维护开课信息页面类(Schedule)的 QPV 表

会话变量	原有	name、dept(所属部门)、lb="管理员"						
	新建	无						
	例外	若会话变量 lb 不存在或其值不为"管理员"，则抛出例外(转登录页面 logon_p.php)						
构造方法	继承	db、title='维护开课信息'、tnum=3、name、dept						
	新建	vn(视图号)、hint(提示信息)="请输入..."、term(学期)、N(一次可输入的开课课程数)						
请求	源	参数	处理	功　能	结果	视图	作　用	目标
Q1 (G)	外部 V2	? term	P1	无	无	V1	呈现添加开课信息表单。用户可以提交表单，也可以转开课信息列表视图	Q2 Q3
Q2 (P)	V1	term、[cn, tn]	P2	添加有效开课信息	hint	V1	见上	见上
Q3 (G)	V1 V2	term	P3	无	无	V2	呈现开课信息列表。用户可以删除指定课程、改变开课课程状态，也可以转添加开课信息表单视图	Q1 Q3 Q4 Q5
Q4 (P)	V2	id term	P4	删除指定的开课课程，同时要删除相应的选课信息	无	V2	见上	见上
Q5 (P)	V2	term	P5	更改开课课程状态：选课=>教学	无	V2	见上	见上

根据该 QPV 表进行以下操作。

(1) 维护开课信息页面类需定义的成员变量。vn：指定视图号，在"处理数据"阶段的最后设置。hint：提示信息，在处理 P2 中设置，并在之后呈现视图时使用。term：学期，对应于同名的请求参数。N：类常量，指定一次最多可输入的开课课程数。

构造方法需要为继承下来的各成员变量设置相应的值。

(2) 维护开课信息页面有 5 种请求，process()方法应根据不同的请求进行相应的数据处理。无论何种请求，process()方法在完成所需的数据处理功能后，都应该设置后续要呈现的视图的视图号。

(3) 该页面有两个视图，即 V1(添加开课信息表单)和 V2(开课信息列表)。content()方法只需根据不同的视图号调用不同的方法呈现内容区即可。

在 classes 文件夹的 admin 子文件夹下创建名为 Schedule.php 的文件，并在其中定义维护开课信息页面类 Schedule。代码如下：

```
1. class Schedule extends TaskPage {
2.     private const N=3;                              //设置界面一次最多可输入的开课数量
3.     private string $term="";
4.     private int $vn;
5.     private string $hint="请输入...";
6.     /* 构造方法 */
7.     function __construct() {
8.         session_start();
9.         $lb=$_SESSION['lb']?? "";
10.        if ($lb!=='管理员') throw new Exception();
11.        parent::__construct();
12.        self::$title="维护开课信息";
13.        self::$tnum=3;
14.        $this->name=$_SESSION['name'];
15.        $this->dept=$_SESSION['dept'];
16.    }
17.    /* 处理数据 */
18.    function process(): bool {
19.        if(isset($_POST['Q2'])) {
20.            $this->term=$_POST["term"];
21.            $this->addSchedules();
22.            $this->vn=1;
23.        }elseif (isset($_GET['Q3'])) {
24.            $this->term=$_GET['term'];
25.            $this->vn=2;
26.        } elseif (isset($_POST['Q4'])) {
27.            $this->term=$_POST["term"];
28.            $this->delSchedule($_POST['id']);
29.            $this->vn=2;
30.        } elseif (isset($_POST['Q5'])) {
31.            $this->term=$_POST['term'];
32.            $this->changeStatus($this->term, $this->dept);
33.            $this->vn=2;
34.        } else {
35.            $this->term=$_GET['term'] ?? "";
36.            $this->vn=1;
37.        }
38.        return true;
39.    }
40.    /* 添加有效的开课信息 */
41.    private function addSchedules(): void {
42.        $db=$this->db; $n=self::N; $term=$this->term; $hint=&$this->hint;
43.        ...                                          // 14.4.1节,addSchedules.php,第3~16行代码
44.    }
45.    /* 删除指定开课号的开课记录 */
46.    private function delSchedule(int $id): void {
47.        $db=$this->db;
48.        ...                                          // 13.7.6节 delSchedule.php 文件的第3~8行代码
49.    }
50.    /* 将指定学期、指定部门的开课课程的状态由"选课"改为"教学" */
```

```
51.    private function changeStatus(string $term, string $dept): void {
52.        $db=$this->db;
53.        ···              // 13.7.6节 changeStatus.php 文件的第 3～6 行代码
54.    }
55.
56.    /* 呈现页面内容区 */
57.    protected function content(): void {
58.        $this->convertingLink();
59.        if ($this->vn==1) {
60.            $this->scheduleForm();
61.        } else {
62.            $this->querySchedule();
63.        }
64.    }
65.    /* 输出内容区的一个超链接,可以在两个视图间切换 */
66.    private function convertingLink() {
67.        $url=$_SERVER['SCRIPT_NAME'];
68.        if ($this->vn==1) {
69.            echo<<<_CLINK1
70.                <div style="margin: 20px 0 30px 0">
71.                    如果要查看开课信息、更改开课状态或删除开课信息,
72.                    请单击<a href="$url?Q3=&term={$this->term}">开课列表</a>
73.                </div>
74.            _CLINK1;
75.        } else {
76.            echo <<<_CLINK2
77.                <div style="margin: 20px 0 30px 0">
78.                    如果需要添加开课信息,
79.                    请单击<a href="$url?Q1=&term={$this->term}">添加开课信息</a>
80.                </div>
81.            _CLINK2;
82.        }
83.    }
84.    /* 呈现视图 1 内容区中的输入开课信息的表单 */
85.    private function scheduleForm() {
86.        $n=self::N; $hint=$this->hint;
87.        $termoptions =$this->termOptions();
88.        $cnoptions =$this->courseOptions();
89.        $tnoptions =$this->teacherOptions();
90.        ···              // 6.8.3节 scheduleForm.php 文件的第 6～35 行代码
91.    }
92.    /* 根据当前年份和月份,构建"学期"选择列表中各选项的 HTML 代码 */
93.    private function termOptions(): string {
94.        $term=&$this->term;
95.        ···              // 6.8.2节 termOptions.php 文件的第 3～30 行代码
96.    }
97.    /* 根据所属部门,构建表单中"课程"选择列表中各选项的 HTML 代码 */
98.    private function courseOptions(): string {
99.        $db=$this->db; $dept=$this->dept;
100.       ···              // 13.7.5节 courseOptions.php 文件的第 3～10 行代码
101.   }
102.   /* 根据所属部门,构建"任课教师"选择列表中各选项的 HTML 代码 */
103.   private function teacherOptions(): string {
104.       $db=$this->db; $dept=$this->dept;
105.       $tn="";
```

```
106.          …                // 13.7.5节 teacherOptions.php 文件的第 3~11 行代码
107.      }
108.      /* 视图 2 内容区中的查询并呈现开课信息 */
109.      private function querySchedule(): void {
110.          $this->selectTerm();
111.          $this->scheduleList();
112.      }
113.      /* 呈现选择学期表单 */
114.      private function selectTerm(): void {
115.          $termoptions =$this->termOptions();
116.          …                // 6.8.2节 selectTerm.php 文件的第 3~11 行代码
117.      }
118.      /* 呈现开课信息列表 */
119.      private function scheduleList() {
120.          $term=$this->term;
121.          $schedules =$this->getScheduleData();
122.          …                // 9.6.3节 scheduleList.php 文件的第 4~68 行代码
123.      }
124.      /* 获取指定部门、指定学期的开课课程信息 */
125.      private function getScheduleData(): array {
126.          $db=$this->db; $dept=$this->dept; $term=$this->term;
127.          …                // 13.7.6节 getScheduleData.php 文件的第 3~17 行代码
128.      }
129. }
```

process()方法通过调用 addSchedules()方法实现添加开课信息的功能，通过调用 delSchedule()方法实现删除指定开课课程的功能，通过调用 changeStatus()方法实现更改开课课程状态的功能。这些方法都是由在前面各章实战节中定义的同名函数转换而来。

视图 V1 由 scheduleForm()、termOptions()、courseOptions()、teacherOptions()等方法完成呈现；视图 V2 由 selectTerm()、scheduleList()、getScheduleData()等方法完成呈现。这些方法也都是由在前面各章实战节中定义的同名函数转换而来。

这里，convertingLink()方法只是在两个视图中呈现相应的超链接，以便在两个视图之间切换。这里超链接会携带 term 参数。

提示：打开 lib 文件夹中的 adminloader.php 文件，在数组常量 PATHS 中添加相关元素，为登录页面类、浏览教师信息页面类、添加课程页面类、维护开课信息页面类指定相应的路径。

16.5　具体页面类的调用

客户端并不直接访问具体页面类，而是通过一个 PHP 文件调用它，姑且称这种 PHP 文件为页面类的桩文件。即用户通过 HTTP 直接访问页面类的桩文件，再由桩文件调用页面类完成相应的数据处理和页面视图呈现。

1. 调用页面类的步骤

桩文件调用具体页面类的步骤如下。

（1）实例化页面类。若实例化时抛出例外，根据具体情况做例外处理。

（2）调用 process()实例方法完成"处理数据"任务。若方法返回 false 或抛出例外，根据具体情况做相应的处理。

（3）调用 htmlpage()实例方法完成"呈现视图"的任务。

2. 登录页面类的桩文件

在源文件结点下的 admin 文件夹里，为登录页面类创建名为 logon_p.php 的桩文件。代码如下：

```
1. include 'xk/lib/adminloader.php';
2. try {
3.     $logon =new Logon();
4. } catch (Exception $e) {
5.     header("Location: teacherlist_p.php");
6. }
7. $ret=$logon->process();
8. if (!$ret) {
9.     header("Location: teacherlist_p.php");
10.     exit();
11. }
12. $logon->htmlpage();
```

3. 浏览教师信息页面类的桩文件

在源文件结点下的 admin 文件夹里，为浏览教师信息页面类创建名为 teacherlist_p.php 的桩文件。
代码如下：

```
1. include 'xk/lib/adminloader.php';
2. try {
3.     $tl=new TeacherList();
4. } catch(Exception $e) {
5.     header("Location: logon_p.php");
6. }
7. $tl->process();
8. $tl->htmlpage();
```

4. 添加课程页面类的桩文件

在源文件结点下的 admin 文件夹里，为添加课程页面类创建名为 course_p.php 的桩文件。代码
如下：

```
1. include 'xk/lib/adminloader.php';
2. try {
3.     $course=new Course();
4. } catch (Exception $e) {
5.     header("Location: logon_p.php");
6. }
7. $course->process();
8. $course->htmlpage();
```

5. 维护开课信息页面类的桩文件

在源文件结点下的 admin 文件夹里，为维护开课信息页面类创建名为 schedule_p.php 的桩文件。
代码如下：

```
1. include 'xk/lib/adminloader.php';
2. try {
3.     $sh=new Schedule();
4. } catch(Exception $e) {
```

```
5.     header("Location: logon_p.php");
6. }
7. $sh->process();
8. $sh->htmlpage();
```

至此,管理员子系统的所有功能都已实现。现在可以通过访问具体页面类的桩文件来使用管理员子系统了。

附录 A　上 机 实 验

教材正文中各章实战节以及第 16 章介绍了教务选课系统管理员子系统的开发。本上机实验要求完成教务选课系统学生教师子系统的开发。

本上机实验应该直接在教务选课系统项目 xk(可以在教材资源中获得,包含管理员子系统的完整程序代码)中开发,可以充分利用管理员子系统中已有的成分,如网站的 logo、外部样式表文件、顶层的抽象超类 WebPage 等。

学生教师子系统和管理员子系统是相对独立的。在开发学生教师子系统时不应该更改管理员子系统原有的代码,不应该影响管理员子系统的正常运行。

与管理员子系统一样,学生教师子系统所涉及的数据库也是 election_manage。

下面,首先介绍学生教师子系统的需求,用以作为子系统开发的依据;然后,将按教学进度,分模块完成子系统主要功能模块的开发;最后,采用面向对象方法,完成学生教师子系统的设计与实现。

A.1　学生教师子系统需求概述

这里介绍学生教师子系统的需求。学生教师子系统又包括学生子系统和教师子系统,其需求如下。

- 登录与注册。
- 学生子系统:浏览课程信息、选课、查看成绩。
- 教师子系统:课程列表、编辑课程信息、录入成绩。

A.1.1　登录与注册

访问学生教师子系统时,首先呈现的是子系统的首页,如图 A-1 所示,包括页头、导航栏、内容区、页脚。页面内容区显示的是一些普通的文字,是对子系统的一个简单介绍。

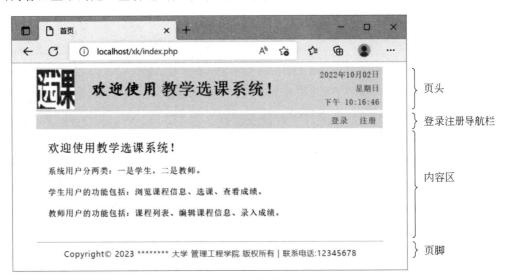

图 A-1　子系统首页示意图

页头的左侧是网站的 logo。在子系统的任何页面中，单击页头的该 logo 都将跳转至首页。页头的右侧显示的是 Web 服务器系统的当前日期和时间。导航栏包含"登录"和"注册"两个超链接，单击它们会分别转至登录页面和注册页面。

注册页面主区如图 A-2 所示，此时导航栏中的"注册"项醒目呈现。只有学生才能注册为子系统用户，教师无法注册。当注册成功时，系统自动转至登录页面。

图 A-2　注册页面主区示意图

提示：在学生教师子系统中，所有页面及视图的页头和页脚都是一样的。为减少重复，除了在首页示意图中给出了页头和页脚，后面所有的页面及视图的示意图都不再包含页头和页脚，而只显示页面主区（包括导航栏和内容区）的内容。

登录页面主区如图 A-3 所示，此时导航栏中的"登录"项醒目呈现。学生和教师都从该页面登录子系统。当登录成功时，系统转至欢迎页面。

图 A-3　登录页面主区示意图

欢迎页面主区如图 A-4 所示。其导航栏包含问候语：姓名及身份类别。若登录用户是学生，则身份类别应为"同学"；若登录用户是教师，则身份类别为"老师"。另外，欢迎导航栏还包含"进入系统"和"退出登录"两个超链接。

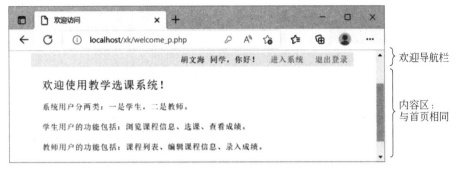

图 A-4　欢迎页面主区示意图

当单击"进入系统"超链接时，若登录用户是学生，则自动转至学生子系统的"浏览课程信息"任务；若登录用户是教师，则自动转至教师子系统的"课程列表"任务。

当单击"退出登录"超链接时，系统将清除用户的登录状态并自动跳转至子系统首页。

A.1.2　教师子系统

教师登录成功并进入系统后，将直接转至"课程列表"任务。之后在退出登录之前的整个会话期间，用户可以直接调用教师子系统提供的各项功能，执行"课程列表""编辑课程信息""录入成绩"等任务。

1. 课程列表

该任务不涉及数据处理，系统只是获取登录教师负责的所有课程，并以表格形式呈现各课程的信息，包括课程号、课程名、学分等，表脚处显示该教师负责的课程门数，如图 A-5 所示。课程列表不存在与用户的交互。

图 A-5　课程列表页面主区示意图

除了内容区的教师课程列表，该页面的主区还包括教师导航栏。教师子系统的所有任务页面及其视图都会含有该导航栏，只是在不同的任务页面和视图中，导航栏中对应的任务项要醒目呈现。例如，在课程列表页面中，导航栏中"课程列表"项醒目呈现。

导航栏的右侧除了问候语，还包含"退出"项。单击"退出"项，系统将跳转至学生教师子系统的欢迎页面。

2. 编辑课程信息

当用户单击教师导航栏中的"编辑课程信息"项时，将产生不带任何请求参数的 GET 请求，请求执行该任务。此时系统会呈现如图 A-6 所示的选择课程表单视图。这里，选择列表中的课程选项是登录教师负责的课程。

图 A-6 "选择课程表单"视图主区示意图

当用户选择一门课程并单击"确认"按钮后，将发送一个 POST 请求（带一个包含课程号的请求参数）。系统接收请求后将获取用户所选课程的信息，并呈现如图 A-7 所示的编辑课程信息表单视图。

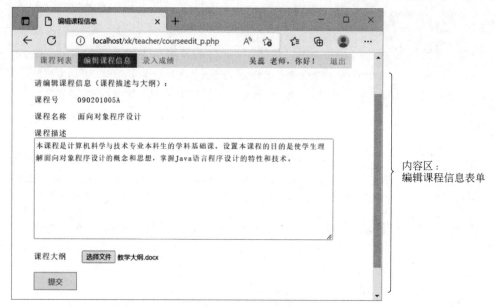

图 A-7 "编辑课程信息表单"视图主区示意图

这里，用户可以输入或编辑课程描述、上传课程大纲。当单击"提交"按钮时，将向服务器发送一个 POST 请求（包含该课程的课程描述和课程大纲）。系统接收该请求后应该把用户提交的课程的相关信息进行保存处理。其中，课程描述应保存到 course 表中对应课程记录的 description 列中；对上传的课程大纲文件，需先将其基本名更名为课程号，然后保存在系统的特定文件夹里，如源文件结点下的 files 文件夹（如不存在，可先创建），同时将大纲文件的扩展名保存到 course 表中对应课程记录的 outline 列中。最后系统呈现处理的结果信息，如图 A-8 所示。

图 A-8 "处理结果信息"视图主区示意图

这里,若用户单击"继续编辑其他课程",将发送一个不带任何参数的 GET 请求,系统将再次呈现选择课程表单视图。其效果与单击导航栏上的"编辑课程信息"项是相同的。

3. 录入成绩

当用户单击教师导航栏中的"录入成绩"项时,将产生不带任何请求参数的 GET 请求,请求执行该任务。此时系统会呈现如图 A-9 所示的选择开课课程表单视图。这里选择列表中的课程选项是登录教师讲授的、状态为"教学"或"结课"的开课课程。

图 A-9 "选择开课课程表单"视图主区示意图

当用户选择一门课程,单击"确认"按钮后,将向服务器发送一个 POST 请求(带一个包含开课号的请求参数)。系统接收该请求后,将获取选修该开课课程的所有学生及其成绩信息。如果该开课课程处于"教学"状态,呈现如图 A-10 所示的录入成绩表单视图,教师可以输入或编辑选修该课程的学生的成绩。

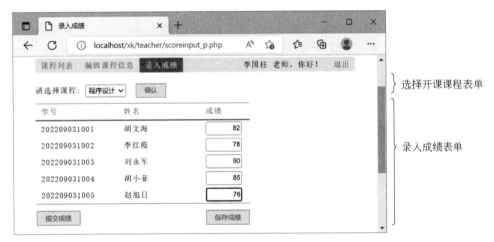

图 A-10 "录入成绩表单"视图主区示意图

如果该开课课程处于"结课"状态,系统将显示选修该课程的所有学生的成绩信息,其效果如图 A-11 所示。此时,教师不能输入或编辑相关的成绩。

在"录入成绩表单"视图中,当单击"保存成绩"按钮时,将向服务器发送一个 POST 请求(包含所有学生成绩)。系统接收请求后会把用户提交的学生成绩保存到 election 表里,然后再次呈现该表单,用户可继续输入和编辑。

如果单击"提交成绩"按钮,同样会向服务器发送一个 POST 请求(包含所有学生成绩)。但此时,系统除了会把用户提交的学生成绩保存到 election 表里,还会改变该开课课程的状态,由"教学"状态更改为"结课"状态,然后呈现该课程的"课程成绩表"视图。此时,成绩不能再修改。

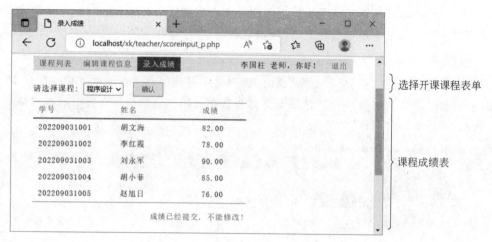

图 A-11 "课程成绩表"视图主区示意图

A.1.3 学生子系统

学生登录成功并进入系统后，将直接转至"浏览课程信息"任务。之后在退出登录之前的整个会话期间，用户可以直接调用学生子系统提供的各项功能，执行"浏览课程信息""选课""查看成绩"等任务。

1. 浏览课程信息

该任务不涉及数据处理。进入该任务后（GET 请求，不带参数），系统首先以表格形式分页呈现所有课程的信息（先显示第 1 页），包括课程号、课程名、学分、教师等，如图 A-12 所示。

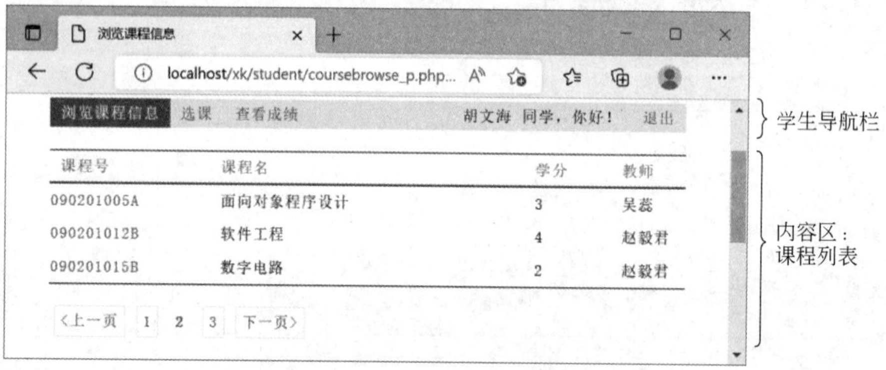

图 A-12 "课程列表"视图主区示意图

当单击课程列表下方的页码超链接时，将产生一个 GET 请求，并携带一个页码请求参数。系统接收请求后将再次呈现该视图，并显示指定页的课程信息。

课程列表中最左侧的各课程号是超链接文本。单击某个课程号将产生一个 GET 请求，并以当前页码和指定课程号作为请求参数。系统接收到该请求后，将获取并呈现指定课程的详细信息，如图 A-13 所示。

在课程详细信息视图中，下方课程大纲一栏显示的是课程大纲文件的文件名（文件基本名是课程号），是一个超链接文本。单击该超链接文本将产生一个 GET 请求，并把该文件名作为请求参数。系统接收该请求后，将下载该课程的大纲文件。

课程详细信息的最下方有一个"返回课程列表"超链接，单击该超链接可以返回之前的"课程列表"

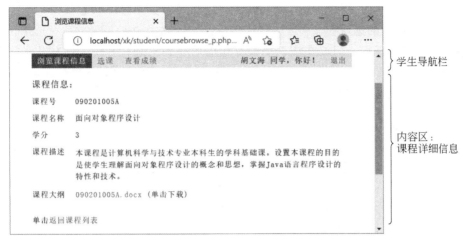

图 A-13　"课程详细信息"视图主区示意图

视图,且显示之前显示的那一页课程信息。

在浏览课程信息任务的两个视图中,除了内容区的课程列表和课程详细信息外,还都包括学生导航栏。学生子系统的所有任务页面及视图都会含有该导航栏,当然在不同的任务页面和视图中,导航栏会醒目呈现不同的任务项。例如,在浏览课程信息页面视图中,导航栏中"浏览课程信息"项醒目呈现。

导航栏的右侧除了问候语,还包含"退出"项。单击"退出"项,系统将跳转至学生教师子系统的欢迎页面。

2. 选课

当用户单击学生导航栏中的"选课"项时,将产生不带请求参数的 GET 请求,请求执行该任务。系统接收该请求后,将首先呈现"选课表单"视图,如图 A-14 所示。该视图分页呈现所有处于"选课"状态的开课课程列表,由于没有携带请求参数,所以一开始显示第 1 页。在该视图中,学生可以单击课程右侧的复选框选择自己要选修的课程,或取消已经选择的课程。

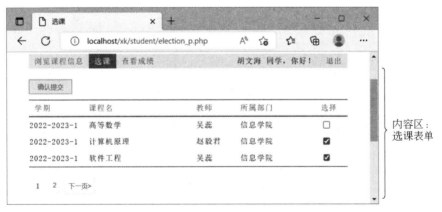

图 A-14　"选课表单"视图主区示意图

这里,翻页导航栏中的页码是一些提交按钮,而不是通常的超链接。当单击该翻页导航栏中的页码按钮时,将产生 POST 请求,其中,单击所选的页码应该作为 GET 请求参数,而当前页的选课状态数据应该作为 POST 请求参数。系统接收该请求后,首先需要对提交的选课状态数据进行缓存,以便当再次翻回到该页时,能够呈现最新的状态。然后,系统应该呈现指定页的开课课程列表。

当单击"确认提交"按钮时,将产生 POST 请求,并提交当前页的选课状态数据。系统接收该请求后,首先需对提交的当前页的选课状态数据进行缓存,然后再将本次访问所做的所有选择和更改反映到 election 表中,即所选择的任何一门课在该表中都有相应的一条记录:学号(sn)为当前登录学生的学号,开课号(id)为所选开课课程的开课号,成绩(score)为 NULL,而未被选择(包括取消选择)的课程则不应该在表中有相应的记录。当上述处理完成后,系统呈现"确认选课"视图,如图 A-15 所示。

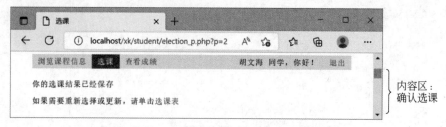

图 A-15 "确认选课"视图主区示意图

当用户单击该视图中的"选课表"超链接时,将向系统产生不带请求参数的 GET 请求,此时系统将再次呈现"选课表单"视图。其效果与单击学生导航栏中"选课"项是相同的。

3. 查看成绩

当用户单击学生导航栏中的"查看成绩"项时,将产生不带请求参数的 GET 请求,请求执行该任务。此时系统会呈现如图 A-16 所示的查看成绩页面。

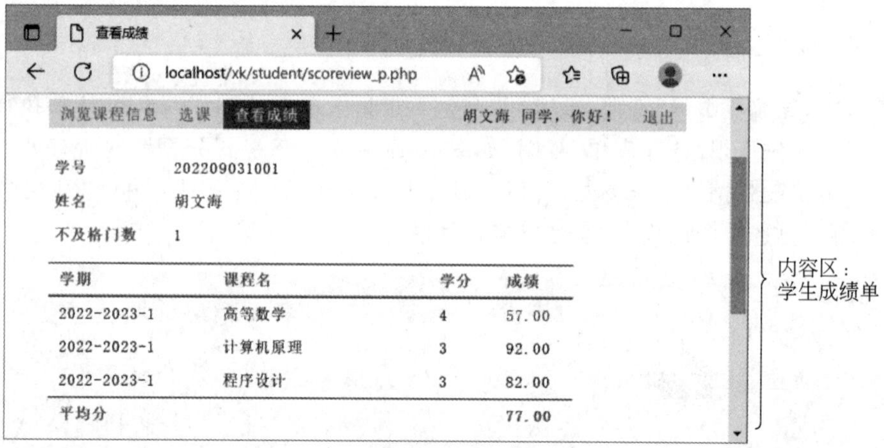

图 A-16 查看成绩页面主区示意图

该任务不涉及数据处理,系统只是获取并显示学生选修且已结课的课程的成绩,并统计不及格的课程门数以及平均分。

A.2 学生教师子系统主要模块实现

本节抽取子系统的主要功能模块,按教学进度、分多个实验对各个功能模块进行实现。请先在项目源文件结点下创建 ls_stutea 子文件夹,各实验都在该文件夹下创建文件。

A.2.1 实验 1:页头和页脚

在 ls_stutea 文件夹中创建文件 head_foot.php,并在其中定义 head 函数和 foot 函数,可以分别呈现

子系统的页头和页脚,如图 A-1 所示。代码如下:

```
function head(): void { … }
function foot(): void { … }
```

单击页头左侧的 logo,将产生对子系统首页(/xk/index.php)的 GET 请求。页头右侧的日期时间可以先用一个固定的值,例如:

```
$date="2022 年 10 月 02 日"
$week="星期日"
$time="下午 10:16:46"
```

学习完第 6 章有关日期时间函数后可完善该函数,可以显示 Web 服务器系统的当前日期时间。

提示:可以为学生教师子系统的页头定义新的呈现规则,也可以继续使用管理员子系统中页头的呈现规则。如果选择后者,可以添加规则专门用以呈现页头的日期时间部分,例如:

```
.ah .time {
    float:right; margin-right:5px; color:teal;
    text-align:right; font-size:13px
}
```

最后可以在 ls_stutea 文件夹中编写 ce1.php 文件,用以调用、测试上述函数,例如:

```
include 'xk/ls_admin/pre_suf_fix.php';        //包含管理员子系统中已定义的文件
include 'head_foot.php';
prefix();
head();
foot();
suffix();
```

A.2.2　实验 2:动态登录与注册表单

(1) 在 ls_stutea 文件夹中创建文件 logonForm.php,并在其中定义一个同名函数,可以呈现如图 A-3 所示的动态登录表单。代码如下:

```
function logonForm(): void {
    global $user, $userErr, $pw, $pwErr;
    …
}
```

其中,global 声明的 4 个变量都用作输入,它们的值会作为登录表单中各控件元素的值或错误信息呈现在表单中。

表单中,用户名、密码、身份类别、提交按钮等各控件元素的 name 属性值请分别设为 user、pw、lb 和 Q2。对于身份类别,初始选择可以为学生。若选择学生,值为"同学";若选择教师,值为"老师"。

提交表单将产生 POST 请求,请求当前页面(不需要设置 form 元素的 action 属性)。

最后可以在 ls_stutea 文件夹中编写 ce2.php 文件,用以调用、测试该函数。

(2) 在 ls_stutea 文件夹中创建文件 registrationForm.php,并在其中定义一个同名函数,可以呈现如图 A-2 所示的动态注册表单。代码如下:

```
function registrationForm(): void {
    global $sn, $pw, $pw1, $name, $gender, $birthday, $email;
```

```
        global $snErr, $pwErr, $pw1Err, $nameErr, $birthdayErr, $emailErr;
        …
    }
```

其中,global 声明的各变量都用作输入,其值会作为注册表单中各控件元素的值或错误信息呈现在表单中。

表单各控件元素的 name 属性值可设置如下:

```
学号: sn
密码: pw
确认密码: pw1
姓名: name
性别: gender
出生日期: birthday
Email: email
提交按钮: Q2
```

提交表单将产生 POST 请求,请求当前页面。

最后可以在 ls_stutea 文件夹中编写 ce3.php 文件,用以调用、测试该函数。

A.2.3　实验 3: 动态水平导航栏

(1) 在 ls_stutea 文件夹中创建文件 nav_fro_bar.php,并在其中定义一个同名函数,可以呈现如图 A-1~图 A-3 所示的登录注册导航栏。代码如下:

```
function nav_fro_bar(): void {
    global $tnum;
    …
}
```

其中,global 声明的变量 tnum 是输入变量,表示当前任务号。当 tnum 的值为 1 时,"登录"项醒目呈现;当 tnum 的值为 2 时,"注册"项醒目呈现。

单击"登录"项将产生对登录页面(logon_p.php)的 GET 请求;单击"注册"项将产生对注册页面(registration_p.php)的 GET 请求。

最后可以在 ls_stutea 文件夹中编写 ce4.php 文件,用以调用、测试该函数。

(2) 在 ls_stutea 文件夹中创建文件 nav_wel_bar.php,并在其中定义一个同名函数,可以呈现如图 A-4 所示的欢迎导航栏。代码如下:

```
function nav_wel_bar(): void {
    global $name, $lb;
    …
}
```

其中,global 声明的变量 name 和 lb 用作输入,name 值是登录用户的姓名,lb 是登录用户的身份类别("同学"或"老师")。

单击导航栏中的"进入系统"超链接将请求文件 enter.php;单击"退出登录"超链接将请求文件 logoff.php。两个文件的实现代码暂且不管。

最后可以在 ls_stutea 文件夹中编写 ce5.php 文件,用以调用、测试该函数。

(3) 在 ls_stutea 文件夹中创建文件 nav_stu_bar.php,并在其中定义一个同名函数,可以呈现如图 A-12 所示的学生导航栏。代码如下:

```
function nav_stu_bar(): void {
    global $name,$tnum;
    ...
}
```

其中,global 声明的两个变量用作输入。其中,name 的值是登录学生的姓名,tnum 的值可以取 1、2 或 3,分别指明哪个任务项需醒目呈现。

单击各任务项要请求的目标文件可设置如下:

```
浏览课程信息: coursebrowse_p.php
选课: election_p.php
查看成绩: scoreview_p.php
```

单击"退出"超链接,将产生对欢迎页面(/xk/welcomp_p.php)的请求。

最后可以在 ls_stutea 文件夹中编写 ce6.php 文件,用以调用、测试该函数。

(4) 在 ls_stutea 文件夹中创建文件 nav_tea_bar.php,并在其中定义一个同名函数,可以呈现如图 A-5 所示的教师导航栏。代码如下:

```
function nav_tea_bar(): void {
    global $name,$tnum;
    ...
}
```

其中,global 声明的两个变量用作输入,其含义与学生导航栏中的类似。

单击各任务项要请求的目标文件可设置如下:

```
课程列表: courselist_p.php
编辑课程信息: courseedit_p.php
录入成绩: scoreinput_p.php
```

单击"退出"超链接将产生对欢迎页面(/xk/welcomp_p.php)的请求。

最后可以在 ls_stutea 文件夹中编写 ce7.php 文件,用以调用、测试该函数。

A.2.4　实验 4: 检测表单数据

(1) 在 ls_stutea 文件夹中创建文件 checkLogonData.php,并在其中定义一个同名函数,可以对登录表单提交的数据进行格式检测。代码如下:

```
function checkLogonData(): bool {
    global $user, $pw, $userErr, $pwErr;
    ...
}
```

其中,global 声明的 user 和 pw 变量用作输入,userErr 和 pwErr 变量用作输出。

表单提交的数据包括用户名、密码和身份类别。该函数只对用户名(user)和密码(pw)的格式进行检测:用户名必须是 4 位或 12 位数字组成;密码由 6~12 位单词字符组成。若不符合上述格式要求,应该把相应的错误信息赋给变量 userErr 或(和)pwErr,函数返回 false;否则,函数返回 true。

最后可以在 ls_stutea 文件夹中编写 ce8.php 文件,用以调用、测试该函数,例如:

```
include "checkLogonData.php";
$user="123456";
$pw="12345";
$ret=checkLogonData();
```

```
if (!$ret) {
    echo "userErr:",$userErr,"<br />";
    echo "pwErr:",$pwErr,"<br />";
}else{
    echo "OK";
}
```

（2）在 ls_stutea 文件夹中创建文件 checkRegistrationData.php，并在其中定义一个同名函数，可以对注册表单提交的数据进行格式检测。代码如下：

```
function checkRegistrationData(): bool {
    global $sn, $pw, $pw1, $name, $birthday, $email;
    global $snErr, $pwErr, $pw1Err, $nameErr, $birthdayErr, $emailErr;
    …
}
```

其中，第 1 条 global 声明语句声明的各变量用作输入，第 2 条 global 声明语句声明的各变量用作输出。

函数需对表单提交的数据进行必要的格式检测，这些数据包括学号（sn）、密码和确认密码（pw、pw1）、姓名（name）、出生日期（birthday）、电子邮箱地址（email）。若不符合相关的格式要求，应该把相应的错误信息赋给对应的变量（snErr、pwErr、pw1Err、nameErr、birthdayErr、emailErr 等），函数返回 false；否则，函数返回 true。

最后可以在 ls_stutea 文件夹中编写 ce9.php 文件，用以调用、测试该函数。

A.2.5　实验 5：呈现数据表格

（1）在 ls_stutea 文件夹中创建文件 outputTeacherCourses.php，并在其中定义一个同名函数，用以呈现如图 A-5 所示的教师课程列表。代码如下：

```
function outputTeacherCourses(array $courses): void { … }
```

其中，参数 courses 是一个二维数组，其中，外层是数字索引数组，内层是关联数组，包含要呈现的课程数据，其格式可参见下面的测试代码。

最后，可以在 ls_stutea 文件夹中编写 ce10.php 文件，用以调用、测试该函数，例如：

```
include 'xk/ls_admin/pre_suf_fix.php';
include 'outputTeacherCourses.php';
prefix();
echo "<div style='width: 90%; margin: 20px auto; min-height: 400px'>";
$courses=[
    ['cn'=>'090101003A', 'cname'=>'高等数学', 'credit'=>'4'],
    ['cn'=>'090201005A', 'cname'=>'面向对象程序设计', 'credit'=>'3'],
];
outputTeacherCourses($courses);
echo "</div>";
suffix();
```

（2）在 ls_stutea 文件夹中创建文件 outputCourses.php，并在其中定义一个同名函数，用以呈现图 A-12 中的课程列表（不包含翻页导航栏）。代码如下：

```
function outputCourses(array $courses, int $p): void { … }
```

其中参数说明如下。

参数 courses 是一个二维数组，其内、外层都是数字索引数组，包含要呈现的课程数据。

参数 p 是当前页的页码。

课程列表的第 1 列课程号是超链接，单击它将引起对当前页面（coursebrowse_p.php）的请求，并包含两个请求参数：名为 p 的参数，值为当前页的页码；名为 cn 的参数，值为所单击的课程号。

最后，可以在 ls_stutea 文件夹中编写 ce11.php 文件，用以调用、测试该函数。

（3）在 ls_stutea 文件夹中创建文件 outputStudentScores.php，并在其中定义一个同名函数，用以呈现图 A-16 中的学生成绩单。代码如下：

```php
function outputStudentScores(array $scores): void {
    global $sn, $name;
    …
}
```

其中，参数 scores 是一个二维数组，其中，外层是数字索引数组，内层是关联数组，包含学生所有结课课程的成绩，其具体格式参见下面的测试代码。

输入变量 sn 和 name 分别表示学生的学号和姓名。

最后可以在 ls_stutea 文件夹中编写 ce12.php 文件，用以调用、测试该函数，例如：

```php
include 'xk/ls_admin/pre_suf_fix.php';
include 'outputStudentScores.php';
prefix();
echo "<div style='width: 90%; margin: 20px auto; min-height: 400px'>";
$sn ="202209031001";
$name="胡文海";
$scores=[
    ['term'=>'2022-2023-1', 'cname'=>'高等数学', 'credit'=>'4', 'score'=>"57.00"],
    ['term'=>'2022-2023-1', 'cname'=>'计算机原理', 'credit'=>'3', 'score'=>"92.00"],
    ['term'=>'2022-2023-1','cname'=>'程序设计', 'credit'=>'3', 'score'=>"82.00"]
];
outputStudentScores($scores);
echo "</div>";
suffix();
```

A.2.6　实验 6：录入成绩

（1）在源文件结点下的 lib 文件下创建名为 stutealoader.php 的文件，然后在其中定义一个名为 stutealoader 的类自动加载函数，并利用 spl_autoload_register 函数注册该类自动加载函数。代码如下：

```php
define("PRE", "xk/classes/");
define("PATHS", [
    "MySQLDB"=>PRE."MySQLDB.php",
]);
function stutealoader(string $classname): void {
    $path=PATHS[$classname];
    require($path);
}
spl_autoload_register("stutealoader");
```

在学生教师子系统中，将利用该类自动加载函数自动加载所需类所在的 PHP 文件。

（2）在 ls_stutea 文件夹中创建文件 selectCourse.php，并在其中定义一个同名函数，用以呈现图 A-9 中的选择开课课程表单。代码如下：

```
function selectCourse(): void {
    global $db,$tn,$id;
    …
}
```

其中,变量 db 表示选课管理数据库访问对象,即 MySQLDB 类的一个实例对象。tn 是登录教师的教师号,表单中课程选择列表中各选项是该教师任教的处于"教学"或"结课"状态的开课课程。id 是一个开课号,若开课课程选项中某课程的开课号与此 id 相同,则该选项应设置为预选项。

表单中"确认"按钮的 name 属性值可设置为 Q2,单击该按钮将产生一个 POST 请求。请求参数包含被选开课课程的数据,其参数名为 idstatus,参数值包括课程的开课号和状态两个数据,两者之间用连字符分隔：<开课号>-<状态>。

最后,可以在 ls_stutea 文件夹中编写 ce13.php 文件,用以调用、测试该函数。

（3）在 ls_stutea 文件夹中创建文件 inputOrDisplayScores.php,并在其中定义一个同名函数,用以呈现图 A-10 中的录入成绩表单或图 A-11 中的课程成绩表。代码如下：

```
function inputOrDisplayScores(): void {
    global $db,$id,$vn;
    …
}
```

变量 db 表示选课管理数据库访问对象。变量 id 是当前要录入成绩的开课课程的开课号。变量 vn 表示视图号,若为 2,函数呈现录入成绩表单;若为 3,函数呈现课程成绩表。

当呈现录入成绩表单时,各成绩域的 name 属性值为对应学生的学号。另外,表单还需包含一个隐藏域,其 name 属性值为 id,value 属性值为当前开课课程的开课号。这样当提交表单时,服务器能够确定是哪门课程的成绩。"保存成绩"和"提交成绩"两个按钮的 name 属性值可分别为 Q3 和 Q4,它们都产生 POST 请求,请求当前页面文件。

最后,可以在 ls_stutea 文件夹中编写 ce14.php 文件,用以调用、测试该函数。

A.2.7　实验 7：选课

（1）在第 10 章定义的翻页导航栏类 Pager 中添加一个实例方法 getSubmits()。代码如下：

```
function getSubmits(int $currentPage, $reqid): string { … }
```

其功能与原有的 getLinks()方法有相同的地方,方法返回的字符串都呈现为翻页导航栏,都支持分页呈现某些数据。但也存在不同的地方：

① 该导航栏中的页码不是超链接,而是表单提交按钮,每个提交按钮的 name 属性值由函数的第 2 个参数 reqid 指定。

② 该导航栏应放置在表单中,单击页码提交按钮时会产生 POST 请求,并提交表单数据。即导航栏所在表单的 form 元素的 method 属性值应为 POST。

③ 单击页码提交按钮时请求的目标资源仍然由该导航栏对象中的实例变量 url 指定,且页码请求参数 p 也是附着在 url 后面的。

提示：不需要定义新的 CSS 规则,只需修改原来翻页导航栏呈现规则(见 10.6.1 节介绍)前两条规则的选择器,例如：

```
.pager a, .pager input { … }
.pager a:hover, .pager input:hover { … }
```

即把选择器改成分组选择器，使得这两条规则既适用于 a 元素，也适用于 input 元素。

然后，打开 lib 文件夹中的 stutealoader.php 文件（在实验 6 中创建），在数组常量 PATHS 中添加相关元素，为 Pager 类所在 PHP 文件指定相应的路径。

最后，可以在 ls_stutea 文件夹中编写 ce15.php 文件，用以调用、测试该方法，例如：

```
include 'xk/lib/stutealoader.php';
include "xk/ls_admin/pre_suf_fix.php";
prefix();
$num_rows=100;
$pageSize=8;
$pageCount=(int)ceil($num_rows/$pageSize);
$value=$_POST['v'] ?? "";
$currentPage=$_GET['p'] ?? 1;
if ($currentPage<1) $currentPage=1;
elseif ($currentPage>$pageCount) $currentPage =$pageCount;
$showPages=5;                                        //连续页码超链接数
$url=$_SERVER['SCRIPT_NAME'];
$pager=new Pager($pageCount, $showPages, $url);
echo "<form method='POST'>";
echo "上一页输入的值: ", $value, "<br/>";
echo "<input type='text' name='v' />";
echo $pager->getSubmits($currentPage, "Q1");        //输出翻页导航栏
echo "</form>";
suffix();
```

（2）在 ls_stutea 文件夹中创建文件 electionForm.php，并在其中定义一个同名函数，以及一个名为 outputSchedules 的函数，用以呈现如图 A-14 所示的选课表单。代码如下：

```
function electionForm(): void {
    global $db, $c_ids;
    …
}
function outputSchedules(): void {
    global $c_ids, $e_ids;
    …
}
```

选课表单将分页呈现所有状态为"选课"的开课课程，并供学生选择。

函数 electionForm 呈现整个选课表单，包括最上面的"确认提交"按钮，中间部分的当前页可选开课课程列表，以及下面的翻页导航栏。

electionForm 函数首先根据名为 p 的 GET 请求参数值，决定当前页的页码。然后从数据库中读取当前页的开课课程信息，并赋给变量 c_ids。最后调用 outputSchedules 函数呈现表单中间的当前页可选开课课程列表。

electionForm 函数调用翻页导航栏对象的 getSubmits()方法获得翻页导航栏的 HTML 代码。其中每个页码按钮的 name 属性值可以指定为 Q2。

这里，c_ids 是一个数字索引的二维数组，包含当前页的可选开课课程信息，例如：

```
[
    ['11', '2022-2023-1', '数字电路', '赵毅君', '信息学院'],
    ['1', '2022-2023-1', '程序设计', '李国柱', '信息学院']
]
```

e_ids 是一个一维数组，包含登录学生当前的选课状态，例如：

```
[1=>"", 12=>""]
```

表示该学生当前选择了开课号为 1 和 12 的两门课程。

对于 electionForm 函数来说，变量 c_ids 用作输出，它在后续调用 outputSchedules 函数时被使用。另外，在呈现完选课表单后，c_ids 还需要被注册为会话变量，以便在下次请求-响应过程中可用。

（3）在 ls_stutea 文件夹中创建文件 updateElection.php，并在其中定义一个同名函数，以及一个名为 initElection 的函数。代码如下：

```
function updateElection(): void {
    global $c_ids, $ids, $e_ids;
    ...
}
function initElection(): void {
    global $db, $sn, $e_ids;
    ...
}
```

函数 initElection 只在执行选课任务一开始时被调用，通过访问数据库获得登录学生原来的选课状态，即初始化 e_ids 数组。e_ids 需要被注册为会话变量，在后续请求-响应过程中会被使用和维护。

函数 updateElection 在每次翻页时被调用，它利用 c_ids 和 ids 来更新 e_ids。这里，ids 包含用户在提交页所做的选择，可以把 $_POST 数组看作 ids，其值如：

```
[12=>"on", 13=>"on","Q2"=>"2"]
```

这是用户单击页码 2 提交按钮产生的请求参数数组。可以看出，在提交页，用户选择了开课号为 12 和 13 的两门课程，其他课程都没有选。

最后可以在 ls_stutea 文件夹中编写 ce16.php 文件，用以调用、测试上述方法，例如：

```
include 'xk/lib/stutealoader.php';
include "xk/ls_admin/pre_suf_fix.php";
include "electionForm.php";
include 'updateElection.php';
prefix();
echo "<div style='width: 90%; margin: 20px auto; min-height: 400px'>";
$db=new MySQLDB();
session_start();
if (isset($_POST['Q2'])) {
    $c_ids=$_SESSION['c_ids'];
    $e_ids=$_SESSION['e_ids'];
    $ids=$_POST;
    updateElection();
    $_SESSION['e_ids']=$e_ids;
    electionForm();
    $_SESSION['c_ids']=$c_ids;
} else {
    $sn="202209031003";
    initElection();
    $_SESSION['e_ids']=$e_ids;
    electionForm();
    $_SESSION['c_ids']=$c_ids;
```

```
    }
echo "</div>";
suffix();
```

A.2.8　实验8：文件上传与下载应用

1. 编辑课程信息

（1）在 ls_stutea 文件夹中创建文件 editCourse.php，并在其中定义一个同名函数，用以呈现图 A-7 中的编辑课程信息表单。代码如下：

```
function editCourse(): void {
    global $db,$cn;
    …
}
```

其中，db 表示选课管理数据库访问对象，即 MySQLDB 类的一个实例对象；cn 为需要编辑的课程的课程号。

表单中"课程描述"文本区控件元素的 name 属性值可设置为 ds；上传大纲文件的控件元素的 name 属性值可设置为 upfile，提交按钮的 name 属性值可设置为 Q3。单击"提交"按钮将产生 POST 请求，请求当前页面文件。

另外，表单中需要设置两个隐藏域，一个 name 属性值为 cn，值为当前课程的课程号；另一个 name 属性值为 outline，值为当前课程原有课程大纲文件的文件名的扩展名。

（2）在 ls_stutea 文件夹中创建文件 processCourse.php，用于处理上述编辑课程信息表单提交的数据。代码如下：

```
function processCourse(): void {
    global$db,$r1,$r2;
    …
}
```

其中，变量 r1 和 r2 用作输出。其中，变量 r1 用于保存对提交的课程描述处理的结果信息；变量 r2 用于保存对上传大纲文件处理的结果信息。

最后，可以在 ls_stutea 文件夹中编写 ce17.php 文件，用以调用、测试上述函数，例如：

```
include 'xk/lib/stutealoader.php';
include "xk/ls_admin/pre_suf_fix.php";
include "editCourse.php";
include "processCourse.php";
prefix();
echo "<div style='width: 90%; margin: 20px auto; min-height: 400px'>";
$db=new MySQLDB();
$cn="090101001A";
if (isset($_POST['Q3'])) {
    processCourse();
    echo "r1:",$r1,"<br />";
    echo "r2:",$r2,"<br />";
} else {
    editCourse();
```

```
    }
echo "</div>";
suffix();
```

2. 课程详细信息

(1) 在 ls_stutea 文件夹中创建文件 courseDetail.php,并在其中定义一个同名函数,用以呈现图 A-13 中的课程详细信息。代码如下:

```
function coursedetail(): void {
    global $db, $p, $cn;
    ...
}
```

其中,db 表示选课管理数据库访问对象,即 MySQLDB 类的一个实例对象;p 表示当前页的页码;cn 表示要查看课程的课程号。

当被呈现的课程包含大纲文件(其 outline 列非空)时,应在课程详细信息的"课程大纲"处呈现一个超链接,超链接文字是课程大纲文件的文件名。单击该超链接将产生一个对 down_outline.php 文件的 GET 请求,并携带一个名为 outline 的请求参数,其值也为大纲文件的文件名。

课程详细信息的最下方是一个"课程列表"超链接。单击该超链接将产生对当前页面(coursebrowse_p.php)的请求,并携带一个名为 p 的请求参数,其值为当前页的页码。

最后,可以在 ls_stutea 文件夹中编写 ce18.php 文件,用以调用、测试该函数。

(2) 在 ls_stutea 文件夹中创建文件 down_outline.php,用以实现指定大纲文件的下载。该 PHP 文件获取名为 outline 的 GET 请求参数,其值为要下载的大纲文件的文件名。大纲文件位于项目源文件结点下的 files 文件夹中。

A.3 学生教师子系统集成

采用面向对象方法,集成 A.2 节中已经实现的功能模块代码,完成学生教师子系统的设计与实现。

A.3.1 总体要求

(1) 在 classes 目录下创建 stutea 子目录,在 stutea 子目录下再创建 stu 和 tea 子目录。后续将在这些目录中创建以下 PHP 文件(略去扩展名),并在其中定义同名的类。代码如下:

```
xk/classes/stutea: StuTeaPage、FrontPage、Logon、Registration、Index、Welcome
xk/classes/stutea/tea: TeacherPage、CourseList、CourseEdit、ScoreInput
xk/classes/stutea/stu: StudentPage、CourseBrowse、Election、ScoreView
```

(2) 打开在 A.2.6 节已经创建的 stutealoader.php 文件,在数组常量 PATHS 中添加相关元素,为上述类所在 PHP 文件指定相应的路径。

(3) 在源文件结点下创建 student 子目录和 teacher 子目录。后续将在源文件结点和这两个子目录下创建具体类的桩文件。代码如下:

```
xk: index.php、logon_p.php、registration_p.php、welcome_p.php
xk/student: coursebrowse_p.php、election_p.php、scoreview_p.php
xk/teacher: courselist_p.php、courseedit_p.php、scoreinput_p.php
```

(4) 还有以下几个功能是采用普通 PHP 文件实现的。

xk/enter.php：单击欢迎导航栏中的"进入系统"项时调用。具体功能是：若登录用户是教师，转"课程列表"页面；若登录用户是学生，转"浏览课程信息"页面。

xk/logoff.php：单击欢迎导航栏中的"退出登录"项时调用。具体功能是：清除所有会话变量，转子系统首页。

xk/student/down_outline.php：在学生子系统"浏览课程信息"中下载大纲文件时调用，用于实现指定课程大纲文件的下载。该功能在 A.2 节实验 8 中已经实现，只需把对应文件复制到 student 目录下即可。

下面分别给出子系统各类的框架，请补充相关代码，完成类的定义。对具体类（非抽象类），应先设计它的 QPV 表，再完成类的定义，并创建相应的桩文件。

A.3.2 登录与注册的设计与实现

1. StuTeaPage 抽象类

StuTeaPage 类是学生教师子系统所有页面类的抽象超类，通过扩展 WebPage 抽象类（在管理员子系统中引入）定义。该抽象类主要定义呈现页头的 head()静态方法和呈现页脚的 foot()静态方法。该抽象类还定义了一个实例变量 db，应该被初始化为 MySQLDB 类的一个实例对象。代码如下：

```
abstract class StuTeaPage extends WebPage {
    protected MySQLDB $db;                         //选课管理数据库访问对象
    protected function __construct() {
        ...                                        //初始化 db
    }
    protected static function head(): void {
        ...                                        //呈现页头
    }
    protected static function foot(): void {
        ...                                        //呈现页脚
    }
    protected function body(): void {
        ...                                        //输出 HTML 页面主体代码(不含 body 元素)
    }
    protected abstract function main(): void;      //呈现页面主区
}
```

其中，head()和 foot()方法的代码可参考 A.2 节实验 1 中的相关代码。

2. FrontPage 抽象类

FrontPage 类是子系统首页类、登录页面类和注册页面类的抽象超类。该类主要定义了用于呈现登录注册导航栏的 navigationBar()方法。该类还定义了一个静态类变量 tnum，用于指定导航栏中哪个任务项需要醒目呈现。代码如下：

```
abstract class FrontPage extends StuTeaPage {
    protected static int $tnum = 0;
    protected function navigationBar() {
        ...                                        //呈现登录注册导航栏
    }
    protected function main(): void {
        ...                                        //呈现页面主区
```

```
    }
    protected abstract function content(): void;          //呈现页面内容区
}
```

其中,navigationBar()方法的代码可参考 A.2 节实验 2 中 nav_fro_bar 函数的代码。

3. 子系统首页类

代码如下:

```
class Index extends FrontPage {
    function __construct() {
        ...                                               //构造方法,实现初始化
    }
    protected function content(): void {
        ...                                               //呈现页面内容区
    }
}
```

4. 登录页面类

代码如下:

```
class Logon extends FrontPage {
    ...                                                   //定义成员变量
    function __construct() {
        ...                                               //构造方法,初始化成员变量
    }
    function process(): bool {
        ...                                               //根据不同的请求进行相应的数据处理
    }
    private function processLogon(): string|false {       //处理登录
        ...                                               //定义局部变量
      $flag = $this->checkLogonData();
      if ($flag) {
        ...                                               //验证是否为合法的学生或教师用户
      }
      if ($flag) {                                        //若为合法的学生或教师用户,则返回其姓名
          return $name;
      }
      return false;
    }
    private function checkLogonData(): bool {
        ...                                               //检测登录表单数据是否符合基本格式要求
    }
    protected function content(): void {                  //呈现页面内容区
      $this->logonForm();
    }
    private function logonForm(): void {
        ...                                               //呈现登录表单
    }
}
```

其中,logonForm()方法的代码可参考 A.2 节实验 2 中同名函数的代码;checkLogonData()方法的代码

可参考 A.2 节实验 4 中同名函数的代码。

5. 注册页面类

代码如下：

```
class Registration extends FrontPage {
    ...                                          //定义成员变量
    function __construct() {
        ...                                      //构造方法,初始化成员变量
    }
    function process(): bool {
        ...                                      //根据不同的请求进行相应的数据处理
    }
    private function processRegistration(): bool {   //处理注册
        $flag=$this->checkRegistrationData();
        if ($flag) {
            ...                                  //验证学号是否已经注册
        }
        return $flag;
    }
    private function checkRegistrationData(): bool {
        ...                                      //检测注册表单数据
    }
    protected function content(): void {         //呈现页面内容区
      $this->registrationForm();
    }
    private function registrationForm(): void {
        ...                                      //呈现注册表单
    }
}
```

其中，registrationForm( )方法的代码可参考 A.2 节实验 2 中 registrationForm 函数的代码；checkRegistrationData()方法的代码可参考 A.2 节实验 4 中 checkRegistrationData 函数的代码。

6. 欢迎页面类

欢迎页面类通过扩展子系统首页类(Index 类)定义。其内容区与首页相同,但导航栏不同,需要覆盖相应的方法。代码如下：

```
class Welcome extends Index {
    private string $name="", $lb="";
    function __construct() {
        ...                                      //构造方法,初始化成员变量
    }
    protected function navigationBar() {
        ...                                      //呈现欢迎页面的导航栏
    }
}
```

其中，覆盖方法 navigationBar()的代码可参考 A.2 节实验 3 中 nav_wel_bar 函数的代码。

A.3.3　教师子系统的设计与实现

1. TeacherPage 抽象超类

该类是教师子系统各任务类的抽象超类,通过扩展 StuTeaPage 抽象类定义。该类主要定义了一个静态的类变量 tnum,两个实例变量 tn(职工号)和 name(姓名),以及用于呈现导航栏的 navigationBar()

方法。代码如下：

```php
abstract class TeacherPage extends StuTeaPage {
    protected static int $tnum=0;
    protected string $tn="", $name="";
    protected function navigationBar() {
        ...                                          //呈现教师导航栏
    }
    protected function main(): void {
        ...                                          //呈现页面主区
    }
    protected abstract function content(): void;     // 呈现页面内容区
}
```

其中，navigationBar()方法的代码可参考 A.2 节实验 3 中 nav_tea_bar 函数的代码。

2. 课程列表页面类

代码如下：

```php
class CourseList extends TeacherPage {
    function __construct() {
        ...                                          //初始化成员变量
    }
    protected function content(): void {
                                                     //获取登录教师负责的课程数据$courses
        $this->outputTeacherCourses($courses);
    }
    private function outputTeacherCourses(array $courses): void {
        ...                                          //呈现教师课程列表
    }
}
```

其中，outputTeacherCourses()方法的代码可参考 A.2 节实验 5 中同名函数的代码。

3. 编辑课程信息页面类

代码如下：

```php
class CourseEdit extends TeacherPage {
    ...                                              //定义成员变量
    function __construct() {
        ...                                          //构造方法,初始化成员变量
    }
    function process(): bool {
        ...                                          //根据不同的请求进行相应的数据处理
    }
    private function processCourse(): void {
        ...                                          //更新课程描述和课程大纲
    }
    protected function content(): void {
        ...                                          //根据不同的视图号呈现相应的页面内容区
    }
    private function selectCourse(): void {
        ...                                          //呈现选择课程表单
    }
    private function editCourse(): void {
        ...                                          //呈现编辑课程信息表单
```

```
    }
    private function renderResult(): void {
        ...                                          //呈现处理结果
    }
}
```

其中,editCourse()和 processCourse()方法的代码可分别参考 A.2 节实验 8 中同名函数的代码。

4. 录入成绩页面类

代码如下:

```
class ScoreInput extends TeacherPage {
    ...                                              //定义成员变量
    function __construct() {
        ...                                          //构造方法,初始化成员变量
    }
    function process(): bool {
        ...                                          //根据不同的请求进行相应的数据处理
    }
    private function saveScores() {
        ...                                          //保存成绩
    }
    private function changeStatus() {
        ...                                          //改变开课课程状态
    }
    protected function content(): void {
        ...                                          //根据不同的视图号,在内容区呈现相应的内容
    }
    private function selectCourse(): void {
        ...                                          //呈现选择开课课程表单
    }
    private function inputOrDisplayScores(): void {
        ...                          //vn=2 时,呈现录入成绩表单,vn=3 时,呈现课程成绩单
    }
}
```

其中,selectCourse()和 inputOrDisplayScores()方法的代码可分别参考 A.2 节实验 6 中同名函数的
代码。

A.3.4　学生子系统的设计与实现

1. StudentPage 抽象超类

该类是学生子系统各任务类的抽象超类,通过扩展 StuTeaPage 抽象类定义。该类主要定义了一个
静态的类变量 tnum,两个实例变量 sn(学号)和 name(姓名),以及用于呈现导航栏的 navigationBar()
方法。代码如下:

```
abstract class StudentPage extends StuTeaPage {
    protected static int $tnum=0;
    protected string $sn="", $name="";
    protected function navigationBar() {
        ...                                          //呈现学生导航栏
```

```
        }
    protected function main(): void {
        ...                                            //呈现页面主区
    }
    protected abstract function content(): void;       // 呈现页面内容区
}
```

其中，navigationBar()方法的代码可参考 A.2 节实验 3 中 nav_stu_bar 函数的代码。

2. 浏览课程信息页面类

代码如下：

```
class CourseBrowse extends StudentPage {
    ...                                                //定义成员变量
    function __construct() {
        ...                                            //构造方法，初始化成员变量
    }
    function process(): bool {
        ...                                            //根据不同的请求进行相应的数据处理
    }
    protected function content(): void {
        ...                                            //根据不同的视图号，在内容区呈现相应的内容
    }
    private function courselist(): void {
        ...                                            //分页呈现课程列表
    }
    private function outputCourses(array $courses, int $p): void {
        ...                                            //呈现当前页课程列表
    }
    private function courseDetail(): void {
        ...                                            //呈现课程详细信息
    }
}
```

其中，outputCourses()方法的代码可参考 A.2 节实验 5 中 outputCourses 函数的代码；courseDetail()方法的代码可参考 A.2 节实验 8 中 courseDetail 函数的代码。

3. 选课页面类

代码如下：

```
class Election extends StudentPage {
    ...                                                //定义成员变量
    function __construct() {
        ...                                            //构造方法，初始化成员变量
    }
    function process(): bool {
        ...                                            //根据不同的请求进行相应的数据处理
    }
    private function initElection(): void {
        ...                                            //获取学生选课的初始状态
    }
    private function updateElection(): void {
        ...                                            //更新学生的选课状态
    }
}
```

```
        private function saveElection(): void {
            ...                              //将学生的选课状态保存到数据库,并清除会话变量 e_ids 和 c_ids
        }
        protected function content(): void {
            ...                              //根据不同的视图号,在内容区呈现相应的内容
        }
        private function electionForm(): void {
            ...                              //分页呈现选课表单
        }
        private function outputSchedules(array $c_ids, array $e_ids): void {
            ...                              //呈现当前页选课表单
        }
        private function resultHint(): void {
            ...                              //呈现"确认选课"视图
        }
    }
```

其中,initElection()、updateElection()、electionForm()和 outputSchedules()方法的代码可分别参考 A.2 节实验 7 中同名函数的代码。

4. 查看成绩页面类

代码如下:

```
class ScoreView extends StudentPage {
    function __construct() {
        ...          //构造方法,初始化成员变量
    }
    protected function content(): void {
        ...          //获取登录学生所有结课课程的成绩,然后调用 outputStudentScores()方法呈现成绩单
    }
    private function outputStudentScores(array $scores): void {
        ...          //呈现学生成绩单
    }
}
```

其中,outputStudentScores()方法的代码可参考 A.2 实验 5 中同名函数的代码。

参 考 文 献

［1］ WELLING L，THOMSON L. PHP 和 MySQL Web 开发［M］.武欣，译.原书第 4 版.北京：机械工业出版
社，2009.

［2］ 张亚东，高红霞.PHP＋MySQL 全能权威指南［M］.北京：清华大学出版社，2012.

［3］ ULLMAN L.深入理解 PHP［M］.季国飞，朱佩德，译.3 版.北京：机械工业出版社，2014.